Astronomisches Mäzenatentum

Abbildung 0.1:
Sternwarte Nizza mit Großem Refraktor,
gestiftet 1887 von Raphaël Bischoffsheim (1823–1906)

Nuncius Hamburgensis
Beiträge zur Geschichte der Naturwissenschaften
Band 11

Gudrun Wolfschmidt (Hrsg.)

Astronomisches Mäzenatentum

Proceedings des Symposiums in der Kuffner-Sternwarte

in Wien, 7.–9. Oktober 2004

Norderstedt: Books on Demand 2008

Nuncius Hamburgensis
Beiträge zur Geschichte der Naturwissenschaften

Hrsg. von Gudrun Wolfschmidt,
Bereich Geschichte der Naturwissenschaften,
Department Mathematik, MIN-Fakultät, Universität Hamburg
ISSN 1610-6164

Diese Reihe „Nuncius Hamburgensis“
wird gefördert von der Hans Schimank-Gedächtnisstiftung.
Dieser Titel wurde inspiriert von „Sidereus Nuncius“ und von „Wandsbeker Bote“.

Wolfschmidt, Gudrun (Hrsg.): *„Astronomisches Mäzenatentum.“*
Proceedings des Symposiums in der Kuffner-Sternwarte in Wien,
7.–9. Oktober 2004: „Astronomisches Mäzenatentum in Europa“
Nuncius Hamburgensis – Beiträge zur Geschichte der
Naturwissenschaften, Band 11. Norderstedt: Books on Demand 2008.
ISBN 978-3-8370-3304-5

Abbildung auf dem Cover vorne:
Kuffner-Sternwarte Wien, gestiftet 1887
von Moriz Edler von Kuffner (1854–1939)

Titelblatt:
Kuffner-Sternwarte Wien (1887)

Abbildung auf dem Cover hinten:
Dr.-Remeis-Sternwarte Bamberg, gestiftet 1889
von Dr. Karl Remeis (1837–1882)

Zu besonderem Dank verpflichtet sind wir gegenüber der Hans Schimank-Gedächtnisstiftung, die uns zuverlässig finanzielle Unterstützung für das Buch gewährt hat.

Bereich Geschichte der Naturwissenschaften,
Mathematik und Technik der Universität Hamburg
Bundesstraße 55 – Geomatikum, D-20146 Hamburg
http://www.math.uni-hamburg.de/spag/gn/

Inhaltsverzeichnis

Vorwort

Astronomisches Mäzenatentum in Europa

Jubiläums-Symposium zum 150. Geburtstag von Moriz von Kuffner
7.–9. Oktober 2004, Kuffner-Sternwarte Wien

Anläßlich des 150. Geburtstages des Gründers, Moriz von Kuffner (1854–1939), fand im Oktober 2004 ein wissenschaftliches Symposium in der Kuffner-Sternwarte statt. Die Idee wurde von Dr. Peter Habison und mir bei einem Treffen in Berlin im Januar 2004 entwickelt und bereits dort mit der Zusammenstellung einer Liste von möglichen Vortragenden begonnen. Die hervorragende Organisation des Symposiums lag in Händen des Leiters der Kuffner-Sternwarte (vgl. Programm, S. 267).

Das historische Observatorium gilt als herausragendes Beispiel für astronomisches Mäzenatentum im ausgehenden 19. Jahrhundert in Österreich (1887 gegründet). Im europäischen Kontext war Moriz von Kuffners Sternwartengründung zwar kein Einzelfall, trotzdem gibt es in Europa nur wenige Sternwarten, die auf großzügige Stiftungen zurückgehen. Das Konkoly Observatorium (1899) in Budapest (1926) läßt sich auf die Privatsternwarte von Miklós Thege Konkoly in Ógyalla, Komitat Komárom, heute Hurbanovo in der Slowakei, zurückführen (1871). 1905 baute Konkoly noch ein Observatorium in Nagy Tagyos. Zudem motivierte er weitere Astronomen in Ungarn, Sternwarten zu gründen, nämlich in Kalosca (1878)), Kis-Kartal (1884) und Szombathely-Herény (1881). Weitere Beispiele bilden die Sternwarten in Athen, gegründet 1846 von Baron Georgios Sinas, und in Nizza (Observatoire de Nice), gegründet 1887 von Raphaël Bischoffsheim.

Tab. 1: Stiftungs-Sternwarten in Europa

Gründung	Sternwarte	Stifter/Sponsor
1802/25/33	Sternwarte Hamburg	Johann Georg Repsold (1771–1830)
1842	National Observatory of Athen	Baron Georgios Sinas (1783–1856)
1845	Sternwarte Düsseldorf-Bilk	Johann Friedrich Benzenberg (1777–1846)
1869/70	Bothkamp bei Kiel	Friedrich Gustav Kammerherr von Bülow
1871	O'Gyalla, Ungarn	Nikolaus Konkoly-Thege (1842–1916)
1881	Szombathely-Herény, Ungarn	Eugen von Gothard (1857–1909)
1887	Observatoire de Nice	Raphaël Bischoffsheim (1823–1906)
1887	Kuffner-Sternwarte Wien	Moritz Edler von Kuffner (1854–1939)
1889	Remeis-Sternwarte Bamberg	Dr. Karl Remeis (1837–1882)
1896/1909	Sternwarte Berlin-Treptow	Friedrich Simon Archenhold (1861–1939)
1924	Einsteinturm in Potsdam	Einstein-Stiftung, Carl Bosch (1874–1940)
1925	Sternwarte Sonneberg	Cuno Hoffmeister (1892–1968)
1926	Konkoly-Observatorium Budapest	Nikolaus Konkoly-Thege (1842–1916)

Abbildung 0.2:
Vortragende der Tagung in der Kuffner-Sternwarte in Wien, 7.–9. Oktober 2004

Besonders selten sind Stiftungen im deutschsprachigen Raum; hier überwiegen die öffentlich finanzierten Sternwarten. Schon um 1800 können einige Beispiele genannt werden: Der Jurist und Oberamtmann Johann Hieronymus Schroeter (1745–1816) errichtete 1784 eine Sternwarte in Lilienthal bei Bremen und stattete sie 1794 mit einem eindrucksvollen Riesen-Spiegelteleskop (51 cm Öffnung und 8 m Brennweite) aus.[1] Die heute nicht mehr existierende Sternwarte Düsseldorf-Bilk wurde von Johann Friedrich Benzenberg 1845 ins Leben gerufen und blickt auf Zeiten bedeutender Forschung zurück. Die alte Hamburger Sternwarte am Millerntor ist 1925 von Oberspritzenmeister Johann Georg Repsold errichtet worden und mit Hilfe weiterer Stiftungen 1833 vom Staat übernommen wurden. Auch nach der Verlegung nach Bergedorf (Neubau 1906/12) gab es verschiedene Zustiftungen (u. a. Lippert, Lühning) im Laufe der Geschichte.

In diesem Buch werden ferner Beispiele in Deutschland vom Ende des 19. Jahrhunderts erläutert, u. a. die Privatsternwarte Bothkamp bei Kiel, gegründet von Friedrich Gustav Kammerherr von Bülow (1814–1893): Die Remeis-Sternwarte in Bamberg geht auf eine Stiftung des Juristen Dr. Karl Remeis (1837–1882) von 1889 zurück. Die Sternwarte Berlin-Treptow geht auf die Aktivität von Friedrich Simon Archenhold zurück (1896/1909). Die Sternwarte Sonneberg verdankt ihre Existenz dem unermüdlichen Kampf von Cuno Hoffmeister, der kein Beispiel eines reichen Sponsores darstellt. Ferner sind Zustiftungen zu öffentlichen Einrichtungen erwähnenswert wie der dargestellte Fall von Albert Rothschild (1844–1911), der die Wiener Universitäts-Sternwarte bei der Anschaffung von neuen astronomischen Instrumenten unterstützte.

In den USA ist dagegen das Mäzenatentum hervorragend entwickelt. Anfang der 1890er Jahre entstanden wichtige astrophysikalische Observatorien, die mit Stiftungen von wohlhabenden Industriellen gegründet worden waren. Ein letzter Artikel gibt hier einen Überblick; von prominenten Sponsoren aus den USA werden sogar europäische Sternwarten unterstützt.

Das Symposium betrachtete ausgewählte Observatorien sowie Projekte oder Instrumente, welche durch private Förderer gegründet oder finanziell unterstützt wurden, beginnend mit dem bekannten Beispiel der Familie Medici als Mäzenaten bis zu Sponsoren der heutigen Zeit wie beispielsweise die Reemtsma-Stiftung in Hamburg.

In Zeiten, in welchen die Grundlagenwissenschaft verstärkt um ihre Finanzierung zu kämpfen hat, ist diese Thematik privater Wissenschaftsförderung aktueller denn je. Man sollte nicht nur historische Rückschau halten, sondern gleichzeitig in Gesprächsrunden die Bedeutung öffentlicher und privater Forschungsförderung thematisieren.

Gudrun Wolfschmidt

---

1 Wolfschmidt, Gudrun: Internationalität von der VAG (1800) bis zur Astronomischen Gesellschaft. In: Dick, Wolfgang R. und Jürgen Hamel (Hrsg.): Astronomie von Olbers bis Schwarzschild. Nationale Entwicklungen und Internationale Beziehungen im 19. Jahrhundert. Frankfurt am Main: Harri Deutsch (Acta Historica Astronomiae Vol. 14) 2001, S. 182–203.

Abbildung 1.1:
Galileo Galilei (1564–1642)

Privatarchiv Michael Segre

Galilei und die Medici: Post-Renaissance Mäzenatentum oder post-moderne Geschichtsschreibung?

Michael Segre (Chieti-Pescara)

Das Mäzenatentum des Gründers der Kuffner-Sternwarte, Moriz von Kuffner, ist ein interessantes, noch zu erforschendes Kapitel in der Wissenschaftsgeschichte. Mäzenatentum bedeutet im allgemeinen, die Förderung von Kunst, Wissenschaft und Kultur, es ist jedoch ein heterogenes und komplexes Thema, das sich über verschiedene Bereiche und Traditionen erstreckt. Das Mäzenatentum Kuffners in der Astronomie könnte in Bezug gesetzt werden zu einem anderen Mäzenatentum in den Naturwissenschaften, das vor zirka 300 Jahren begann, kurz nach der Erfindung des Fernrohrs 1608 in den Niederlanden. In Padua, der Universitätsstadt der Republik Venedig, hatte ein 45jähriger, noch unbekannter, frustrierter Mathematikprofessor namens Galileo Galilei die Idee, ein Fernrohr zu bauen und es auf den Himmel zu richten. Die Entdeckungen, die hierauf folgten, waren nicht nur sensationell, sondern widersprachen auch vielen zeitgenössischen Überzeugungen.

1.1 Die astronomischen Entdeckungen Galileis und das Mäzenatentum der Medici

Galilei entdeckte u. a., dass die Oberfläche des Mondes unregelmäßig mit Bergen und Tälern ist, und nicht, wie man glaubte, eine glatte und vollkommene Kugelgestalt habe; dass die Milchstrasse eine Ansammlung von Sternen ist und nicht kondensierter Äther; dass Jupiter vier Monde hat, d. h., dass nicht alle Himmelskörper um die Erde kreisen. Schon dies hätte darauf hindeuten können, dass es in der kopernikanischen Behauptung von 1543, die Erde drehe sich um die Sonne und nicht umgekehrt, etwas Wahrheit gäbe. Galilei gelang es auch, zum ersten Mal die Phasen der Venus, genau wie die kopernikanische Theorie sie vorhergesagt hatte, klar zu sehen. Er bemerkte des weiteren, dass Saturn zu bestimmten Zeiten eine ungewöhnliche Erscheinung zeigt. 1610 veröffentlichte Galilei einige seiner Entdeckungen in seinem berühmten Sidereus nuncius („Sternenbote" oder „Sternenbotschaft"). Dieses dünne, außergewöhnliche Buch brachte ihm Weltruf.

Galilei nutzte diese Entdeckungen für seine Karriere. Er widmete seinen Sidereus nuncius dem Großherzog der Toskana, seiner Heimat, Cosimo II. de'Medici und nannte die Jupitermonde „Mediceische Sterne". Eine raffinierte Verhandlung folgte, an deren Ende der toskanische Hof Galilei anbot, Philosoph und Mathematiker des Großherzogs zu werden und Sonderprofessor an der Universität Pisa mit einem hohen Gehalt und ohne Lehrverpflichtungen. 1610 zog Galilei nach Florenz, und von da an hörte er praktisch auf, Akademiker zu sein und wurde Hofangehöriger.

In den letzten Jahren wurde den Details dieser Episode viel Aufmerksamkeit gewidmet. Historiker betrachten sie als Bestätigung, dass das Mäzenatentum eine entscheidende Rolle für die Entwicklung der Naturwissenschaften spielte. Ohne die Bedeutung des Mäzenatentums im Allgemeinen schmälern zu wollen, möchte ich das Mäzenatentum der Medici in den Naturwissenschaften historisch und kritisch diskutieren.

Mir scheint, dass die Ergebnisse des mit Galilei verbundenen Mäzenatentums eine geringere Rolle gespielt haben als man immer annahm, und dass es manchmal sogar negative Auswirkungen auf die Naturwissenschaft hatte. Es ist wahr, dass es zu Beginn einen Vorteil gab, vor allem für den toskanischen Hof. In einer Zeit des Niedergangs konnte es scheinen, als ob das traditionelle Renaissancemäzenatentum der Medici fortgeführt würde. Das war allerdings nur vorübergehender Schein, und brachte auf lange Sicht der Toskana, ihrer Wissenschaftskultur und den Medici selber nur wenige Vorteile.

Die Übereinkunft stellte sich als noch schlimmer für Galilei und die Naturwissenschaft heraus. Was Galilei betrifft, handelte es sich zunächst vor allem um finanzielle Vorteile; übrigens bekam Galilei sein Gehalt nicht vom Hof direkt, sondern von dem Etat der Universität Pisa. Dies erweckt bereits die Frage, ob man eine solche Art von Unterstützung überhaupt als Hofmäzenatentum bezeichnen kann. Als Galilei die guten Rahmenbedingungen, wer immer sie finanzierte, jedoch für den Kampf zugunsten der kopernikanischen Lehre verwendete, war das Ergebnis katastrophal. 1616 wurde diese Lehre von der Kirche verboten. 1633 wurde Galilei zu lebenslanger Haft wegen der Publikation seines Hauptwerks des berühmten Dialog über die Weltsysteme verurteilt.

Die Auseinandersetzung ging über rein astronomische Fragen und Modelle hinaus. Sie betraf die grundsätzliche Frage nach der Wahrheit und den Anspruch der Kirche, alleine die Wissenschaft vertreten zu können. Galilei meinte, dass Astronomie eine wahre Beschreibung der Welt liefern könne, die Kirche jedoch forderte, dass ihre Theologie alleine die Wahrheit beschreiben dürfe. Wissenschaft solle sich auf hypothetische Modelle beschränken. Ich erwähne dies, da wie wir im letzten Teil dieses Aufsatzes sehen werden, die Frage nach der Wahrheit nicht nur grundlegend für die Wissenschaft ist, sondern auch für die moderne und postmoderne Geschichtsschreibung.

Was die Naturwissenschaft betrifft, ist Galileis Dialog zweifellos ein Meisterwerk, jedoch eher in Philosophie, wissenschaftlicher Popularisierung und Literatur als in der Naturwissenschaft selbst. Die meisten der Beiträge Galileis zur Naturwissenschaft stammen aus der Zeit vor seiner Rückkehr in die Toskana. Man kann Geschichte nicht mit „wenn" Vermutungen schreiben, jedoch bin ich überzeugt, dass sich die heliozentrische Kosmologie auf jeden Fall, auch ohne den Beitrag Galileis, dank der Arbeit von Astro-

Abbildung 1.2:
Cosimo II. de'Medici (1590–1621)

Privatarchiv Michael Segre

nomen wie Kepler, Huygens oder Newton durchgesetzt hätte. Ihre Verbreitung wäre vielleicht ohne Galileis Kampf hierfür weniger traumatisch verlaufen.

Warum wurde dann dem Mäzenatentum der Medici in den Naturwissenschaften soviel Bedeutung beigemessen? Um dies zu verstehen, sollte man die Frage in einem weiteren historischen, ja sogar, historiographischen Zusammenhang betrachten.

1.2 Das Mäzenatentum der Medici aus historischer Sicht

Das Mäzenatentum der Medici begann Anfang des 15. Jahrhunderts und dauerte fast drei Jahrhunderte. Es unterstützte zunächst die Künste und weitete sich später auf die Naturwissenschaften aus. Die Literatur über die Medici und ihr Mäzenatentum ist sehr breit, es ist allerdings interessant fest zustellen, dass von den Arbeiten, die mir zur Verfügung standen, keine eine Antwort auf die grundlegende Frage nach dem genauen Ziel dieses Mäzenatentums gibt. Meiner Meinung nach, ohne Mediciexperte zu sein, ändert sich die Antwort für die einzelnen Zeitabschnitte und in Folge der politischen Wünsche des Mäzen. Die Frage, die zu stellen wäre, ist: was war der politische Grund, der jeden Herrscher dazu brachte, Mäzenatentum auszuüben?

Die ersten Mäzene der Medici waren Bankiers, deren Hauptziel es war, die eigenen finanziellen Aktivitäten zu fördern und zu schützen. Sie verstanden es, die Bedeutung von Kunst und der Zusammenarbeit mit Künstlern und ihren Zünften in der komplexen Wirklichkeit der Florentiner Comune gut zu nutzen. Mit der Veränderung der Bedingungen, änderten sich auch die Gründe und die Art und Weise des Medici Mäzenatentums.

Der erste große Medici Mäzen in der Mitte des 15. Jahrhundert, war Cosimo genannt 'il vecchio' („der Alte", 1389–1464), ein hochrangiger Geschäftsmann und geschickter Politiker, der die Künste in besonderer Weise förderte. Cosimos Mäzenatentum scheint, zusätzlich zu seinem persönlichen Geschmack und zu lokalen politischen Erwägungen, auch religiösen Motiven zu entspringen. Er wollte sein Konto für die Ewigkeit, seine privaten Bereicherungen, die vielleicht nicht immer ganz sauber waren, ausgleichen. So mochte er sich verpflichtet fühlen, religiöse Werke wie z. B. den Wiederaufbau des Kloster San Marco mit den wunderschönen Fresken von Beato Angelico zu finanzieren. Daher ermutigte er auch die Künste und die Wissenschaften. Er bezahlte u. a. Agenten, um nach klassischen Manuskripten zu suchen, förderte ihre Übersetzung und rief bekannte Humanisten an den toskanischen Hof. Er rief die Platonische Akademie ins Leben, eine inoffizielle Gruppe Intellektueller, unter der Leitung von Marsilio Ficino.

In dieser Zeit gelangte eine Menge wissenschaftlicher Arbeiten nach Italien, inbegriffen Arbeiten von Platon, Archimedes, Euklid, Lucretius, Hippokrates und Galen. Cosimo gab den von ihm Geförderten fast gänzliche Freiheit, auch wenn dies bedeutete, zeitgenössische Moralvorstellungen zu ignorieren. Ein Beispiel hierfür ist der David Donatellos, von Cosimo dem Alten 1434 in Auftrag gegeben. Mit seinem spielerisch-sinnlichen und androgynen Körper, stellt er die erste lebensgrosse Nacktskulptur in Bronze seit der Antike dar; für die damalige Zeit fast ein Skandal. Soweit zu Cosimo dem Alten.

Abbildung 1.3:
Cosimo 'il vecchio', „der Alte", (1389–1464)

Privatarchiv Michael Segre

Abbildung 1.4:
Lorenzo der Prächtige (1449–1492)

Privatarchiv Michael Segre

Cosimos Mäzenatentum wurde unter seinem Enkel, Lorenzo der Prächtige (1449–1492) fortgeführt und erweitert. Lorenzo war allerdings von anderer Art als Cosimo und strebte eher nach Prunk zur Bestätigung seiner Macht.

Im persönlichen Bereich war Lorenzo ein gebildeter Mensch, der Antiquitäten sammelte, das Handwerk unterstützte, das von traditionellen Mäzenen vernachlässigt worden war, und für die Bibliotheken der Medici rare Manuskripte erwarb. Im politischen Bereich war Lorenzo ehrgeiziger als sein Großvater und strebte danach, für Florenz und dessen zerstreute Liegenschaften die kulturelle Führung in Italien zu erreichen. Er setzte Künste und Künstler für diplomatische und werbemäßige Ziele ein, knüpfte Verbindungen zu anderen Staaten und Prinzen, indem er künstlerischen Rat und Kunstobjekte anbot sowie Künstler weiterempfahl. Er versuchte auch, die toskanischen Kulturinstitutionen zu entwickeln, indem er die Bibliotheken bereicherte und das toskanische Universitätssystem reformierte. In dieser Zeit wurde das Mäzenatentum der Medici langsam ein Mythos.

Vor 50 Jahren hat der französische Kunsthistoriker André Chastel unter dem provokativen Titel „Le mythe de la Renaissance. Age d'or et catastrophes" („Der Mythos der Renaissance. Goldenes Zeitalter und Katastrophen") argumentiert, dass die Zeit Lorenzos viel weniger glatt war als die Legende es vorgibt: nicht nur, dass der intellektuelle Ausstoß geringer war als zu Beginn der Renaissance, sondern Lorenzos kulturelle Unternehmungen scheinen auch exzessiv gewesen zu sein und eine Belastung für die Finanzen der Familie und des Staates. Zusammen mit Kriegen und Plagen bewirkten sie soziale Unruhen, die nach dem Tod Lorenzos 1492, die Medici zu einem zeitweiligen Exil zwangen und Savonarola an die Macht brachten.

Abbildung 1.5:
Links: Niccolò Machiavelli (1469–1527)
Rechts: Girolamo Savonarola (1452–1498)

Es ist interessant, zu merken, dass Savonarola aus demselben Kloster von San Marco stammte, das unter Cosimo dem Älteren restauriert worden war, und dass seine dominikanische Nachfolger in San Marco einen reaktionären, antihumanistischen und später antikopernikanischen Trend entwickelten, der später direkt zu Galileis Verurteilung führte. Der erste ernsthafte Umbruch hinsichtlich Galilei und dem Kopernikanismus ging 1614 von San Marco aus. Ich erwähne dies, um zu zeigen, wie unvorhersehbar die Ergebnisse von Mäzenatentum sein können.

Der Niedergang von Florenz zu Ende des 16. Jahrhunderts kann auch aus den Anzeichen von Traurigkeit abgelesen werden, die Botticellis späte Werke kennzeichnen und wird auch die Tatsache belegt, dass führende toskanische Künstler der Hochrenaissance wie Leonardo da Vinci und Michelangelo gezwungen waren, ihr Glück andernorts zu finden. Ein Jahrhundert später passierte Galilei das Gleiche, als er als junger und innovativer Mathematiker und Gelehrter seine Heimat in Richtung Padua verließ.

Es scheint klar, dass zumindest ein Teil der Aura, die Lorenzos Mäzenatentum umgibt von ihm oder von späteren Generationen künstlich geschaffen wurde. Man kann auf das Mäzenatentum der Medici das traditionelle Schema der drei „P" der Politikwissenschaften anwenden: *Power, Property, Prestige* (Macht, Besitz, Prestige). Man könnte sagen, dass das frühe Mäzenatentum für die Medici zunächst ein Machtinstrument war, erst später wandelte es sich zu einem Prestigewerkzeug. Da die Medici so viele Besitztümer, *„Property"*, hatten, wird das Schema der drei „P" so am Ende der Renaissance vollkommen.

Doch in der Periode, in welcher die Medici und andere italienische Herrscher untereinander konkurrierten, ihr Prestige zu erhöhen und ihre Städte und Paläste zu verschönern, nahmen andere europäische Nationen an Gestalt und Einfluss zu. Europa und die Welt durchliefen epochale Wandlungen und traten in die Neuzeit ein. Die schönen Künste konnten nur wenig dazu beitragen, dass die italienischen Herrscher mit diesen Entwicklungen mitkamen. Der Florentiner Niccolò Machiavelli sah all dies zu Beginn des 16. Jahrhunderts voraus und schlug politische Mittel zur Besserung vor. Er bot diese gemeinsam mit seinen Diensten den Medici an, als sie aus ihrem Exil zurückkehrten, wurde jedoch misshandelt und ins Abseits gedrängt.

1.3 Post-Renaissance Mäzenatentum

Mit Ende der Renaissance, zu Beginn des 16. Jahrhundert, wurden die Medici zunächst Herzöge später auch Großherzöge, trotzdem begann für die Toskana ein langsamer Niedergang. Die europäische politische Realität änderte sich völlig und die Macht der Medici und der Toskana nahm ab. Herzog Cosimo I. (1519–1574, ab 1569 Großherzog; nicht zu verwechseln mit Cosimo dem Alten, der ein Jahrhundert früher lebte) versuchte, die Toskana in ein, einem Königreich ähnliches Land umzuwandeln. Mit seinem Mäzenatentum versuchte er sowohl die großen Mächte nachzuahmen insbesondere Spanien als auch Kultur als Machtinstrument zu nutzen, so wie es seine Vorfahren während der Renaissance getan hatten. Er eröffnete eine neue Ära des Mäzenatentums der Medici, das als Spät-Renaissance Mäzenatentum bezeichnet werden kann.

Cosimo I. erhob Kultur zu einem Hauptstaatsprojekt. Er unterstützte toskanische Kulturinstitutionen finanziell und stellte sie gleichzeitig unter seine Kontrolle. Botanische Gärten und Kunstsammlungen wurden eröffnet und das toskanische Universitätssystem wurde nochmals reformiert. Pisa wurde das Hauptzentrum der toskanischen Wissenschaften und Lehre, und glich so den politischen Einfluss von Florenz aus. Die Universität von Pisa wurde zur zentralen Universität und ihr oblag die Ausbildung von Staatsbeamten. Neue Lehrstühle wurden eingerichtet und Cosimo versuchte, berühmte Wissenschaftler in die Toskana zu ziehen, u. a. Andreas Vesalius, der allerdings nur einige Tage in der Toskana blieb.

Abbildung 1.6:
Oben: Cosimo I. (1519–1574)
Unten: Leopold de'Medici (1617–1675)

Privatarchiv Michael Segre

Abbildung 1.7:
Andreas Vesalius (1514–1564)

Einer seiner Hauptschritte war die Beauftragung von Giorgio Vasari mit der Aufsicht über die künstlerischen Interessen der Toskana. Vasari war nicht nur ein ausgezeichneter manieristischer Maler und Architekt, er war einer, wenn nicht der Begründer der modernen Kunstgeschichte. Er nutzte seine Schriften, um seinen Auftraggeber zu glorifizieren. Sein berühmtes Meisterwerk „Leben der Künstler" wird dahingehend kritisiert, dass es der Florentiner Kunst, unter den Mäzenen der Medici, zuviel Aufmerksamkeit widmet, dies zu Lasten anderer italienischer Kunstströmungen. So verstärkte Vasari noch mehr den Mythos des Mäzenatentums der Medici.

Vasari beeinflusste sogar indirekt und ungewollt den Mythos von Galilei, wenn er auch starb, als Galilei noch ein Kind war. Die erste mythische und einflussreiche Biographie über Galilei wurde von dessen Schüler Vincenzio Viviani 1654 geschrieben, zwölf Jahre nach dem Tod Galileis. Diese Biographie war stark von Vasari beeinflusst; einige Sätze sind aus dem Leben Michelangelos, von Vasari verfasst, quasi kopiert worden.

Der von Vasari geschaffene Mythos und Cosimos Kulturpolitik mögen sehr beeindruckend sein, jedoch brachten sie dieses Mal nicht die erhofften Ergebnisse. Die Toskana und Italien hatten ihre Zentralität verloren und was für die italienischen Kommunen galt, war nicht mehr für die frühen modernen europäischen Staaten gültig. Mäzenatentum konnte wenig dazu beitragen, den politischen Niedergang zu vermeiden. Ausserdem war die strenge Kontrolle, unter der die Künstler zu arbeiten gezwungen waren, unpopulär und schädlich.

Dies war die Situation zum Zeitpunkt der Rückkehr Galileis in die Toskana: viel Tradition, etwas Glanz, und relativ wenig Substanz. Man kann gut nachvollziehen, warum Großherzog Cosimo II., Enkel des Herzogs Cosimo I., sich freute, Galilei an seinem Hof zu haben, und im Gegensatz zu dem traditionellen und spät-Renaissance Medici Mäzenatentum, wurden Galilei keine Einschränkungen auferlegt. Jedoch auch in diesem Fall, wie bereits gesagt, erfüllten die Ergebnisse nicht die Erwartungen.

Übrigens versuchten Cosimos Erben, in der Mitte des 17. Jahrhunderts, ebenfalls zu den traditionellen Spät-Renaissance Verfahren der Kontrolle zurück zu kehren, indem sie die Veröffentlichung der Arbeit von Galileis Nachfolgern, die sie unterstützen, zensierten. Aber auch dies brachte, wie das letzte prominente Mitglied der Dynastie, Fürst Leopold de'Medici, frei anerkennt, nicht das gewünschte Ergebnis.

Der Mythos des Mäzenatentums der Medici war jedoch zu dieser Zeit bereits weltweit bekannt. In einer Zeit, in der sich die Naturwissenschaften etablierten, musste der Mythos auch auf sie ausgedehnt werden. Dieses Unternehmen wurde erst nach dem Aussterben der Medici im 18. Jahrhundert durch einen Florentiner Arzt und Gelehrten, Giovanni Targioni Tozzetti durchgeführt. Targioni Tozzetti diente dem Hof des Lothringen Geschlechts, das die Herrschaft über die Toskana von den Medici erbte, als Bibliothekar. Wenn Vasari den Mythos der Medici als Kunstförderer etablierte, so war es Targioni Tozzetti, der den Mythos der Medici als Förderer der Naturwissenschaften ins Leben rief. Im Jahr 1780 veröffentlichte er eine dreibändige Arbeit, gewidmet der Naturwissenschaftsförderung der Medici, Notizie degli aggrandimenti delle scienze fisiche in Toscana („Notizen über die Ausweitung der physikalischen Wissenschaften in der Toskana"). Dieses Buch beschreibt die Förderung der Arbeit Galileis und seiner Nachfolger. Die stilistische Exzellenz dieser gut recherchierten Arbeit erweckt den Anschein der Zuverlässigkeit. Man bemerkt kaum, das hier zwei Mythen kombiniert werden: derjenige von Galilei und jener des Mäzenatentum der Medici.

Targioni Tozzetti hatte allerdings wenig Einfluss auf die Geschichte der Naturwissenschaften seiner Zeit. Während der Aufklärung im 18. Jahrhundert und danach im 19. Jahrhundert wurden nur nützliche, sichere und präzise Sachverhalte beschrieben. Geschichte der Naturwissenschaften wurde zur Chronologie von Entdeckungen, die im Nachhinein als wichtig angesehen wurden, reduziert, völlig ihren sozialen Zusammenhänge außer Acht lassend. Galilei wurde als der mythische Begründer der experimentellen Naturwissenschaften dargestellt (auch dies ist ein Mythos; in Wahrheit ist Galileis experimenteller Beitrag in seinen Werken relativ klein, und seine Vorgänger und seine Gegner führten bereits Experimente durch). Das Kapitel des Mäzenatentums der Medici wurde vernachlässigt, und der einzige soziale Aspekt in Beziehung zu Galilei blieb zur Zeit eines erwachenden Antiklerikalismus sein Prozess. Galileo wurde so, auch zum Märtyrer der Naturwissenschaften. Alle diese Mythen konnten irgendwann nicht weiter bestehen.

Abbildung 1.8:
Links: Giorgio Vasari
Rechts: Targioni Tozzetti (1712–1783)

1.4 Mythos und Geschichtsschreibung

Wie sind wir nun dazu gekommen, dass wir noch heute ein verkehrtes Bild des naturwissenschaftlichen Mäzenatentums im Fall Galilei haben? Die Antwort kommt aus der Art und Weise der Geschichtsschreibung.

Wir werden mit der grundsätzlichen Schwierigkeit der Geschichtsschreibung konfrontiert. Man kann Vasaris oder Targioni's Tozzettis Geschichtsschreibung als typische Beispiele von dem, was wir heute, in postmodernen Ausdrücken, Spannung zwischen Erzählung und Wahrheit nennen würden, ansehen.

Historiker fragten sich seit dem 19. Jahrhundert, was ist wert, in der Geschichte der Naturwissenschaften erwähnt zu werden. Die Frage ist strikt verbunden mit einer anderen alten Frage: was ist wissenschaftliche Wahrheit, und ob und wie Naturwissenschaft und Geschichte die Wahrheit beschreiben können. Dies führte zu einer Diskussion, über das Wesen und die Entwicklung der Naturwissenschaften.

In den letzten zwei Jahrhunderten entstanden vielfältige Modelle, um die Naturwissenschaften und ihre Entwicklung zu beschreiben. Das bekannteste und einflussreichste in den 1960er Jahren war das von Thomas Kuhn in seinem Klassiker DIE STRUKTUR WISSENSCHAFTLICHER REVOLUTIONEN. Kuhn argumentierte, dass Revolutionen wissenschaftliche Paradigmen ersetzten. Wie das neue Paradigma dann aussieht, entscheiden die Wissenschaftsverwalter. Kuhn sprach auch über Wissenschaft als Beruf, obwohl ich es schwierig finde, Wissenschaftler wie Kopernikus, Galilei oder Newton als Berufswissenschaftler zu betrachten. So trieb Kuhns Modell die Interessen in Richtung der Soziologie. Es inspirierte viele Historiker, Soziologen und Wissenschaftstheoretiker, die vorschlugen, dass die Naturwissenschaften von sozialen Bedingungen determiniert werden. All dies bewirkte eine Abweichung der historischen Forschung, indem man sich mehr auf die Praxis als auf Theorien konzentrierte.

Die traditionelle Darstellung chronologischer Fakten und Entdeckungen wurde durch eine Darstellung von Praktiken ersetzt. Nochmals tauchte die Frage auf, was wahr und wert der Beschreibung sei. Die Spannung zwischen Wahrheit und Erzählung blieb bestehen. Dieser Konflikt war 1979 der Ausgangspunkt für den Philosophen Jean-François Lyotard für ein einflussreiches Buch: DAS POSTMODERNE WISSEN. Dieses Werk drückt eine generelle Enttäuschung über die Philosophien aus, die während der Aufklärung entstanden und im Besonderen über das Streben, Wahrheit zu finden. Er stellt die Postmoderne Alternative dar.

Postmodernismus ist allerdings ein Begriff, der noch schwieriger zu definieren ist, als Mäzenatentum. Es gibt keine absoluten Standards, es gibt keine absolute Wahrheit, all unser Wissen kann nur relativ sein. Es gibt Erzählung ohne Meta-Erzählung (also Erzählung ohne klassische Theorie der Rationalität), und die Bedeutung der Naturwissenschaften wird herabgesetzt. So ist jede geschichtliche Darstellung, ob mythisch oder wahr, erlaubt. Mythen, wie von Vasari, Targioni Tozzetti und so weiter könnten von zentraler Bedeutung werden, ob wahr oder nicht.

1985 ist vielleicht das Jahr, in dem die Geschichtsschreibung des Medici Mäzenatentum im Fall Galilei einen Sprung in Richtung Postmodernismus machte. Ein führender Wissenschaftshistoriker, der verstorbene Richard Westfall, veröffentlichte den Artikel „Science and Patronage: Galileo and the Telescope“ in *ISIS*, der Zeitschrift der amerikanischen History of Science Society. Westfall beschwert sich, dass Wissenschaftshistoriker zu beherrscht seien von Begriffen, die aus dem 19. Jahrhundert stammen. Was Galilei und das Mäzenatentum betrifft, schlägt Westfall einige Dinge vor:

- Erstens: Zu Beginn seiner astronomischen Beobachtungen dachte Galilei eher an seine Karriere als an seinen Beitrag zu der Naturwissenschaft (hiermit äußert Westfall eine eher überraschende These).
- Zweitens: Mäzenatentum war vielleicht die wichtigste Institution zur Förderung der Naturwissenschaften in der vorindustriellen Gesellschaft.
- Drittens: Mäzenatentum könne der Hauptweg sein, um eine wirkungsvolle soziale Geschichte der naturwissenschaftlichen Revolution schreiben zu können.

Jede einzelne von diesen Aussagen allein ist offensichtlich falsch, aber doch ist jede interessant und vielleicht auch originell und der Betrachtung wert. Wenn man sie allerdings zusammen betrachtet, bekommt man eine raffinierte Zusammenstellung, die die Wichtigkeit des Mäzenatentums überbetont. Westfalls „Erzählung“, um den postmodernen Ausdruck wieder zu verwenden, überdeckt einen logischen Sprung. Sie erinnert auch an

Abbildung 1.9:
Galilei führt sein Fernrohr in Venedig vor

(Gemälde von Luigi Sabatelli)

die literarischen Manipulationen der Geschichte von Vasari und Targioni Tozzetti. Die Tatsache allerdings, dass Galilei angeblich vor allem Karriereambitionen hatte, bedeutet noch nicht, dass Mäzenatentum so wichtig war, wie Westfall es schildert. Auch wenn diese zwei Aussagen wahr wären, bedeutet nicht, dass Mäzenatentum der Hauptweg war, um die soziale Entwicklung der naturwissenschaftlichen Revolution beschreiben zu können.

Westfalls Artikel entsprach allerdings dem postmodernen Zeitgeschmack. Er wurde prämiert und inspirierte viele Arbeiten, die die Details dieser interessanten Periode beschreiben. Sie wiederholen die Hauptthese, dass die Wissenschaft diesen Weg ohne Mäzenatentum nicht eingeschlagen hätte.

1.5 Galilei und die Medici: Spät- Renaissance Mäzenatentum oder postmoderne Geschichtsschreibung?

Für einen postmodernen Historiker, für den es keine absolute Wahrheit gibt, sind wahrscheinlich beide Antworten gültig. Wenn man jedoch fragt, welche dieser zwei Aussagen näher an der Wahrheit sei, wird das Problem schwieriger. Ich möchte hier einen berühmten Wiener Philosophen des vergangenen Jahrhunderts zu Hilfe rufen, Karl Popper. Popper hat eine Lösung über das Problem der Wahrheit vorgeschlagen, die vielleicht bescheiden sein mag, aber die effektivste ist, die ich gefunden habe. Wahrheit, sagt Popper im Gegensatz zu den Postmodernen, existiert, aber sie kann nicht erreicht werden. Es bleibt nichtsdestotrotz die Aufgabe des Wissenschaftlers, sie zu suchen. Wir werden sie nie erreichen, aber wir können uns ihr annähern. Dies wird getan, indem man Fragen stellt, und versucht, diese auf kohärente Weise in ihrem unmittelbaren Kontext zu beantworten.

Wäre beispielsweise, die Frage nach dem Ziel des Mäzenatentums der Medici sorgfältig gestellt worden, hätten wir heute weniger Schwierigkeiten. Mir scheint also, dass das Spätrenaissance Mäzenatentum ohne Mythos, wenn auch nur bescheiden, näher an der Wahrheit war als es die postmoderne Geschichtsschreibung meint. Die geringen Ergebnisse des Spätrenaissance Mäzenatentum der Medici zu den Naturwissenschaften und meine Kritik an der postmodernen Geschichtsschreibung, bedeutet nicht, dass weiteres astronomisches Mäzenatentum in Europa nicht bedeutend war. Dies ist jedoch ein so heterogenes und komplexes Thema, das sich über verschiedene Bereiche und Traditionen erstreckt, deshalb wünsche ich mir, dass ein so interessanter Fall wie das Mäzenatentum Kuffners mit Vernunft behandelt und untersucht wird.

1.6 Bibliographie

Ames-Lewis, Francis (Hrsg.): *Cosimo 'Il Vecchio' de'Medici, 1389–1464: Essays in Commemoration of the 600th Anniversary of Cosimo de'Medici's Birth.* Oxford: Clarendon Press 1992.

Biagioli, Mario: Galileo the Emblem Maker. In: *Isis* **81** (1990), S. 230–258.

Biagioli, Mario: *Galilei, der Höfling.* Frankfurt am Main: Fischer Verlag 1999.

Burckhardt, Jacob: *Kunst und Kultur der Renaissance in Italien.* Köln: Agrippina-Verlag 1953.

Camporeale, Salvatore I.: Giovanmaria dei Tolosani O. P. 1530–1546, umanesimo, riforma e teologia controversista. In: *Memorie Dominicani, N.S.* **17** (1986), S. 145–252.

Chastel, André: *Art et Humanisme a Florence au temps de Laurent le Magnifique.* Band 4. Paris: Presses Universitaires de France 1959.

DUHEM, PIERRE: *La théorie physique, son objet, sa structure.* Paris: Marcel Rivière & Cie (2. Auflage) 1914.

FORSTER, KURT W.: Metaphors of Rule. Political Ideology and History in the Portraits of Cosimo I de' Medici. In: *Mitteilungen des Kunsthistorischen Institutes in Florenz* **15** (1971), S. 65–104.

GALILEI, GALILEO: *Le opere, Edizione nazionale.* Hrsg. v. Antonio Favaro. 20 Bände. Florenz: Barbèra 1890–1909. Neudruck: Florenz: Barbèra, 1929–1939, 1964–1965, 1968.

GALLUZZI PAOLO: Il mecenatismo mediceo e le scienze. In: *Vasoli* (1980), S. 189–215.

GARFAGNINI, GIANCARLO (Hrsg): *Firenze e la Toscana dei Medici nell'Europa del '500.* 3 Bände. Firenze: Olschki 1983.

HABISON, PETER: *Die Geschichte der Kuffner Sternwarte im kultur- und astronomiehistorischen Umfeld des 19. und 20. Jahrhunderts.* Dissertation, Geisteswissenschaftliche Fakultät der Universität Wien, Institut für Geschichte 2001.

HALE, J. R.: *Florence and the Medici: The Pattern of Control.* London: Thames and Hudson 1977.

KOYRÉ, ALEXANDRE: *Etudes galiléennes.* Paris: Hermann 1939. Neudruck: Paris: Hermann 1966.

KOYRÉ, ALEXANDRE: *Metaphysics and Measurements: Essays in Scientific Revolution.* London: Chapman & Hall 1968.

KUHN, THOMAS S.: *Die Struktur wissenschaftlicher Revolutionen.* Frankfurt am Main: Suhrkamp (2. revidierte Auflage) 1976.

LYOTARD, JEAN-FRANÇOIS: *Das postmoderne Wissen. Ein Bericht.* Hrsg. von Peter Engelmann. Wien: Passagen Verlag 1994.

MACHIAVELLI, NICCOLÒ: *Der Fürst.* Frankfurt: Insel 2001.

MARRARA, DANILO: *L'università di Pisa come università statale nel granducato mediceo.* Milano: Giuffré 1965.

MIDDLETON, W. E. KNOWLES: *The experimenters: A Study of the Accademia del Cimento.* Baltimore: The Johns Hopkins Press 1971.

MORPURGO-TAGLIABUE, GUIDO: *I processi di Galileo e l'epistemologia.* Roma: Armando 1981.

POPPER, KARL R.: *Logik der Forschung.* Wien: Julius Springer 1934.

RUBIN, PATRICIA L.: *Giorgio Vasari: Art and History.* New Haven: Yale University Press 1995.

SEGRE, MICHAEL: Galileo as a Politician. In: *Sudhoffs Archiv* **72** (1988), S. 69–82.

SEGRE, MICHAEL: Viviani's Life of Galileo. In: *Isis* **80** (1989), S. 207–231.

SEGRE, MICHAEL: Science at the Tuscan Court, 1642–1667. In: SABETAI UNGURU (Hrsg.) *Physics, Cosmology and Astronomy, 1300–1700: Tension and Accommodation.* Dordrecht: Kluwer 1991a, S. 295–308.

SEGRE, MICHAEL: *In the Wake of Galileo.* New Brunswick: Rutgers University Press 1991b.

SEGRE, MICHAEL: Die Accademia del Cimento – Wissenschaft zwischen Kirche und Politik. In: *Historisches Jahrbuch der Görres-Gesellschaft* **111** (1991c), S. 148–154.

SEGRE, MICHAEL: The Never-Ending Galilean Story. In: *The Cambridge Companion to Galileo.* Hrsg. v. Peter Machamer. Cambridge: Cambridge University Press 1998, S. 388–416.

SHAPIN, STEVEN: The House of Experiment in Seventeenth-Century England. In: *Isis* **79** (1988), S. 373–404.

TARGIONI TOZZETTI, GIOVANNI: *Notizie degli aggrandimenti delle scienze fisiche accaduti in Toscana nel corso di anni LX. del secolo XVII.* Firenze 1780. Nachdruck: Bologna: Forni 1967.

TIMMERMANN, CARSTEN: *Couriers and Gentlemen: The Heroes of the Scientific Revolution.* 2002.
http://www.chstm.man.ac.uk/teaching/2002-2003 (Nov. 2008).

VASARI, GIORGIO: *Lebensläufe der berühmtesten Maler, Bildhauer und Architekten.* München: Manesse-Verlag 2000.

VASOLI, CESARE (Hrsg.): *Idee, istituzioni, scienza ed arti nella Firenze dei Medici.* Firenze: Giunti Martello 1980.

WALTER, INGEBORG: *Der Prächtige. Lorenzo de' Medici und scine Zeit.* München: C. H. Beck (2. durchgesehene Auflage) 2003.

WARNKE, MARTIN: *Hofkünstler: Zur Vorgeschichte des modernen Künstlers.* Köln: DuMont 1996.

WESTFALL, RICHARD S.: Science and Patronage: Galileo and The Telescope. In: *Isis* **76** (1985), S. 11–30.

Abbildung 2.1:
Lippert-Teleskop, Carl Zeiss, Jena, 1914:
- photographischer Normalrefraktor mit UV-Triplet (340/3438 mm) und
- zwei kurzbrennweitige Rohre (300/1500 mm) mit Objektivprisma,
gestiftet von Eduard Lippert (1844–1925)

Hamburger Sternwarte

Stiftungen zugunsten der Hamburger Sternwarte(n)

Gudrun Wolfschmidt (Hamburg)

2.1 Tycho Brahe und seine Sponsoren

Tycho Brahe (1546–1601), einer der großen Astronomen der Frühen Neuzeit und Zeitgenosse Galileis, wurde 1597 bis 1599 vom Grafen Heinrich von Rantzau (1526–1599) im Schloß Wandsbek bei Hamburg großzügig aufgenommen – nach seiner Vertreibung von der damals dänischen Insel Hven. Hier hatte er vom dänischen König Friedrich II. 1576 die 7,5 km^2 große Insel Hven im Öresund (seit dem Frieden von Roskilde 1658 „Ven" schwedisch) bekommen. Zusätzlich bot der König Tycho in großzügiger Weise finanzielle Mittel zur Errichtung einer Sternwarte und zur Beschaffung der instrumentellen Ausstattung, ferner 500 Taler jährlich. Brahe hatte sein Observatorium, »Uraniborg« (Himmelsburg) genannt; es hatte es 1576 im Stil der flämischen Renaissance errichten lassen.[1] 1584 ließ er sich etwa 80 m südöstlich von Uraniborg noch ein zweites, kleineres, aber besser windgeschütztes Observatorium »Stellaeburgum« (Stjerneborg, Sternenburg) für seine neuen, verbesserten Instrumente bauen.

Eine genaue Vorstellung von Tycho Brahes Sternwarten und ihrer neuzeitlichen instrumentellen Ausstattung haben wir dank der mit zahlreichen Holzschnitten versehenen Beschreibung in seinem Werk ASTRONOMIAE INSTAURATAE MECHANICA (Wandsbek 1598). Tycho brachte auch seine Druckerpresse nach Wandsbek mit, auf der der Hamburger Drucker Philipp von Ohr Tychos Hauptwerk druckte. Gewidmet war das Buch Kaiser Rudolf II. (1552–1612), den Tycho als neuen Mäzenaten gewinnen wollte, was ihm auch gelang. 1599 wurde er kaiserlicher Hofastronom in Prag.

2.2 Astronomie und Seefahrt

Die enge Verbindung zwischen Kaufmannschaft und Astronomie wird in folgendem Zitat deutlich:

1 Wolfschmidt 2002, S. 203–216.

Abbildung 2.2:
Schloß Wandsbek bei Hamburg
Tycho Brahe zu Gast beim Grafen Heinrich von Rantzau, 1597 bis 1599

Kolorierter Holzschnitt von Peter Lindenberg, 1593.

> „*Den Nutzen der Astronomie bey der Kauffmannschaft:*
> *Wenn also ein Kauffmann nichts von der Astronomie versteht, so kann er weder von Longitudo & Latitudo der Oerter; von den Coursen der See, noch von Abwechslungen der Tage und Nächte etwas gründlich wissen, und ist dem nach nicht geschickt einen Risico zur See zu beurtheilen.*“[2]

Hermann Wahn (1678–1747) war Mitglied der *Kunstrechnungsübende Societät*, die von Schreib- und Rechenmeistern aus Hamburg und Umgebung gegründet wurde; sie ist eine der ältesten noch bestehenden wissenschaftlichen Vereinigungen überhaupt. Nicht gelehrte Bildung, sondern praktisch anwendbares Wissen sollte sie vermitteln. Wahn war der erste Hamburger Astronom, der die Astronomie nicht nur als Werkzeug für Seefahrt, Handel oder allgemeines Wohlbefinden (Astrologie) ansah, sondern seine Begeisterung an einer eigenständigen Wissenschaft zum Ausdruck brachte. Wahn beobach-

2 Halcke 1723.

tete bei seinem Freund Johann Beyer in dessen Dachsternwarte den Himmel. Johann Beyer (1673–1751), mechanischer und optischer Instrumentenmacher, machte ab 1722 Reklame Beschreibung eines Neuen Globi Terrestris, Himmels- und Erdkugel im Holsteinischen und Hamburgischen Correspondenten für seine astronomischen Instrumente. 1721 wurde die erste Privat-Sternwarte, genannt „Steernenkikerhuus“, von Johann Beyer am Baumwall in Hamburg gegründet.

Abbildung 2.3:
Observatorium von Johann Georg Büsch (1728–1800)
am Baumwall, um 1800

(Modell im HamburgMuseum)
Foto: Gudrun Wolfschmidt

„Hamburg will nunmehro, gleich andern berühmten Städten, mit einem wohlgelegenen Astronomischen Observatorio prangen, welches zwar der Besitzer mit eigenen Kosten unterhalten und zum Stande bringen muß, doch ist zu wünschen, daß solches durch Unterstützung geeigneter Kunst-Beförderer möchte zur völligen Perfection gelangen, als wozu es einem Privato zu bringen nicht wohl thunlich. Der gantzen Astronomie ist an genauer Observation,

> *als worauf sich dieselbe hauptsächlich gründet, gelegen, und diese hinwieder die unentbehrliche und höchst-nöthige Schiffahrt erhält. ... Es möchte hiebey gefraget werden, was solche accurate Observationes nützen?*
> *Die der Astronomie erfahren, denen ist solches zur Genüge bekandt, denen andern dienet kürtzlich zur Antwort, erstlich, damit zu beweisen, daß die Astronomische Rechnung nicht triegen muß, ob zwar dieselbe noch nicht zur Vollkommenheit gebracht, und die Autores um ein Geringes von einander differiren; daher also die unsichtbaren Begebenheiten am Himmel ebenso unfehlbar seyn, als die sichtbaren.*
> *Zweytens ist bekandt, daß die gantze Navigation und grosse Schiffahrt hauptsächlich auff die Astronomie beruhet, je näher nun die Zeit dadurch abgemessen, und Astronomischen Tabellen darnach eingerichtet werden können, je näher kommt man der so lang gesuchten Longitude, oder sogenandten Ost und West, und je genauer kan ein Schiffer auff der grossen See, da er nichts ausser seinem Schiff, als Himmel und Wasser vor sich hat, seinen Cours richten, wenn er sich nach dem Himmel zu reguliren weiß, und sich nach dessen Spuren genau zu richten gelernet hat, andere Ursachen voritzo zu geschweigen. Daher einem Staat und Republic höchst daran gelegen, daß Leute unterhalten und unterstützet werden, welche der astronomie, wovon so vieles dependiret, obliegen.“*[3]

Doch diese erste Initiative für eine Umwandlung einer Privatsternwarte in ein staatlich unterstütztes astronomisches Observatoriums mit dieser Zielsetzung der Zeitbestimmung für die Seefahrt scheiterte Mitte des 18. Jahrhunderts durch Nicht-Übernahme der Beyerschen Sternwarte in staatliche Verantwortung.

Durch das Engagement von Johann Georg Büsch (1728–1800), Professor für Mathematik am Akademischen Gymnasium, entstanden eine Reihe angesehener Hamburger Gesellschaften und Lehranstalten, besonders die *Hamburgische Gesellschaft zur Beförderung der Manufakturen, Künste und der nützlichen Gewerbe* (bald *Patriotische Gesellschaft* genannt. Unter ihrer Betreuung wurde ein regelmäßiger Navigationsunterricht für Seeleute eingerichtet, der von Peter Heinrich Christian Brodhagen (1753–1805) geleitet wurde. Büsch errichtete dafür 1790 ein Observatorium auf dem Dach des „Baumhauses“ in der Nähe des Hafens.[4] Dieses stellte er großzügig seinen Schützlingen zu astronomischen Beobachtungen zur Verfügung; die berühmtesten Studenten waren Johann Elert Bode (1747–1826) und Johann Franz Encke (1791–1865), später beide Direktoren der Berliner Sternwarte.

3 Schorr 1929. Die originalen Senatsakten sind 1943 vernichtet worden, aber Schorr konnte sie 1901 einsehen und zitiert eine Schrift Hermann Wahns (1678–1747).

4 Büsch benutzte hauptsächlich englische Instrumente. Eine Liste findet sich im Hamburger Staatsarchiv: Vgl. Inventar HH 371-2, A 9, Band 12, Liste vom 1. Juli 1804.

2.3 Johann Georg Repsold (1771–1830) – Gründer der Sternwarte am Millerntor

Abbildung 2.4:
Johann Georg Repsold (1771–1830)

Hamburger Sternwarte

Die Hamburger Sternwarte verdankt ihre Entstehung Anfang des 19. Jahrhunderts sowohl privater Initiative als auch staatlicher Fürsorge. An erster Stelle ist der Oberspritzenmeister Johann Georg Repsold (1770–1830) zu nennen unter den vielen Persönlichkeiten, die sich unermüdlich für die Schaffung eines Hamburger Observatoriums engagierten. Repsold betrieb neben seiner Arbeit bei der städtischen Feuerwehr eine feinmechanische Werkstätte, deren Präzisionsgeräte zu den besten der damaligen Zeit zählten.[5]

1802 beantragte er beim Senat die Überlassung eines ehemaligen Wachhäuschens auf den Wallanlagen, um dort seine von ihm selbst gebauten Teleskope, ein Passageninstru-

5 Koch 2001.

ment und einen Meridiankreis, aufzustellen und zu betreiben. Diese erste Sternwarte auf der Bastion Albertus (heute Stintfang) – hoch über der Elbe – existierte bis 1813; dann mußte sie wegen der militärischen Nutzung während der französischen Belagerung in der napoleonischen Zeit niedergerissen werden.

Abbildung 2.5:
Neue Sternwarte am Millerntor 1825

Berliner Jahrbuch von 1829.

Lange nach der Napoleonischen Zeit, erst 1925, nachdem Geld aus einer privaten Stiftung, dem Nachlaß des Amateurastronomen Johann Christopher Grell, vorhanden war, genehmigte der Senat auf dem Wall auf der Bastion Henricus beim Millerntor einen Neubau für Sternwarte und Navigationsschule, der Ende 1825 fertiggestellt war; das Gebäude wurde vom Stadtbaumeister Hinrich Anton Christian Koch (1758–1840) errichtet.

- Die astronomische Abteilung, in dem sowohl die Instrumente aus dem Repsoldschen Besitz als auch einige bei Josef Fraunhofer (1787–1826) in München gefertigte Instrumente aufgestellt waren, wurde in den ersten Jahren von Johann Georg Repsold geleitet.
- Die Leitung der Navigationsschule, die im Ostflügel des Gebäudes untergebracht war, lag in den Händen von Daniel Braubach (1766–1828).

Als zwei Jahre später Repsold bei einem Brand ums Leben kam, vereinigte man beide Institute und übertrug Karl Ludwig Christian [Charles] Rümker (1788–1862) die Leitung, der als Astronom von 1820 bis 1830 in Paramatta bei Sydney in Australien gewirkt hatte. Repsolds Instrumente konnten schließlich mit Hilfe des »Vereins der nach Archangel(sk) handelnden Kaufleute« um 32.000 Courantmark für den Weiterbestand der Sternwarte gekauft werden. Unter diesen Bedingungen akzeptierte die Freie und Hansestadt Hamburg 1833, die Sternwarte als staatliche Institution zu übernehmen. Dieser Verein finanzierte auch den neuen 1835 erworbenen Meridiankreis aus den Repsoldschen Werkstätten. Die damit von Rümker erstellten Sternkataloge brachten der Hamburger Sternwarte internationale Anerkennung.

1857, nachdem Charles Rümker aus gesundheitlichen Gründen zurückgetreten war, führte sein Sohn George Rümker die Arbeit seines Vaters fort. 1867 bekam die Sternwarte Geld, um ein neues Hauptinstrument zu kaufen. Es handelte sich um das 26 cm Äquatorial mit einer Brennweite von drei Metern. Die Optik stammte von G. & S. Merz in München, die Montierung wurde von Adolf Repsold & Söhne angefertigt. 1870 wurde ein zweites Objektiv vom Hamburger Optiker Hugo Schroeder (1834–1902) hergestellt. Das Äquatorial diente zur Bestimmung von Sternkoordinaten.

Die Verknüpfung zwischen Seefahrt und Astronomie hatte in Hamburg immer eine große Rolle gespielt. 1876 wurde auf dem Kaispeicher Nr. 1 im Hamburger Hafen eine Zeitball-Anlage errichtet, die bis 1934 in Betrieb war – gesteuert durch astronomische Präzisions-Pendeluhren in der Sternwarte.

2.4 Heinrich Christian Schumacher und die Altonaer Sternwarte

Unabhängig von den Hamburger Sternwarten gab es vor den Toren der Stadt Hamburg in Altona, das damals (bis 1863) unter dänischer Verwaltung stand, eine weitere Initiative: 1821 wurde mit der Finanzierung durch den dänischen König Friedrich VI. eine Sternwarte in Altona gegründet, die unter der Leitung von Heinrich Christian Schumacher (1780–1850) stand.[6]

Eines der bedeutendsten Werke Schumachers war die Gründung der *Astronomischen Nachrichten*. Im September 1821 verschickte Schumacher folgende Zeilen, die auch im Vorwort des ersten Bandes abgedruckt wurden:

> „*Durch höhere Unterstützung* [durch den dänischen König] *bin ich in den Stand gesetzt, den Astronomen und Mathematikern in diesem Blatte ein Mittel zur schnellen Verbreitung einzelner Beobachtungen und kürzerer Nachrichten, so wie in den Astronomischen Abhandlungen ein Depot für größere Arbeiten anzubieten.*“

Damit war eine der ältesten Fachzeitschriften geboren; die *Astronomischen Nachrichten* existieren bis heute.

6 Lühning 2007.

Abbildung 2.6:
Heinrich Christian Schumacher (1780–1850)
Sternwarte Altona, Palmaille 9, 1821 bis 1873
Südseite Palmaille Nr. 27 Hinterhof

Staatsarchiv Hamburg, Bundesforschungsanstalt für Fischerei

1874 kamen die meisten Instrumente der Altonaer Sternwarte an die Kieler Sternwarte, einige nach Kopenhagen. Das Gebäude der Altonaer Sternwarte wurde 1941 zerstört.

2.5 Die neue Sternwarte in Hamburg-Bergedorf, 1906–1912

Ende des 19. Jahrhunderts war immer deutlicher geworden, daß die Hamburger Sternwarte an ihrem alten Standort auf dem Wall beim Millerntor keine sinnvollen Messungen mehr durchführen konnte, weil die Behinderungen durch Streulicht, Rauch, Erschütterungen und Lärm von Hafen, Industrie und Stadt zu groß geworden waren. Als George Rümker im Jahre 1900 nach mehr als vierzigjähriger Tätigkeit verstarb, wurde Richard Schorr (1867–1951) 1902 zu seinem Nachfolger ernannt. Schorr stellte mit erstaunlichem Weitblick die Weichen für eine ganz neue Ära der Hamburger Sternwarte.[7]

> *„Während bei Errichtung der Sternwarte vor nunmehr fast 80 Jahren die Lage derselben auf dem Walle bei der damaligen Ausdehnung der Stadt eine für astronomische Beobachtungen ausserordentlich günstige gewesen war und die instrumentelle Ausrüstung sie unter die ersten der Welt stellte, haben sich nunmehr die Verhältnisse wesentlich geändert. Einmal ist die Lage infolge der beständig zunehmenden Ausdehnung der Stadt und der damit verbundenen Beeinträchtigungen der Beobachtungsthätigkeit durch Rauch, Licht, Lärm und Erschütterungen eine sehr ungünstige geworden, andererseits kön-*

7 Staatsarchiv Hamburg, Bestand Sternwarte 364-9/A2-3. Schorr [um 1925].

nen die Instrumente der Sternwarte in ihrem jetzigen Zustande nicht mehr modernen Anforderungen entsprechen. Eine gedeihliche astronomische Thätigkeit hat sich daher für die Sternwarte an ihrem jetzigen Orte und in ihrem jetzigen Zustande immer schwieriger gestaltet und infolgedessen ist eine Reorganisation des Instituts erforderlich geworden, um auch für die Zukunft erfolgreiche Arbeiten desselben zu ermöglichen. In dieser Erkenntnis richtete die erste Sektion der Oberschulbehörde, der die Sternwarte seit 1863, nach Aufhörung des Scholarchats unterstellt ist, im vergangenen Jahre an den Senat den Antrag auf Verlegung der Sternwarte nach einem der Rauchatmosphäre Hamburgs entrückten Platz unter gleichzeitiger Verbesserung der instrumentellen Ausrüstung des Institutes. Der Senat erteilte hierzu seine Zustimmung und es wurde hierauf ein auf dem Gojenberge bei Bergedorf gelegenes, 33.652 qm grosses Terrain für die Erbauung der neuen Sternwarte in Aussicht genommen. Der Antrag auf Ankauf dieses Terrains und Verlegung der Sternwarte dorthin wurde am 28. Dezember 1900 vom Senate bei der Bürgerschaft gestellt und von dieser am 22. Mai 1901 angenommen."[8]

Abbildung 2.7:
Hamburger Sternwarte in Bergedorf, Gebäude errichtet 1906–1912

Hamburger Sternwarte

Nach zähen Verhandlungen stimmten Senat und Bürgerschaft daraufhin im Jahre 1901 einer Verlegung nach Bergedorf zu. Das ca. 20 km von der Innenstadt Hamburgs entfernte, 40 m hoch liegende Grundstück auf dem Gojenberg bot ideale Bedingungen für die Ansiedlung einer Sternwarte. Schließlich kaufte der Hamburger Senat auf Antrag von

8 Schorr 1901.

Schorr dieses Gelände in Bergedorf, wo die neue Hamburger Sternwarte 1906 bis 1912 entstand. Richard Schorr verstand es auch, die Hamburger Behörden zu einer wirklich großzügigen Neuausstattung mit Instrumenten zu bewegen, so daß damals in Bergedorf eine der modernsten und größten zeitgenössischen Sternwarten Europas entstand.[9]

Abbildung 2.8:
Großer Refraktor, Hamburger Sternwarte in Bergedorf, 1906–1912
Hamburger Sternwarte

Um bessere Beobachtungsbedingungen zu schaffen, hatte man sich entschlossen, die Instrumente auf einzelne, verstreut liegende Kuppelgebäude zu verteilen. So entstand eine moderne Gruppen-Anlage mit strikter Trennung von Beobachtungsgebäuden auf der einen Seite und Wohn- und Arbeitsräumen einschließlich Verwaltung und Bibliothek auf der anderen Seite. Zur ursprünglichen Ausstattung mit Instrumenten gehörten folgende, teils mit Hilfe von Sponsoren beschafft:[10]

- das Äquatoreal (1867) mit der Optik von G. & S. Merz in München und der Mechanik von A. Repsold & Söhne in Hamburg wurde aus der alten Sternwarte

9 1969 wurde die Hamburger Sternwarte als wissenschaftliche Einrichtung in die Universität Hamburg eingegliedert.

10 Schramm 1996.

am Millerntor übernommen. Dazu gehört ein interessanter Repsoldscher Beobachtungsstuhl.

- 19 cm Meridiankreis, A. Repsold & Söhne, Hamburg, 1909:
  Nach der Beobachtung des gesamten Nordhimmels wurde der Meridiankreis 1967 abgebaut, modernisiert und sollte zur Vermessung des Südhimmels dienen. Der Meridiankreis wurde nach Perth in Australien verschifft. Dort wurde der FK 4 (Fundamentalkatalog) um 25.000 südliche Sterne erweitert und die Ergebnisse als *Perth*-Kataloge veröffentlicht. Das gesamte Projekt finanzierte die Volkswagen-Stiftung. 1987 wurde der Betrieb des Meridiankreises schließlich eingestellt.
- 60 cm Großer Refraktor (9 m Brennweite):
  Mechanik: A. Repsold & Söhne, Hamburg, 1911, Optik: Steinheil, München
- 1 Meter-Spiegelteleskop, Carl Zeiss, Jena, 1911
  Der 1 m-Spiegel war bei seiner Indienststellung 1911 das größte Instrument Deutschlands und das viertgrößte Spiegelteleskop der Welt (vgl. Abb. 2.15). Es ist unter den beeindruckenden großen Teleskopen der Hamburger Sternwarte in Bergedorf wohl das historisch bedeutsamste. Es befindet sich nahezu im Originalzustand, steht für einen historischen Wendepunkt in der astronomischen Forschung (Wechsel von der klassischen Astronomie zur Astrophysik) und ist als erstes großes Spiegelteleskop der Firma Carl Zeiss ein bedeutendes technikhistorisches Denkmal.
- Lippert-Astrograph (vgl. Abb. 2.1)
  Als es sich darum handelte, der neuen Sternwarte eine moderne instrumentelle Einrichtung zu verschaffen, erbot sich Eduard Lippert (1844–1925), wohlhabender Kaufmann in Hamburg mit Dependencen in Port Elizabeth und Transvaal,[11] im Jahre 1903 ein größeres photographisches Fernrohr zu stiften. Der Lippert-Astrograph bestand aus einer Kombination von drei Astrographen (= lichtstarken, kurzbrennweitigen Refraktoren für photographische Beobachtungen) und zwei Leitrefraktoren auf einer gemeinsamen Montierung. Benannt worden ist das Gerät nach seinem Stifter Eduard Lippert (Abb. 2.9).[12] Mit dem Lippert Astrographen wurde die Bergedorfer Spektraldurchmusterung des Nordhimmels durchgeführt – Bestandteil eines internationalen Großprojekts, an dem Deutschland in den 20er Jahren mitarbeitete. Ergänzend zu den Beobachtungen am Nordhimmel begann man im Rahmen der „Bolivia-Expedition“ (1926–29), Helligkeiten und Spektraltypen von Südhimmelsternen photographisch festzustellen. Das Projekt wurde finanziell unterstützt vom Preußischen Kultusministerium, der Notgemeinschaft der Deutschen Wissenschaft der Akademie der Wissenschaften Berlin und vom deutsch-bolivianischen Industriellen und Archäologen Prof. Arthur Posnansky (1873–1946). Das gesammelte Material bildete eine Grundlage für die Diskussion der Struktur unseres Sternsystems.

11 Nachruf auf Eduard Lippert: Anhang zum Jahresbericht der Hamburger Sternwarte 1925.

12 Das neue, von Carl Zeiss erbaute photographische Fernrohr bestand aus einem photographischen Normalrefraktor mit UV-Triplet (340/3438 mm) und zwei kurzbrennweitigen Rohren (300/1500 mm) mit Objektivprisma.

Abbildung 2.9:
Kometensucher mit Beobachtungsstuhl (links),
gestiftet von Eduard Lippert (1844–1925) (rechts)

Hamburger Sternwarte

- Später stiftete Lippert noch seinen Steinheilschen Kometensucher von 136 mm Öffnung (Abb. 2.9), einschließlich des von Repsold konstruierten Beobachtungsstuhls mit einem Axensystem zur bequemen Beobachtung, entwickelt vom Gothaer Astronomen Peter Andreas Hansen (1795–1874). .
- AG-Zonen-Astrograph, Zeiss, Jena, 1924
  In den zwanziger und dreißiger Jahren wurde von der Astronomischen Gesellschaft (AG) ein Gemeinschaftsprojekt organisiert. Es ging um die Erstellung eines Kataloges (AGK 2) mit aktuellen Sternpositionen – eine Zusammenarbeit der Sternwarten Hamburg, Bonn und Pulkowa (St. Petersburg). Später wurde noch der AGK 3 bis 1965 beobachtet und erarbeitet.
- Für das horizontale Sonnenteleskop, insbesondere für Sonnenfinsternisexpeditionen, diente Coelostatenspiegel; er wurde von der Firma Grubb aus Dublin hergestellt. Gespendet wurde er der Sternwarte im Jahre 1905 von der Senator Jenisch Stiftung. Der Coelostatenspiegel wird mit Hilfe eines Gewichtes, das an Zahnräder angeschlossen ist, der Sonne im Laufe des Tages nachgeführt.

Der geniale Optiker Bernhard Schmidt (1879–1935) erfand in den 1930er Jahren in der Hamburger Sternwarte den „Schmidt Spiegel“,[13] ein Teleskop, um ein großes Him-

13 Dufner 2002.

melsfeld verzerrungsfrei zu photographieren.[14] Schmidts erste Korrektionsplatte hatte 36 cm Durchmesser; mit einem sphärischen Spiegel von 44 cm Durchmesser erhielt er einen Schmidt-Spiegel mit 62,5 cm Brennweite (Öffnungsverhältnis 1:1,75 und Gesichtsfeld von 15°). In Hamburg war seit 1936 ein 80 cm-Schmidt-Spiegel in Planung. Nach dem Krieg erinnerte sich der Hamburger Senat an seine Zusagen und gab 1950 die Mittel für den Großen Schmidtspiegel frei, der 1954 von Zeiss, Jena, fertiggestellt wurde (Montierung: Heidenreich & Harbeck, Hamburg).

Mitte der 70er Jahre wurde der Plan realisiert, den Großen Hamburger Schmidtspiegel zum Calar Alto Observatorium nach Spanien zu verlegen, da das lichtstarke Instrument unter dem aufgehellten Hamburger Himmel nicht mehr effektiv eingesetzt werden konnte. Im Juni 1975 wurde der Schmidtspiegel demontiert, die Gabelmontierung blieb in der Kuppel in Hamburg zurück.

Auf die bestehende Montierung wurde das Oskar-Lühning-Teleskop, Grubb-Parsons, Newcastle upon Tyne 1975, das größte Teleskop der Hamburger Sternwarte und das zweitgrößte Teleskop in Deutschland, gesetzt. Es handelt sich um ein Ritchey-Chretien-System mit 1,20 m Öffnung und 15,60 m Brennweite im Cassegrain-Fokus. Seine Existenz verdankt dieses Teleskop der Stiftung des Bergedorfer Rektors Nikolaus Lühning. Dessen Sohn Oskar hatte ursprünglich Meteorologie und Astronomie studieren wollen, war aber zu Kriegsbeginn zur Wehrmacht einberufen worden und seit 1943 in Rußland vermißt. Da das Ehepaar Lühning keine weiteren Erben hatte, vermachten sie ihr Vermögen der Universität, um es im Sinne ihres Sohnes zur Förderung der Astronomie zu verwenden. Am Teleskop wurde eine CCD-Kamera und ein Fernsteuermechanismus installiert.

Nicht nur Instrumente wurden gesponsert, sondern es gab auch Hilfen für Studienreisen von Astronomen. Walter Baade (1893–1960) begann 1919 in der Hamburger Sternwarte Beobachtungen am 1 m-Spiegel.[15] 1926 bekam er als Rockefeller-Stipendiat Gelegenheit, die fuhrenden amerikanischen Sternwarten kennenzulernen. Seine Habilitation 1928 in Hamburg Die extragalaktischen Nebel als Sternsysteme war zukunftsweisend für seine spätere Arbeit. 1931 verließ Walter Baade die Hamburger Sternwarte, um eine Stelle am Mt. Wilson Observatory in Kalifornien anzutreten. In Hinblick auf die besseren Forschungsmöglichkeiten an den neuen amerikanischen Großteleskopen lehnte er sogar den Ruf als Direktor der Hamburger Sternwarte ab.

Abschließend soll noch Otto Heckmann (1901–1983) genannt werden, der schließlich 1942 – nach fünfjährigen Widerständen von Seiten des NS-Regimes – Nachfolger von Schorr wurde. Heckmann leitete bis in die 60er Jahre die Hamburger Sternwarte; 1953 gehörte er zu den ersten Astronomen, die eine europäische Südsternwarte gründen wollten.

14 Maximale Bildfeldgröße und optimale Bildqualität – unter Vermeidung von sphärischer Aberration, Koma und Astigmatismus – erreichte das Schmidt-Teleskop. Um die Koma zu vermeiden, verwendete Bernhard Schmidt einen sphärisch geschliffenen Spiegel (Kugelspiegel), der einfach herstellbar ist. Dadurch erhielt er aber einen zusätzlichen Abbildungsfehler, die »sphärische Aberration«: Strahlen, die am Rand des Spiegels reflektiert werden, haben einen anderen Brennpunkt als Strahlen nahe der optischen Achse. Diesen Fehler entfernte er durch eine speziell berechnete asphärische Korrektionsplatte, die er im Krümmungsmittelpunkt des Kugelspiegels anbrachte. Zudem entwickelte Bernhard Schmidt noch eine raffinierte Idee zur praktischen Herstellung dieser Korrektionsplatte, nämlich mit Hilfe von Evakuierung.

15 Osterbrock 2001.

Abbildung 2.10:
Oskar-Lühning-Teleskop (OLT), Grubb-Parsons, 1975

Hamburger Sternwarte

1962 wurde er zum ersten Generaldirektor der ESO (European Southern Observatory) gewählt. Die Zentrale befand sich ursprünglich in Hamburg-Bergedorf.

2.6 Zukunft der Hamburger Sternwarte?

Die Hamburger Sternwarte ist eine der großen astronomischen Zentren mit internationalem Renomee. Sie war jedoch nicht nur staatlich finanziert, sondern es flossen im Laufe der Geschichte viele Stiftungen ein. Aber das wird auch in Zukunft nötig sein.

Glücklicherweise ist das Ensemble der Sternwarte mitsamt der historischen Gebäude und ihrer Ausstattung ebenso wie die optischen Geräte und die technischen Details praktisch vollständig und weitgehend im Originalzustand erhalten. Die architektonische, wissenschafts- und technikhistorische Bedeutung ist entsprechend groß. Mit dem Datum

Abbildung 2.11:
Walter Baade (1893–1960)

Hamburger Sternwarte

vom 12.6.1996 wurde deshalb das gesamte Sternwartengelände mitsamt den historischen Gebäuden und ihrer Ausstattung sowie den optischen Geräten und den technischen Details unter der Nummer 1089 in die Denkmalliste der Freien und Hansestadt Hamburg eingetragen. Der Erhalt dieses Kulturdenkmals von internationalem Rang ist dennoch gefährdet: Sowohl die Umweltbedingungen als auch der Wandel der Forschungsvorhaben sowie die erweiterten Beobachtungsmöglichkeiten im Ausland oder mit Satelliten haben dazu geführt, daß die Sternwarte von den Wissenschaftlern der Universität nicht mehr im früheren Ausmaß genutzt wird. Da aufgrund der mangelnden Nutzung an etlichen Gebäuden schon seit Jahren keine Bauunterhaltungsmaßnahmen mehr stattgefunden haben, sind an der Bausubstanz dieser Gebäude inzwischen starke Schäden aufgetreten. Von all diesen Tatsachen alamiert, gründete sich im Januar 1998 der „Förderverein Hamburger Sternwarte e. V.“:

> Der Verein dient gemäß der Satzung *„dem Erhalt des denkmalgeschützten Gebäudeensembles und des historischen Inventars. Der Verein dient weiterhin der Volksbildung in Kultur- und Wissenschaftsgeschichte sowie in Astronomie. Hierfür wirbt der Verein um finanzielle Mittel, um den Eigentümer beim Erhalt und bei der Instandsetzung der bestehenden Gebäude, der Instrumen-*

Abbildung 2.12:
Luftbild der Hamburger Sternwarte in Bergedorf,
Ensemble errichtet 1906–1912, seit 1996 unter Denkmalschutz

Hamburger Sternwarte

te und des Ensembles zu unterstützen sowie um Volksbildungsveranstaltungen an der Sternwarte zu ermöglichen. Der Verein führt darüberhinaus selbst öffentliche Veranstaltungen durch und veröffentlicht Schriften."[16]

Durch Zusammenarbeit mit der Presse sowie durch Informationsveranstaltungen hat der Förderverein die Öffentlichkeit auf den drohenden Verfall und auf Möglichkeiten zur Rettung der Hamburger Sternwarte aufmerksam gemacht. Ein erster Erfolg war die Spende von 100.000 DM (50.000 Euro) von der Deutschen Stiftung Denkmalschutz – anläßlich einer Benefiz-Gala – für den Erhalt des Meridiankreis-Gebäudes; ergänzt durch eine gleich hohe Summe von Seiten der Universität Hamburg. Ferner widmete sich der Verein unter Einsatz eigener Geldmittel mit Unterstützung von Denkmalpflege-Institutionen der Sanierung des Salvador-Gebäudes 2003 und des Äquatorialgebäudes 2004/05. Zu den Gesamtkosten der Sanierung des Äquatorialgebäudes von 42.000 Euro trug der Förderverein 15.000 Euro bei, dazu kamen 23.000 Euro von der Hamburger Stiftung Denkmalpflege und 1500 Euro von der Bergedorf-Stiftung, ferner Spenden von

16 `http://www.FHSeV.de.`

Abbildung 2.13:
Kuppelgebäude des Äquatorials während der Sanierungsarbeiten 2004/05, Einweihung am 10. November 2005

Foto: Gudrun Wolfschmidt

privater Seite. Für 2006 gelang dem Förderverein die Einwerbung europäischer Gelder (ESF-Fond) für kleinere Sanierungsmaßnahmen (Türen und Fenster).

Der Förderverein Hamburger Sternwarte veranstaltet – unter aktiver Mitwirkung der amateurastronomischen Mitglieder – regelmäßige Veranstaltungen wie Vorträge und Führungen, Ausstellungen, öffentliche Beobachtungsabende und astronomische Großveranstaltungen wie „Lange Nacht der Museen", Beobachtung von Finsternissen oder des Venustransits 2004 und die „Lange Nacht der Sterne", Tag der offenen Tür sowie den Tag der Denkmalpflege oder die Lyrische Mondnacht.[17]

Der Förderverein Hamburger Sternwarte e. V. hat ein Konzept „Astronomiepark Hamburger Sternwarte" für die zukünftige Nutzung des Geländes erarbeitet und den zuständigen Ämtern und Behörden zugeleitet. Darin setzt sich der Verein für den Fortbestand des Universitätsinstituts auf dem Gelände der Sternwarte ein, da dies auf natürliche Weise dem Erhalt des Kulturdenkmals dient. Daneben sollen kulturelle Events und astronomische und kulturhistorische Bildung für die Öffentlichkeit sowie für Schulen angeboten werden. Erste Erfolge für eine öffentliche Nutzung der Sternwarte über die genannten Aktivitäten hinaus sind bereits zu verzeichnen. Der Förderverein hat das Schulprojekt „Astronomie-Werkstatt" (ursprünglich Seh-Stern) bei der Schulbehörde initiiert. Ferner

17 Aktuelle Termine siehe: `http://www.astronomiepark-hamburg.de`.

gibt es gibt Führungen durch die Sternwarte, die durch den Museumsdienst der Kulturbehörde vermittelt werden.

Abbildung 2.14:
Verleihung des Nationalpreises für Denkmalpflege
an den Förderverein Hamburger Sternwarte (FHS e. V.)
in Weimar im November 2006

Foto organisiert von Gudrun Wolfschmidt

Für dieses Engagement besonders bzgl. der Sanierungsarbeiten, aber auch bzgl. der vielseitigen öffentlichen Veranstaltungen wurde der Förderverein Hamburger Sternwarte e. V. im November 2006 in Weimar mit dem Deutschen National-Preis für Denkmalschutz ausgezeichnet (Verleihung der silbernen Halbkugel).

Eine zusätzliche Nutzungsmöglichkeit würde der Betrieb einer Volkssternwarte darstellen, damit regelmäßige Himmelsbebachtungen ermöglicht werden können.[18] Die erfolgreichen Besucherbilanzen von Hamburger Sternwarte und Planetarium dokumentieren das starke astronomische Interesse der Bevölkerung. Ein Planetarium kann jedoch

18 Hamburg ist die einzige (!) Metropolregion in Deutschland ohne eine Volkssternwarte. Vergleichbare Städte, ja selbst deutlich kleinere Ballungsräume, sind häufig erheblich besser ausgestattet. In Berlin gibt es zwei Großplanetarien und zwei große Volkssternwarten, in München zwei Großplanetarien, das Deutsche Museum mit Astronomieausstellung, sowie zwei Volkssternwarten. Stuttgart und Nürnberg weisen jeweils eigene Großplanetarien und Volkssternwarten auf. Weitere Volkssternwarten befinden sich u. a. in den Ballungsräumen Rhein-Ruhr, Rhein-Main und Rhein-Neckar. In den norddeutschen Großstädten existieren lediglich kleinere Volkssternwarten in Bremen, Hannover und Lübeck. Nicht nur in der Metropolregion Hamburg, auch im weiteren Umland, ist die Ausstattung mit astronomischen Volksbildungsinstitutionen deutlich unterentwickelt.

nie den Reiz des eigenen Erlebens des Himmels, der Live-Beobachtung der Gestirne mit den eigenen Augen vermitteln. Zur Volksbildung soll aber auch einerseits ein Museum gehören zur Darstellung der Geschichte der Astronomie, insbesondere der Hamburger Sternwarte verknüpft mit den Themen Seefahrt, Navigation und Zeitbestimmung, aber andererseits auch ein Science Center, in dem aktuelle Entwicklungen in der Astronomie, Astrophysik und Raumfahrt für die Öffentlichkeit interaktiv aufbereitet werden.

Im Rahmen einer Vorstudie der Firma Kunstraum GfK, die im Auftrag des Bezirksamts Bergedorf, der Behörde für Wissenschaft und Gesundheit, der Körber- und der Bergedorf-Stiftung im September 2004 erstellt wurde, ist die prinzipielle Umsetzbarkeit eines „Astronomie-Parks“ verifiziert worden. Das Konzept einer Vernetzung von Forschungsinstitut, Volkssternwarte, Schulprojekt sowie technischem und Baudenkmal bietet auch in ökonomischer Hinsicht eine vielversprechende Perspektive.[19]

Im Frühjahr 2008 ist die Hamburger Sternwarte aufgrund eines Antrags des Fördervereins auf der Grundlage eines Urteils des Hamburger Denkmalschutzamtes als national wertvolles Kulturdenkmal anerkannt worden. Prof. Dr. Gottfried Kiesow, Vorsitzender der Deutschen Stiftung Denkmalschutz und Kuratoriumsmitglied der Deutschen Stiftung Welterbe, äußerte anläßlich eines Besuches sogar die Ansicht, daß diese Sternwarte große Chancen hätte, als UNESCO-Weltkulturerbe anerkannt zu werden.[20]

Durch die bereits erfolgten Sanierungsmaßnahmen sind die Mittel des Fördervereins nunmehr nahezu ausgeschöpft, so dass für weitere dringend notwendige Sanierungsmaßnahmen keine eigenen Gelder mehr zur Verfügung stehen. Leider befindet sich besonders das beeindruckende, technikhistorisch wertvolle 1m-Spiegel-Teleskop in einem schlechten Zustand; das gilt auch für das zugehörige Kuppelgebäude und für den 1925 hinzugefügten eingeschossigen Anbau mit Flachdach.[21] Es ist daher geplant, in zwei Schritten zunächst

19 Insbesondere die unmittelbare Nähe von aktueller Spitzenforschung und Öffentlichkeit verspricht eine einzigartige Chance für gegenseitige Synergieeffekte: Das Forschungsinstitut bekäme ein öffentliches Forum sowie Beschäftigungs- und Weiterbildungsmöglichkeiten für seinen wissenschaftlichen Nachwuchs. Die Öffentlichkeit kann „aus erster Hand“ von der wissenschaftlichen Expertise profitieren. Viele Einrichtungen wie Werkstätten, Bibliothek, Hörsaal und Rechnernetz könnten gemeinsam genutzt werden.

20 In einem ersten Schritt in dieser Richtung organisierte die Verfasserin ein internationales Symposium „Cultural Heritage Astronomical Observatories (around 1900) – From Classical Astronomy to Modern Astrophysics“ (14.–17. Oktober 2008) in Hamburg, zu dem Astronomen weltweit bedeutender Sternwarten des 19. oder beginnenden 20. Jahrhunderts zur Diskussion eingeladen waren.
`http://www.math.uni-hamburg.de/spag/ign/events/icomos08.htm`.
Ziel des Symposiums war es, für eine Bewerbung der Hamburger Sternwarte als UNESCO-Weltkulturerbe vergleichbare kulturhistorische Stätten, d. h. Partnerobservatorien für eine serielle transnationale Bewerbung zu gewinnen. Die gewählten elf internationalen Kooperationspartner sind nach städtebaulicher Anlage und Architektur, nach der wissenschaftlichen Ausrichtung, der Ausstattung an Instrumenten, der Authentizität und Integrität des überlieferten Zustandes, der historischen wissenschaftlichen Beziehungen und der historischen Bedeutung der Persönlichkeiten, die jeweils an den Sternwarten beschäftigt waren, mit der Hamburger Sternwarte vergleichbar.

21 Schäden am Mauerwerk (nicht zuletzt verursacht durch den Latexfarben-Anstrich am Außenbau), an der Dachdeckung, der Kuppel und an den Regenrinnen des Gebäudes, führen dazu, dass immer mehr Feuchtigkeit in das Gebäudeinnere eindringt, wodurch der Erhalt des wertvollen Instrumentes gefährdet wird. Am Anbau des Kuppelgebäudes gehen die Schäden inzwischen so weit, dass Teile des Gesimses herauszubrechen drohen und das Gelände um dieses Bauteil abgesperrt werden mußte.

Abbildung 2.15:
1 m-Spiegel der Hamburger Sternwarte, Carl Zeiss Jena, 1911
(hier ist der Sanierungsbedarf deutlich sichtbar)

Foto: Gudrun Wolfschmidt

das Gebäude zu sanieren, bevor in einem dritten Schritt die Sanierung des wertvollen Instrumentes in Angriff genommen wird.[22]

Das nächste große Sanierungs-Projekt soll der Meridiankreis sein. Der Architekt Henry Schlepegrell schätzt die Kosten für die Sanierung des Meridiangebäudes auf mindestens 400.000.-€. Wünschenswert wäre die Herstellung musealer Raumbedingungen, um eine

22 Dem Förderverein liegt ein Kostenvoranschlag des ArchitekturContors vor, der die Behebung der vorliegenden Schäden an dem Gebäude in zwei Bauabschnitten vorsieht. Der 1. Bauabschnitt, für den Kosten in Höhe von rund 160.000.-€ veranschlagt werden, ist im Jahre 2008 begonnen werden, der 2. Bauabschnitt, für den Kosten in Höhe von rund 180.000.-€ veranschlagt werden, soll im Jahre 2009 durchgeführt werden. Von den erforderlichen Mitteln sind im Augenblick „nur“ 80.000.-€ sicher, die erfreulicherweise aus der Reemtsma-Stiftung zugesagt wurden. Die Planung (aufgrund von Anträgen des Fördervereins) sieht vor, weitere 40.000.-€ vom Bund, 40.000.-€ von der Hamburger Stiftung Denkmalpflege und 10.000.-€ von der Deutschen Stiftung Denkmalschutz zu bekommen. Für die Sanierung des 1m-Teleskops gibt es die detaillierte Untersuchung von Beatrix Alscher (2006), die unter Leitung von Prof. Gudrun Wolfschmidt und Prof. Ruth Keller-Kempas (Berlin (FHTW, Restaurierung/Konservierung von Technischem Kulturgut) erstellt wurde. Gelder zur Durchführung dieser Restaurierung können wohl frühestens für 2010 eingeworben werden.

Voraussetzung zur Zurückführung des Meridiankreises aus dem Deutschen Museum in München herbeizuführen. Zur Sanierung der gesamten historischen Bausubstanz werden noch dringend Sponsoren gesucht; nötig sind insgesamt über fünf Million Euro.[23] Ein bemerkenswerter Termin, der für die Fertigstellung der wichtigen Sanierungsmaßnahmen angepeilt wird, ist das 100jährige Jubiläum der Hamburger Sternwarte in Bergedorf 2012.

2.7 Bibliographie

ALSCHER, BEATRIX: *Das 1m-Spiegelteleskop der Hamburger Sternwarte – Konzept der Erhaltung.* Diplomarbeit 2006, Gutachter: Ruth Keller-Kempas, Berlin FHTW, Restaurierung/Konservierung von Technischem Kulturgut, und Gudrun Wolfschmidt, Institut für geschichte der Naturwissenschaften, Universität Hamburg.

DUFNER, BARBARA: *Den Himmel fest im Blick. Eine wissenschaftliche Biografie über den Astro-Optiker Bernhard Schmidt.* Stuttgart: Franz Steiner (Studien zur modernen Geschichte, Band 56) 2002.

HALCKE, PAUL: *Der Kunst-Rechnungs lieb- und übenden Societaet Kunst-Fruechte.* Hamburg 1723.

KOCH, JÜRGEN W.: *Der Hamburger Spritzenmeister und Mechaniker Johann Georg Repsold (1770–1830), ein Beispiel für die Feinmechanik im norddeutschen Raum zu Beginn des 19. Jahrhunderts.* Norderstedt: Libri – BoD 2001.

LÜHNING, FELIX: *„... Eine ausnehmende Zierde und Vortheil“ – Geschichte der Kieler Universitäts-Sternwarte und ihrer Vorgängerinnen, 1770 bis 1950.* Neumünster: Wachholtz Verlag (Sonderveröffentlichungen der Gesellschaft für Kieler Stadtgeschichte; Band 56) 2007.

OSTERBROCK, DONALD E.: *A Life in Astrophysics.* Princeton: Princeton University Press 2001.

POMMERENING, MICHAEL UND JOACHIM F. FRANK: *Das Wandsbeker Schloss. Rantzau, Brahe und die Familie Schimmelmann.* Hamburg: Mühlenbek-Verlag 2004.

SCHORR, RICHARD: *Die Hamburger Sternwarte in Bergedorf.* Hamburg [um 1925].

SCHORR, RICHARD: *Die Astronomie in Hamburg in Früheren Jahrhunderten. Beiträge zur Jungiusforschung.* Hamburg 1929.

SCHRAMM, JOCHEN: *Sterne über Hamburg.* Hamburg: Kultur- und Geschichtskontor 1996.

WOLFSCHMIDT, GUDRUN: The Observatories and Instruments of Tycho Brahe. In: *Tycho Brahe and Prague: Crossroads of European Science.* Proceedings of the International Symposium on the History of Science in the Rudolphine Period; Prague, 22–25 October 2001. Hrsg. von Christianson, John Robert; Hadravová, Alena; Hadrava, Petr and Martin Solč. Frankfurt am Main: Harri Deutsch (Acta Historica Astronomiae Vol. 16) 2002, S. 203–216.

23 Diese Summe ergibt sich aus einer Kostenschätzung, die im August 2005 im Auftrag des Denkmalschutzamtes erstellt worden ist.

Abbildung 3.1:
Johann Friedrich Benzenberg (1777–1846)

Nach dem Ölgemälde von B. v. Hopfgarten 1835
in: *Die Sterne* **24** (1948), S. 10.

Benzenberg in Düsseldorf

Wolfgang Lange (Hamburg)

Zu den nicht mehr vorhandenen Sternwarten zählt auch die im Düsseldorfer Stadtteil Bilk gelegene mit dem Namen „*Charlottenruh*". Ihr Stifter ist Johann Friedrich Benzenberg.

Johann Friedrich Benzenberg ist am 5. Mai 1777 in Schöller bei Elberfeld geboren. Er ist das einzige Kind des dortigen reformierten Pastors Heinrich Benzenberg (1744–1809). Über Kindheit und Jugend ist wenig bekannt. Der Nekrolog[1] berichtet von einem Schulbesuch in Velbert, wo er eine solide Ausbildung in alten Sprachen erhält.

Wohl dem Wunsche des Vaters folgend schreibt er sich 1795 an der Hochschule zu Marburg[2] ein, um Theologie zu studieren. Über seine dortige Studienzeit berichtet er später: „*In Marburg, wo ich mich zum Studieren halber aufhielt, lernte ich nichts als leidlich gut L'hombre. Hunger und Durst waren noch nicht in mir erwacht.*"[3] Nach Heyderhoff[4] verdankt es Benzenberg der Fürsprache des bergischen Pastors Friedrich Christoph Müller[5] – ein Freund seines Vaters –, daß er seinen Studienort und sein Studienfach wechseln kann: Benzenberg geht nach Göttingen.[6]

Dort lernt er Heinrich Wilhelm Brandes (1777–1834) kennen. Dieser ist wie er Student bei Georg Christoph Lichtenberg (1742–1799). Benzenberg wird wohl von Lichtenberg zu astronomischen Untersuchungen angeregt. Mit Brandes beobachtet er im September und Oktober 1798 Sternschnuppen. Die Ergebnisse veröffentlichen beide.[7] Nach diesen Versuchen befinden sich Sternschnuppen in einer Höhe zwischen 3,5 und mehr als 30 geographischen Meilen[8]. Nach dem Tod Lichtenbergs verläßt Benzenberg Göttingen und kehrt zu seinen Eltern nach Schöller zurück. Am 22.11.1800 immatrikuliert er sich an der Universität Duisburg, einen Tag später wird er dort promoviert.[9] 1802 erscheint seine

1 Waldbrühl [1846], S. 371.
2 Birt, S. 456.
3 in einem Brief an Neidhardt von Gneisenau vom 3. Juli 1816. Zitiert nach: Heyderhoff 1928, S. 36.
4 Heyderhoff 1907, S. 10.
5 Allgemeine Deutsche Biographie, Bd. 22, S. 530.
6 Immatrikulation am 27.10.1797. Selle, Götz von (1937), S. 378.
7 Benzenberg, J. F.; Brandes, H. W., 1800.
8 1 geog. Meile = ca. 7,5 km. Damit wird für Sternschnuppen eine Höhe zwischen 26 km und mehr als 225 km gemessen. Mit diesen Zahlen ist erstmalig aufgrund von Messungen eine Abschätzung der Höhe der Atmosphäre gegeben. Der damals höchste Berg war der Chimborazo mit 6300 m.
9 erstere Datum nach Rothscheidt, S. 295, letzteres nach Heyderhoff 1907, S. 11.

Dissertation gedruckt.[10] Sein Dissertationsthema greift er 1802 noch einmal auf.[11] Damit war seine universitäre Ausbildung abgeschlossen.

Der Astronomie bleibt er zeitlebens verbunden, wenn auch seine Interessen wechseln. Benzenberg wird politischer Mitarbeiter am *„Westfälischen Anzeiger“*, Lehrer am Lyceum in Düsseldorf, Leiter der Bergischen Landesvermessung und Unternehmer nach Ankauf des Klosterguts Brüggen. Seit der preussische König Friedrich Wilhelm III. Landesherr ist und eine Verfassung versprochen hatte, wendet er sich dem Projekt der Durchsetzung dieses Vorhabens zu. Benzenberg ist dabei nicht erfolgreich.

Bei Versuchen 1824, den Streukegel von Gewehrkugeln zu bestimmen, wird er schwer verletzt. Von dieser Verletzung erholt er sich bis zu seinem Tod am 8. Juni 1846 nicht mehr vollständig. Hinzu kommt noch ein Schlaganfall, der zu einer Schreibbehinderung führte. Benzenberg läß daher seine Briefe von einem Sekretär schreiben, unterschreibt aber stets noch selbst.

Ein wichtiger Einschnitt in seinem Leben ist die Vermählung 1807 mit Charlotte Platzhoff (1789–1809). Nach kurzer Krankheit stirbt sie am 9. Januar 1809. Benzenberg hat nie wieder geheiratet.

Nach dem Tod seiner Frau beabsichtigt Benzenberg nach Italien zu reisen – was dann nicht geschah. In einem Brief vom 16. Dezember 1809 schreibt er an Brandes:[12]

> *„Wenn ich aus Italien zurückomme, dann baue ich dem Engel*[13] *ein wissenschaftliches Denkmal. Die Gute wußte nicht, wie viel Kenntnisse und Vorzüge sie hatte. Wie bald löscht die Zeit einen Namen aus und wirft den Stein um, den man auf das Grab eines geliebten Verstorbenen sezte. Es ist noch süß, nach dem Tode genannt zu werden.“*

Die hier geäußerte Absicht wird später in der Sternwarte in Bilk in die Tat umgesetzt.

Benzenberg hat während seines Studiums Carl Friedrich Gauß (1777–1855) kennengelernt. Mit diesem führt er einen Briefwechsel.[14] In den ersten Briefen steht die Entdeckung der Ceres im Vordergrund. Für Benzenberg wird das Gesetz von Titius und Bode wichtig, zu dem er dann auch eine Ergänzung veröffentlicht.[15] Benzenberg hält sich 1802 bis 1803 in Hamburg auf. Er führt dort seine Versuche durch, die die Achsendrehung der Erde beweisen. Die Ergebnisse veröffentlicht[16] er 1804, nachdem er sie in einem Kohlenschacht in Schlebusch wiederholt hatte. Angemerkt wird hier nur eine weitere Konstante in Benzenbergs Leben: die barometrischen Höhenmessungen.[17]

Nach dem Unfall 1824 dauert es bis 1830 ehe seine Gesundheit wieder so weit hergestellt ist, daß er sich wieder publizistisch äußern kann. Seine Interessen wenden sich u. a. wieder seinen Göttinger Untersuchungen über Sternschnuppen zu.[18]

---

10 Benzenberg 1801.
11 Benzenberg 1802.
12 Heyderhoff 1927, S. 101.
13 seiner verstorbenen Frau
14 Briefwechsel Gauß – Benzenberg.
15 Benzenberg 1803.
16 Benzenberg 1804.
17 Benzenberg 1830.
18 Benzenberg 1834, Benzenberg 1839.

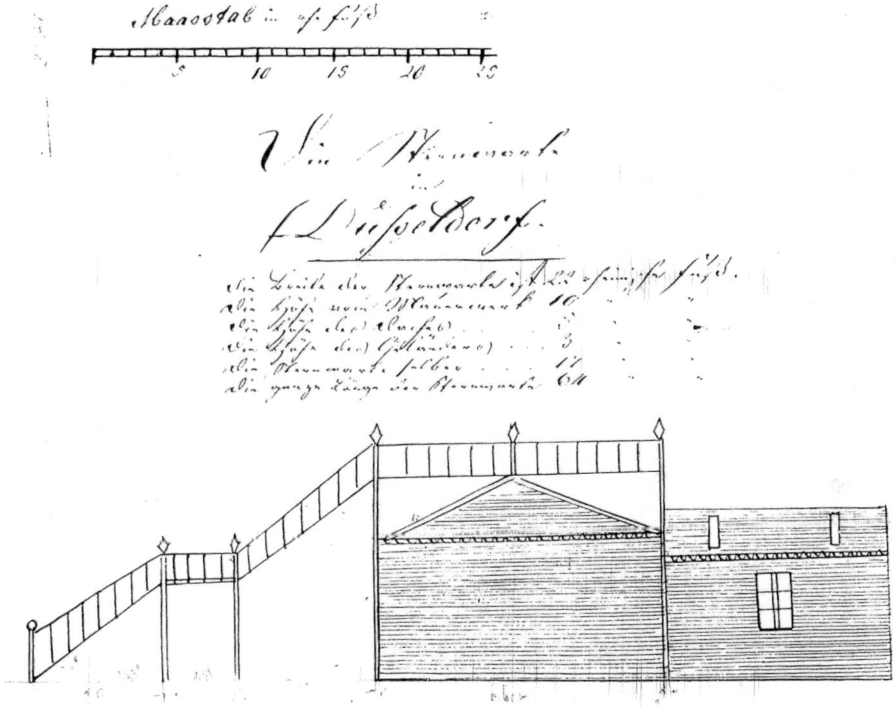

Abbildung 3.2:
Plan von Johann Friedrich Benzenberg
für seine Sternwarte in Düsseldorf

SUB Göttingen, Signatur: Cod. Ms. Gauß Briefe A:
Benzenberg als Beilage zum Brief vom 15.7.1839.

Auch geht er jetzt an die Verwirklichung seines Traumes. Am 24. November 1834 spricht Benzenberg[19] wieder über die Planung einer Sternwarte *„Ich finde, daß eine Sternwarte gar nicht theuer ist. Hat doch Dr. Olbers nur 1200 bis 1500 Thl. für seine Sternwarte angewandt und hat doch 2 neue Planeten auf derselben entdeckt.“* Am 15. Juli 1839 schreibt er an Gauß: *„Ich bin jetzt damit beschäftigt mir eine kleine Sternwarte ausser der Stadt bauen zu lassen.“* Im gleichen Brief schickt er davon eine Skizze. Dann fährt er fort:

> *„Ich habe drei Gärten in Vorschlag und bin noch ungewiß welchen ich nehmen soll. Diese Sternwarte kostet noch keine 3000 Thaler und jeder Privatmann*

19 Briefwechsel Gauß – Benzenberg.

der Kenntnisse von der Astronomie hat, muß eine solche besitzen. Sie hat folgende Instrumente:

- *Ein Mittagsfernrohr von 2 Fuß Brennweite und 2 Zoll Öffnung nebst einer Uhr um die Zeit der Gestirne zu finden*
- *Ein Mayerscher Wiederholungskreis von 1 Fuß Durchmesser und ein Fernrohr von 28 Zoll Brennweite*
- *Ein Paar Fernrohre von 150 und 700 Thaler, das eine hat 30 Linien Öffnung, das andere 53 Linien*
- *dann hat man noch einen Cometensucher, eine Tertienuhr mit einem Centrifugalpendel und eine zweite Tertienuhr.*

Da ich zugleich die Sternschnuppen beobachten werde, so muß die Sternwarte ein plattes Dach haben, um 4 Ruhebetten darauf zu stellen. Das platte Dach ist über der Sternwarte und von außen führt eine Treppe hinauf zu den 4 Ruhebetten, worauf die 4 Beobachter liegen."

Erst Ende Juni/Anfang Juli 1845 zieht Benzenberg von seiner Stadtwohnung in Düsseldorf nach Bilk in seine Sternwarte. Benzenberg's erster Mitarbeiter auf der Sternwarte ist Johann Friedrich Julius Schmidt (1825–1884), der die Sternwarte aber 1846 schon wieder verläßt. Im April 1846 setzt Benzenberg sein Testament auf: die Stadt Düsseldorf wird Alleinerbe seines Nachlasses. Mit dem Testament wird eine Summe von 7300 Talern vermacht, aus deren Ertrag die Sternwarte und ein hauptamtlicher Astronom bezahlt werden soll.

Als Benzenberg stirbt ist die Sternwarte noch nicht fertig. Die Stadt Düsseldorf bildet ein Kuratorium zur Verwaltung der Sternwarte, die der Inspektion durch Friedrich Wilhelm August Argelander (1799–1875) unterstellt wird. Als erster hauptamtlicher Astronom wird Franz Brünnow (1821–1891) angestellt. Er verbleibt in Bilk bis 1851; danach geht er als erster Observator an die Berliner Königliche Sternwarte. Bünnow nimmt die Veröffentlichung seiner Bilker Beobachtungen zum Anlaß über die Sternwarte zu berichten:[20]
„Hauptsächlich zu Sternschnuppen-Beobachtungen bestimmt, war ihre ganze Bauart so wenig wie die Mehrzahl der dort vorhandenen Instrumente zu eigentlichen astronomischen Beobachtungen geeignet.“, wobei die instrumentelle Ausstattung mit Geräten bis ins Jahr 1813 zurückgeht. Brünnow berichtet dann von dem Beschluß *„dem Institute eine solche Erweiterung zu geben, daß auch andere astronomische Beobachtungen von einigem Werth für die Wissenschaft und namentlich Beobachtungen der Cometen und neuen Planeten geliefert werden konnten.“*

Dieses geschah auch umfänglich unter Mithilfe der Stadt. Diese Erweiterungen würdigend schreibt Brünnow:

> *„So ist also die hiesige Sternwarte, die ein schönes Denkmal ihres würdigen, um die Wissenschaft verdienten Stifters ist, im Stande, recht nützliche*

20 Brünnow 1848.

Abbildung 3.3:
Carl Theodor Robert Luther (1822–1900)

(Originalabzug in Besitz des Verfassers)
Lindemann, W.: Carl Theodor Robert Luther.
In: *Die Sterne* **26** (1950), S. 9.

> *Beobachtungen zu liefern und ich hoffe, daß eine grössere Uebung auch mir erlauben wird, die schönen Mittel der Sternwarte in vollerem Maasse zu brauchen, als es jetzt möglich ist.“*

Zu den Neuanschaffungen gehört auch ein Refraktor von 52‴ Öffnung und 6 Fuß Brennweite, *„der ganz vortrefflich ist, indem die Schärfe der Bilder desselben gar nichts zu wünschen übrig lässt.“*
Zu Brünnow's Leistungen in der Bilker Zeit zählt u. a. eine Abhandlung über den Vico'schen Planeten,[21] für die er von der Amsterdamer Akademie die goldene Preismedaille erhält.

Nachfolger von Brünnow wird Carl Theodor Robert Luther (1822–1900). In der Todes-Anzeige heißt es über ihn:

> *„Die bescheidene instrumentelle Ausrüstung der Sternwarte – von brauchbaren Instrumenten war nur ein sechsfüssiges Fernrohr vorhanden, das 1877 durch ein siebenfüssiges ersetzt wurde – hat Luther nicht gehindert, eine umfangreiche Beobachtungstätigkeit auszuüben. Als Hauptobjekt für seine Thätigkeit wählte sich Luther die kleinen Planeten, und zwar sowohl die Entdeckung neuer, wie die Verfolgung älterer.“*[22]

Zu seinen überdauernden Leistungen zählt die Entdeckung der 24 sogenannten *Düsseldorfer Planeten.* Diese sind 24 Kleinplaneten, die in fast jährlichem Takt zwischen 1852 und 1873, und nach einer Pause zwischen 1884 und 1890 entdeckt wurden.

Tab. 1: Die Düsseldorfer Planeten

Planet		entdeckt am	Planet		entdeckt am
17	Thetis	17.04.1852	82	Alkmene	15.03.1863
26	Proserpina	05.05.1853	84	Klio	25.08.1865
28	Bellona	01.03.1854	90	Antiope	01.10.1866
35	Leukothea	19.04.1855	95	Arethusa	23.11.1867
37	Fides	05.10.1855	108	Hekuba	02.04.1869
47	Aglaja	15.09.1857	113	Amalthea	12.03.1871
53	Kalypso	04.04.1858	118	Peitho	15.03.1872
57	Mnemosyne	22.09.1859	134	Sophrosyne	27.09.1873
58	Concordia	24.03.1860	241	Germania	12.09.1884
68	Leto	29.04.1861	247	Eukrate	14.03.1885
71	Niobe	13.08.1861	258	Tyche	04.05.1886
78	Diana	15.03.1863	288	Glauke	20.02.1890

Nachlassende Sehkraft zwingt ihn immer mehr Beobachtungen seinem Sohn Wilhelm Robert (1860–1938) zu überlassen. Kurz vor seinem Tod veröffentlicht er die Geschichte

21 Brünnow 1849.
22 Kreutz 1900.

Abbildung 3.4:
Wilhelm Robert Luther (1860–1938)

Lindemann, W.: Carl Theodor Robert Luther.
In: *Die Sterne* **26** (1950), S. 9.

seiner Sternwarte.[23] Den Aufsatz beschließt er mit dem Benzenbergschen Motto *„Zahlen beweisen“*. Die wissenschaftlichen Leistungen werden ehrend anerkannt: u. a. verleiht ihm 1855 die Universität Bonn die Ehrendoktorwürde und zwischen 1852 und 1861 erhält er siebenmal den Lalande-Preis.

Sein Sohn Wilhelm leitet nach dem Tod von Robert Luther die Sternwarte. Wilhelm Luther studiert Astronomie, promoviert in Bonn und wird an der dortigen Sternwarte Assistent. 1885 bis 1892 arbeitet er an der Hamburger Sternwarte mit den von Repsold geschaffenen Instrumenten. Danach wird er angestellter Assistent und Nachfolger seines Vaters.

Mit dem Aufkommen der Photographie in der Astronomie war das Ende der Sternwarte nicht mehr aufzuhalten. Neue Geräte gibt es nicht, es bleiben also nur optische Beobachtung und Rechnungen. Die Folgen zunehmender Urbanisierung machen sich auch in Düsseldorf bemerkbar: die Stadt wächst an die Sternwarte heran, eine ungestörte Beobachtung wird immer schwerer – der schleichende Verfall macht der Sternwarte ein Ende. 1937 wurde sie endgültig aufgegeben. Der Krieg zerstört die Sternwarte. Heute ist sie verschwunden.

Bibliographie

Benzenberg, Johann Friedrich; Brandes, Heinrich Wilhelm: *Versuche die Entfernung, die Geschwindigkeit und die Bahnen der Sternschnuppen zu bestimmen.* Hamburg 1800.

Benzenberg, Johann Friedrich: *Dissertatio Inauguralis De Determinatione Longitudinis Geographicae Per Stellas Transvolantes.* Eruditorum Examini Submittit Joh. Fridericus Benzenberg Schöllera-Montanus. Duisburgi: Bethon 1801.

Benzenberg, Johann Friedrich: *Ueber die Bestimmung der geographischen Länge durch Sternschnuppen.* Hamburg 1802.

Benzenberg, Johann Friedrich: *Ueber das Entfernungsgesetz der Planeten und Monde von den Mittelpunkten ihrer Bahnen.* In: *Annalen der Physik* **15** (1803), S. 169–193.

Benzenberg, Johann Friedrich: *Dr. Benzenbergs Versuche über die Umdrehung der Erde. Versuche über das Gesetz des Falls, über den Widerstand der Luft und über die Umdrehung der Erde.* Dortmund 1804.

Benzenberg, Johann Friedrich: *Über die Daltonsche Theorie.* Düsseldorf 1830.

Benzenberg, Johann Friedrich: *Die Sternschnuppen sind Steine aus den Mondvulkanen, die einen Durchmesser von 1 bis 5 Fuss haben, und welche bei 8000 Fuss Geschwindigkeit in der Secunde nicht wieder auf den Mond zurückkommen, und die dann mit Millionen um die Erde herumlaufen.* Bonn 1839.

Birt, Theodor: Diem natalem augustissimi et potentissimi principis Guilelmi II imperatoris regis ab Academia Marpurgensi die XXVII. M. Ianuarii anni MDCCCCIII hora XI oratione in universtitas aula habenda celebrandum indicit Theodorus Birt. Nachdruck

23 Düsseldorf im Jahr 1898.

der Ausgabe Marpurgi Fasc. 1–12 (1903–1914). Nendeln [u. a.]: Kraus 1980. Fasc. 1–12 (1653–1822) in einem Band erschienen.

BRÜNNOW, FRANZ FRIEDRICH ERNST: *Mémoire sur la Comète elliptique de Vico.* Amsterdam 1849.

BRÜNNOW, FRANZ FRIEDRICH ERNST: *Schreiben des Herrn Dr. Brünnow an den Herausgeber.* Bilk 1848 Juni 6. In: *Astronomische Nachrichten* **27** (1848), Sp. 295–300.

Düsseldorf im Jahr 1898. Festschrift den Theilnehmern an der 70. Versammlung Deutscher Naturforscher und Aerzte dargereicht von der Stadt Düsseldorf. Düsseldorf, 1898.

GAUSS, CARL FRIEDRICH: *Briefwechsel mit Benzenberg, 1803–1845.* Gauß Nachlass, UB Göttingen. Unveröffentlicht.

GAUSS, CARL FRIEDRICH: Nachlaß in der SUB Göttingen, dort *Briefe A (Benzenberg), Cod. Ms. Gauß A, Benzenberg.*

HEYDERHOFF, JULIUS: *Der bergische Volksmann Johann Friedrich Benzenberg.* Elberfeld 1907.

HEYDERHOFF, JULIUS: *Der junge Benzenberg.* Düsseldorf, 1927.

HEYDERHOFF, JULIUS: *Benzenberg. Der Rheinländer und Preusse. 1815–1823.* Politsche Briefe aus den Anfängen der preussischen Verfassungsfrage. Herausgegeben und eingeleitet von Julius Heyderhoff. Bonn (= Rheinisches Archiv – Arbeiten zur Landes- und Kulturgeschichte; Heft 7) [1927]).

KREUTZ, HEINRICH: Todes-Anzeige. In: *Astronomische Nachrichten* **152** (1900), Nr. 3626, Spalte 31–32.

Neuer Nekrolog der Deutschen. 44. Jahrgang, Erster Theil. Weimar 1848.

ROTHSCHEIDT, WILHELM: *Die Matrikel der Universität Duisburg 1652–1818.* Herausgegeben von Wilhelm Rotscheidt. [Duisburg. 1938].

SELLE, GÖTZ VON: *Die Matrikel der Georgia – Augusta. 1734–1837.* Im Auftrage der Universität herausgegeben. Hildesheim und Leipzig 1937.

WALDBRÜHL, WILHELM VON: *Dr. Johann Friedrich Benzenberg.* In: *Neuer Nekrolog* [1846], S. 370–378.

Abbildung 4.1:
Sternwarte Bothkamp

Sternwarte nach Gutsherrenart

Felix Lühning (Berlin)

Der folgende Aufsatz behandelt die Privatsternwarte des Kammerherrn Friedrich Gustav v. Bülow auf Gut Bothkamp, 15 km südlich von Kiel,[1] der Universitäts- und Landeshauptstadt Schleswig-Holsteins gelegen.

Die Umstände und Hintergründe, die zur Entstehung der Bothkamper Sternwarte führten, liegen – auch nach intensiver Forschung – leider immer noch größtenteils im Dunklen, ebenso die Baugeschichte. Uns bleiben nur wenige posthume Berichte, um nachzeichnen zu können, warum sich ein holsteinischer Gutsbesitzer, der überdies ein astronomischer Laie war, die größte und bedeutendste Privatsternwarte des Deutschen Reiches leistete. Diesen zufolge müssen wir v. Bülows Interesse an der Astronomie eher als 'Interesse für die Schöpfung Gottes' bezeichnen, denn seine eigentliche Leidenschaft galt der Bibelforschung. Er hatte den griechischen Urtext des Neuen Testamentes gründlich studiert, und er bemühte sich – als orthodoxer Lutheraner – offensichtlich um eine der technischen Neuzeit angemessene Interpretation. Einige der Fragen, die er sich im Zusammenhang mit seinen Überlegungen stellen mußte, lenkten dabei sein Interesse auch auf die Astronomie und die Kosmologie.[2]

Um sie zu klären, hatte sich v. Bülow – wohl zu Beginn der 1860er Jahre – zwei kleinere Fernrohre angeschafft und mit ihnen den Himmel beobachtet. Zwar blieben ihm die Instrumente die eigentliche Antwort schuldig, doch sie vermittelten ihm eine Ahnung, daß die Schöpfung weit großartiger war, als die Bibel sie beschrieben hatte. Es war also weniger ernsthaftes astronomisches Interesse, als vielmehr religiöse Kontemplation, die v. Bülow dazu trieb, Himmelsbeobachtungen anzustellen.[3] Der Aufwand, den er jedoch bei dem Bau seines Privatobservatoriums trieb, zeigt uns indes, wie staunenswert ernst es ihm mit dem Wunsch gewesen sein muß, *„in die Werke des Schöpfers so tief einzudringen, als es einem Sterblichen vergönnt sei.“*[4] 1867 oder '68 erwarb v. Bülow zwei Rohglasscheiben für ein Fernrohrobjektiv, die kurz zuvor auf der Pariser Weltausstellung preisgekrönt worden waren.

1 Unmittelbar hinter dem Ort Kirchbarkau.

2 MÖLLER in: STAATS 1995, S. 138.

3 Ebd.

4 GStA PK Rep. 76-Va Sekt. 9 Tit. X Nr. 2 vol. VI: Schreiben v. 26.7.1920 – P. H. HARZER an den preuß. Minister für Wissenschaft, Kunst und Volksbildung.

Abbildung 4.2:
Friedrich Gustav Kammerherr von Bülow (1814–1893)

Er beauftragte den in Hamburg ansässigen Optiker Hugo Schröder mit dem Schliff der Gläser. Schröder erhielt damit den Auftrag zum Bau des bis dahin größten Refraktors im Deutschen Staatenverband. Die späteren Benutzer des Fernrohrs waren mit Schröders Arbeit hochzufrieden: *„Die grosse Sorgfalt und Genauigkeit, die der Verfertiger beim Schliff des Objectivs angewandt hat, ist durch die wahrhaft überraschende Leistung des Glases, reichlich belohnt worden.“*[5] Als weiteres Zubehör fertigte Schröder Schröder u. a. ein großes Prismenspektroskop an. Damit wuchs der Refraktor über die ihm ursprünglich zugedachte Rolle, die Wunder der Schöpfung religiös-kontemplativ betrachten zu können, weit hinaus. Das Spektroskop machte aus dem Fernrohr ein Instrument, das die Bothkamper Sternwarte seinerzeit in die vorderste Front aktueller Forschungen bringen sollte.

Für das Sternwartengebäude hatte v. Bülow einen Standort am Ufer des Bothkamper Sees, am nördlichen Ende des Gutsgeländes ausgesucht. Der Entwurf sah einen kreisrunden eingeschossigen Backsteinbau auf einem hohem Sockel vor, der von einem Flachdach abgedeckt wurde. Aus seiner Mitte erhob sich konzentrisch ein Turmstumpf, der ein gewaltiges Kegeldach trug. Der Außendurchmesser der Sternwarte betrug gut 18 m. Den architektonischen Schmuck hielt man sparsam, aber repräsentativ. Die Lisenen, der Rundbogenfries, die Galeriepfosten und die Schornsteine erhielten einen dünnen Putzüberzug und waren weiß gestrichen. Der Eingang für die Sternwarte lag gegen Westen. Hier erhielt das Gebäude einen kleinen Portalvorbau. Hinter dessen Giebel stand auf dem Flachdach eine Art ‘Rumpelkammer’ für kleinere Instrumente. Für das Drehdach hatte man die ungewohnte Kegelform gewählt. Der zirkuszeltartige Charakter des Daches schuf einen gewissen Gegensatz zu der ansonsten sehr mauerfesten Bauweise der Sternwarte. Von der Traufe bis zur Spitze verlief ein schmaler Beobachtungsspalt, der von einer zweiflügeligen Klappe verschlossen wurde. Zeitgenossen fanden die Bothkamper Sternwarte etwas gewöhnungsbedürftig:

„Das Aeußere des Bauwerks, welches von dem übliche Sternwartenstile nicht unwesentlich abweicht, macht mehr den Eindruck eines Bollwerks als denn eines astronomischen Observatoriums. Selbst Fachkundige waren bei ihrer Ankunft in Bothkamp im Zweifel, ob dieser Bau wohl die Sternwarte sei oder nicht.“[6]

Das Sockelmauerwerk stand auf zwei konzentrisch angelegten Ringfundamenten aus Beton. In ihrer Mitte schüttete man eine starke Betonplatte, auf welcher der Fernrohrpfeiler und in etwas Abstand dazu ein konzentrischer Mauerzylinder aufgesetzt wurden. Der Zwischenraum wurde bis in 3 m Höhe dauernd von Wasser durchströmt, das von einer Quelle kam. Damit war eine konstante Temperatur des Pfeilersockels gewährleistet, die allen Verwerfungen vorbeugte, die sich aus der Wärmeausdehnung ergeben konnten. Spätestens Ende September 1870 war das Observatoriumgebäude fertiggestellt, Mitte Oktober erfolgte der Einbau des großen Refraktors.

Natürlich setzte die ständige Nässe im Innen- und Außenbereich der Sternwarte nicht nur erstklassiges Baumaterial, sondern auch eine äußerst sorgsame Verarbeitung voraus. Doch weder am Bauherren, noch am Architekten, noch an den Handwerkern blieb hier

5 Vogel 1872, S. 3.
6 Lohse 1871, S. 788.

ein Tadel haften. Es wurde an nichts gespart und gebaut 'wie für die Ewigkeit'. Der Mauermörtel war ungewöhnlich hart; er bestand überwiegend aus Zement, der einzige Zuschlagstoff war gemahlener Granit. Die Mauersteine waren 'erste Wahl', denn auch jetzt – über 70 Jahre nach dem Abriß der Sternwarte – zeigt das noch vorhandene Sockelmauerwerk keinerlei Witterungsschäden.

Auch der innere Aufbau war für eine Sternwarte durchaus ungewöhnlich. Nach außen lagen zunächst acht gleichgroße Zimmer. In der Mitte der Zimmerflucht lag um den Fernrohrpfeiler herum eine Rotunde; von hier aus führte auch eine flache Wendeltreppe in den Beobachtungsturm. Links fand man zwei Repräsentationsräume, von denen der eine auch als Konferenzzimmer diente. Daran schlossen sich fünf weitere Räume an: ein mit einer Dunkelkammer kombiniertes Laboratorium, das Arbeitszimmer des Sternwartendirektors, die Bibliothek und zwei weitere Räume zur Aufstellung kleinerer Instrumente. Sämtliche Räume waren heizbar. Ihre Ausstattung entsprach ganz der sonstigen repräsentativen Bauweise der Sternwarte. Sie waren durchweg brusthoch mit Brettern ausgekleidet, auf denen Trompe-l'œil-Malereien aufwendig geschnitztes Eichenpaneelwerk vortäuschten; die Türfüllungen und -rahmen waren dahingegen richtig geschnitzt. Die qualitätvolle Ornamentik lehnte sich an den englischen Tudor-Stil an – noblesse oblige. Sämtliches Holz kam aus den Bothkamper Besitzungen und war von dem Gutstischler verarbeitet worden.[7] Die Fußböden in den Zimmern waren parkettiert – zu ihrer Schonung stand im Vestibül eine Kiste mit großen Binsen-Überschuhen parat.

Die Einrichtung war feudal: neben Tischen, Stehpulten und Buchregalen fanden sich hier schwere, geschnitzte und ledergepolsterte Eichenmöbel, schwere Seidentaftvorhänge, große Wandspiegel, Kandelaber sowie zwei große Globen, die in v. Bülows Augen wohl als klassische Attribute der Astronomie für seine Sternwarte unverzichtbar waren. Und um die Symbolik abzurunden, gab es auch noch ein Harmonium, das zwar nie benutzt wurde, aber auch so die christlich-bürgerliche Geisteshaltung des Hausherrn repräsentierte.[8] Die Rotunde in der Mitte der ringförmigen Zimmerflucht wurde überwiegend durch Oberlichter erhellt. Der Fernrohrpfeiler war ringsum von einer Polsterbank umgeben, die auch den schmalen, wassergefüllten Spalt verdeckte. Im Norden stand auf einer Konsole die Hauptuhr des Observatoriums. Stieg man die Treppe nach oben, so gelangte man in den Beobachtungsturm. Der Raum besaß *„einen Durchmesser von 10.5 Meter, so daß er trotz der Grösse des Instruments, als sehr geräumig bezeichnet werden muss, ein Vorzug, welcher nicht genug zu schätzen ist.“*[9] Die Wand war innen ringsum mit Paneelbrettern verkleidet; auch hier täuschte eine qualitätvolle Trompe-l'œil-Malerei gotische Maßwerkschnitzereien vor.

Auf der Mauerkrone ruhte, rollengelagert, das gewaltige Drehdach. Es handelte sich hierbei im Prinzip um einen sich selbst stabilisierenden Kegelmantel. Eine zusätzliche Aussteifung der Dachkonstruktion gewährte eine innen befestigte ringförmige Plattform, die den Einblick in das Fernrohr vornehmlich in tiefen Lagen erleichtern sollte. Die rein handwerkliche Ausführung des Drehdaches zeugt von dem außerordentlich hohem Kön-

7 Möller 1938 u. Strohmeyer 1905, S. 18.
8 Möller in: Staats 1995, S. 141f.
9 Vogel 1872, S. 1.

Abbildung 4.3:
Vestibül der Sternwarte Bothkamp

nen der ortsansässigen Zimmerleute. Mit einer Handkurbel trieb man auf der Plattform ein voluminöses, gußeisernes Zahnradvorgelege an, welches das Dach fortbewegte. Trotz des Dachgewichtes von insgesamt rd. 20 Tonnen war die Drehung *„mit der grössten Leichtigkeit zu bewerkstelligen."*[10] Dies ging freilich auf Kosten der Geschwindigkeit; dazu kam der schmale Beobachtungsspalt, der ein häufiges Nachstellen erforderte. Zumindest in dieser Hinsicht konnten sich die Astronomen auf Bothkamp nicht über mangelnde nächtliche Gymnastik beklagen – *„dieses Drehen ermüdete ungemein."*[11] In der Mitte des Beobachtungsraumes stand das Meisterwerk Hugo Schröders, der große Refraktor. Seine Konstruktion entsprach ganz der dauerhaften Bauweise der Sternwarte. Gerade diese Massivität des Fernrohrs fand unter den Kennern nie die rechte Zustimmung – bildete doch im 19. Jahrhundert die konstruktive und ästhetische Eleganz eines astronomischen Instruments durchaus ein wichtiges Kriterium für dessen Beurteilung.[12]

F. G. v. Bülow muß sich von vorneherein darüber im Klaren gewesen sein, daß das Format seiner Sternwarte jedes Maß einer noch so leidenschaftlich betriebenen Liebhaberei überstieg. Übereinstimmenden Gerüchten zufolge ließ sich v. Bülow den Bau seiner Sternwarte 856.000 Mark kosten, wobei ein Fünftel der Bausumme allein auf den Refraktor entfiel.[13] Eine angemessene Nutzung des Observatoriums überstieg v. Bülows astronomischen Fähigkeiten bei weitem; sie erzwang geradezu die wissenschaftliche Führung und sachkundige Pflege durch Berufsastronomen. Im Frühjahr 1870 wandte er sich an verschiedene deutsche Universitäten mit der Frage, ob man ihm einen jungen Astronomen für seine neuerrichtete Sternwarte empfehlen könne? Auf diese Weise bekam auch Johann Karl Friedrich Zöllner in Leipzig Kenntnis davon, daß auf einer bemerkenswert gut ausgerüsteten Privatsternwarte hoch oben im Norden des deutschen Staatenbundes ein Astronomenposten frei sei.[14] Natürlich war er selbst in Leipzig unabkömmlich, doch er hatte einen jungen und sehr begabten Schüler, Hermann Carl Vogel, den er für diesen Posten geeignet hielt – insbesondere, weil er den jungen Astronomen für das Gebiet der Astrophysik hatte gewinnen können. Ein dritter im Bunde gesellte sich bald dazu; es war Vogels Studienfreund Wilhelm Oswald Lohse. Als nun die Anfrage aus Bothkamp vorlag, sah Zöllner wohl eine willkommene Gelegenheit, dem Forschungsgebiet Astrophysik durch seine beiden Schüler zu einem weiteren Durchbruch zu verhelfen. Auf diese Weise kam das Bothkamper Observatorium gleich zu Anfang zu zwei jungen, tüchtigen Astronomen: Vogel war 29, Lohse 25 Jahre alt, als sie mit dem leistungsfähigsten Instru-

10 VOGEL 1872 ebd.

11 MÖLLER in: STAATS 1995, S. 147.

12 Vgl. REPSOLD 1914, S. 73. u. AMBRONN 1899, S. 1117.

13 STROHMEYER 1905, S. 18. Strohmeyer bezieht sich hier offensichtlich auf Berichte des damaligen v. Bülowschen Kammerdieners Blöcker, der als 'Fremdenführer' des Gutshofes mit derartigen Einzelheiten vertraut war. Inwieweit Strohmeyers Angaben vertrauenswürdig sind, läßt sich anhand einer Bemerkung des Kieler Astronom P. H. Harzer überprüfen, der die Gesamtsumme *„mit einem Aufwande von 3/4 Millionen"* bezifferte (Schreiben v. 27.9.1919 – P. H. HARZER an F. ENGEL – Briefnachlaß von F. ENGEL an der Universität Giessen; freundlich mitgeteilt von Frau Gabriele Wickel, Giessen.) Strohmeyer gibt am selben Ort auch die Summe für das Sternwartengebäude mit 700.000 M an, so daß die Gesamtausgaben für die Sternwarte bei 856.000 M gelegen haben dürften, was mit Harzers Angaben einigermaßen übereinstimmt und Strohmeyers Zahlen glaubhaft macht.

14 LOHSE 1907, S. 373f.

ment im Deutschen Reich erstmals in großem Umfang astrophysikalische Forschungen anstellten. Selbst zu zweit waren sie beileibe nicht zuviel Personal für die Sternwarte, denn „*die reiche Ausstattung* [...] *ermöglicht eine solche Vielseitigkeit der Beobachtungen, dass zwei Beobachter nicht im Stande sind, alle erdenklichen Arbeiten zu bewältigen* [...].“[15]

Nach Fertigstellung der Sternwarte befand sich das Bothkamper Astronomenduo in einer wahrhaft paradiesischen Lage: F. G. v. Bülow legte ihnen keinerlei Einschränkungen hinsichtlich ihrer Forschungsprogramme auf, er stellte ihnen überdies freie Wohnung und auch die Mahlzeiten waren 'nach Gutsherren Art' – und umsonst. Dazu kam auch noch ein Monatssalär von 75 Mark. „*Das Leben auf Bothkamp war ein vollkommen sorgenfreies und so recht dazu angetan, in der Wissenschaft vollständig aufzugehen [...].*“[16] Zu den ersten Arbeiten gehörte natürlich die genaue Standortbestimmung des Observatoriums, die allerdings nicht allein von Vogel und Lohse, sondern gemeinschaftlich mit der Kieler Sternwarte durchgeführt wurde. Doch dann war auch Schluß mit der klassischen Astronomie auf Bothkamp. Die weitere Richtung diktierte Vogel. Von vorneherein war es ihm „*darum zu thun, die physische Beschaffenheit der Himmelskörper genauerer Betrachtung zu unterwerfen und somit der n e u e r e n Richtung der Astronomie* [...] *zu folgen.*“[17] Vielleicht kamen diese Untersuchungen v. Bülows Absichten sogar entgegen, „*in die Werke des Schöpfers so tief einzudringen, als es einem Sterblichen vergönnt sei*“. In jedem Falle zeigte er für alles Interesse und unterstützte die Arbeiten durch reichliche Zuwendungen. Oft soll er nachts in der Sternwarte gemeinsam mit den Astronomen gesessen, durch das Fernrohr geschaut und sich mit ihnen über das Universum unterhalten haben.[18]

Vogel widmete sich also intensiv der Astrophysik. Er analysierte die Spektra von insgesamt 28 Fixsternen – das war damals noch eine mühsame Kleinarbeit, die Lage der 60–80, oft nur ahnungsweise sichtbaren Fraunhoferlinien im Spektrum auszumachen, ihre Lage direkt am Fernrohr auszumessen und auch ihr Aussehen genau zu beschreiben. Wer mit einer solchen Gründlichkeit vorging, dem blieb auch eine merkwürdige Erscheinung nicht verborgen, die bei spektroskopischen Beobachtungen von Sonnenflecken auftrat: „*Die helle Wasserstofflinie* H_β *erschien stark gekrümmt und gleichsam um die dunkle* F *Linie im Sonnenspectrum geschlungen[...].*“[19] Ohne es zu wissen oder dieses Phänomen überhaupt einordnen zu können, waren die beiden Astronomen hier auf einen Effekt gestoßen, den erst 25 Jahre später der niederländische Physiker Pieter Zeeman erklären sollte: die s-förmige Zerfaserung der Spektrallinien durch Magnetfelder.

Einen geradezu aufsehenerregenden Erfolg brachten die spektroskopischen Untersuchungen zur Radialbewegung der Fixsterne Sirius und Prokyon, die Vogel mit Hilfe einer ruhenden Vergleichslichtquelle – einer sog. Geisslerschen Röhre – zustande brachte. Am 22. März 1871 gelang ihm ein Vergleich des Emissionsspektrums von Wasserstoff mit dem

15 Vogel 1872, Vorwort.

16 Lohse 1907, ebd.

17 Vogel 1872, ebd.

18 Janle/Kortum 1988, S. 60.

19 Über die Forschungstätigkeiten Vogels und Lohses auf Bothkamp vgl. Vogel 1872; von dort auch die folgenden Details in diesem Aufsatz.

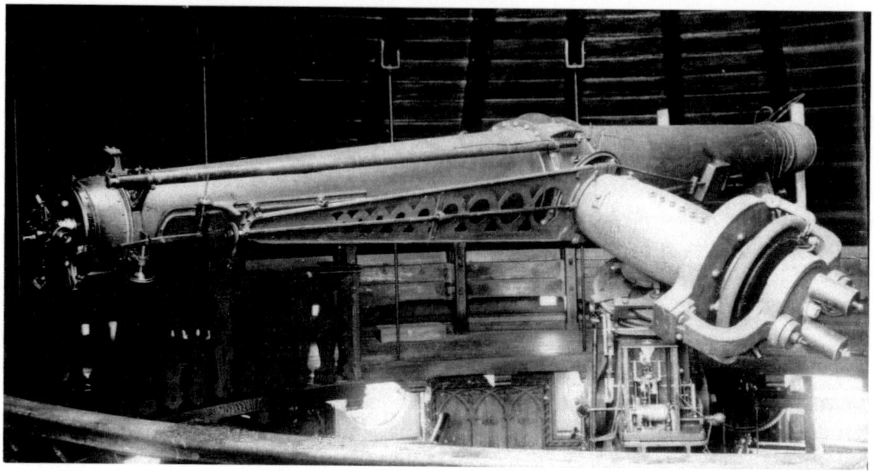

Abbildung 4.4:
Großer Refraktor der Sternwarte Bothkamp

Absorptionsspektrum des Sirius, der eindeutig belegte, daß sich dieser Fixstern von der Erde entfernt: das Sirius-Spektrum zeigte eine deutliche Rotverschiebung. Desgleichen gelangen erste Messungen der Geschwindigkeiten von Protuberanzen auf der Sonne und aufsteigender Gase am Rand von Sonnenflecken. Am 9. Juni 1871 schließlich wies Vogel die Rotation der Sonne auch auf spektroskopischem Wege nach.[20] Hierzu hatte ihm sein Lehrer Zöllner ein sog. Reversionsspektroskop zur Verfügung gestellt, das er eigens zur Messung der Sonnenrotation erdacht hatte.[21] Leider verhinderte – trotz umfangreicher Schutzvorkehrungen – die mangelhafte Stabilität des Apparates jede genaue Arbeit. Doch auch wenn die Beobachtungen nur zu einem teilweisen Erfolg führten, hatte Vogel doch die Richtigkeit des Dopplereffekts bewiesen und damit der jungen Astrophysik ein neues, weites Arbeitsfeld erschlossen, das viele Jahrzehnte später zu den aufregendsten Erkenntnissen über die Struktur des Universums führen sollte. Zöllner war zu diesen Versuchen eigens nach Bothkamp gereist, wie er überhaupt ein häufiger Gast auf dem Gut war – 1872 unternahmen v. Bülow, Zöllner, Vogel und Lohse gar eine mehrtägige Landpartie durch das schöne Holstein, was auf ein ausgezeichnetes Verhältnis zwischen diesen vier Männern schließen läßt.[22]

In seinem ungebremsten Forschungseifer spektroskopierte Vogel alles, was ihm vor die Linse kam: Planeten, Kometen, Nebelflecke und Nordlichter. Selbst Gewitterblitze fanden Aufnahme in das Forschungsprogramm. Lohse unternahm derweil zahlreiche Versuche zur Herstellung von Sonnenphotographien. Die Kamera hatte er – bis auf die

20 VOGEL 1872.
21 Vgl. dazu ZÖLLNER 1872.
22 HERRMANN 1975, S. 254.

Optik – selbst entworfen und gebaut. Da die große Helligkeit der Sonne Belichtungszeiten von nur ca. $\frac{1}{250}$ sec verlangte, hatte sich Lohse hier einen besonderen Spaltverschluß mit elektromechanischer Auslösung einfallen lassen. Für die Aufnahmen verwendete er Trockenplatten, deren photochemische Beschichtung er im Labor der Sternwarte selbst herstellte. Die Ergebnisse waren tadellos. Lohse gewann in zwei Jahren eine Serie von 227 Sonnenphotographien – eine Leistung, die man umso mehr bestaunen muß, als in der Anfangszeit der Astrophotographie ein hohes Maß an Geduld und Experimentierfreudigkeit vonnöten war, wenn man annehmbare Ergebnisse erzielen wollte. Parallel zu seinen photographischen Experimenten führte Lohse zahlreiche Zeichnungen von Sonnenflecken aus. Auch die Planetenbeobachtungen wurden zum allergrößten Teil von Lohse vorgenommen; insbesondere stellte er Beobachtungsreihen zur Untersuchung der Jupiteroberfläche an.

Vogel und Lohse veröffentlichten ihre Forschungsresultate in drei prachtvoll illustrierten Monographien, deren Druck F. G. v. Bülow großzügig finanzierte.[23] In der Folge wurde das einsame und abseits liegende Bothkamp sehr bald allgemein bekannt und zum Reiseziel vieler in- und ausländischer Astronomen. Denn auch wenn ihre Arbeiten vielfach noch den Charakter von Experimenten besaßen, so hatten sie doch in allen Bereichen die prinzipielle Machbarkeit der neuen astrophysikalischen Forschungsmethoden nachgewiesen – und selbst dort, wo ihre Versuche nur zu halben Ergebnissen führten, einen gewaltigen Forschungsbedarf geweckt. Es war daher eine unmittelbare Folge der Tätigkeiten von Vogel und Lohse, daß die preußische Regierung 1873 den Bau eines großen astrophysikalischen Observatoriums auf dem Telegraphenberg bei Potsdam ins Auge faßte und das Astronomengespann mit der Ausarbeitung genauerer Pläne beauftragte. Noch auf Bothkamp entstanden die ersten Entwürfe für die neue Sternwarte in Potsdam.[24] Im Juni 1874 packte Vogel seine Koffer reiste nach Berlin, um dort den Bau des Instituts zu überwachen. Lohse blieb noch einige Monate allein auf Bothkamp zurück und setzte seine systematischen Beobachtungen zur Sonnenphysik fort. Zum Jahresende folgte auch er seinem Freund nach Berlin.

Nach diesem glänzenden Start sollte man meinen, daß dem Bothkamper Observatorium eine ebenso glänzende Zukunft bevorstünde, doch zunächst trat das genaue Gegenteil ein: für die folgenden fünf Jahre blieb die Sternwarte verwaist. Über die Gründe können wir nur Vermutungen anstellen. Tatsache ist jedenfalls, daß die Beobachtungstätigkeit erst 1882 wieder in Gang kam und daß von nun an nur noch jeweils ein Astronom zur Zeit an der Bothkamper Sternwarte arbeitete. Leider gelang es den Nachfolgern Vogels und Lohses nicht, den Glanz der Sternwarte zu erhalten. Das lag zum einen daran, daß F. G. v. Bülows Interesse an seiner Schöpfung mit zunehmendem Alter sehr nachließ, ganz sicher wirkte jedoch der Umstand lähmend, daß alle weiteren Observatoren alleine arbeiten mußten. Damit fehlte die gegenseitige geistige Befruchtung, die dem Duo 'Vogel & Lohse' ja seine große Dynamik verliehen hatte. Zwar entfalteten einige der Nachfolger umfangreiche Tätigkeiten, aber selbst spektakulärere Ereignisse wie die Auffindung neuer Planetoiden oder Kometen hoben Bothkamp kaum mehr über die anderen Stern-

23 VOGEL 1872, VOGEL 1873 u. LOHSE 1875.

24 Zur Entstehung des Astrophysikalischen Observatoriums in Potsdam vgl. HERRMANN 1975.

warten im Deutschen Reich heraus. Doch es gab noch einen weiteren Grund, weshalb die Bothkamper Sternwarte nach dem Fortgang von Vogel und Lohse nur noch eine untergeordnete Rolle spielte. Die Bothkamper Sternwarte war allein errichtet worden, um *„in die Werke des Schöpfers so tief einzudringen, als es einem Sterblichen vergönnt sei."* Für einen interessierten Laien wie F. G. v. Bülow hieß dies in erster Linie: möglichst viel und möglichst groß sehen; und erklärt hinreichend, weshalb er ein Fernrohr mit hoher optischer Leistung als Hauptinstrument wählte. Damit war den Bothkamper Astronomen eine grobe Richtung ihrer Beobachtungsprogramme vorgegeben: sie konnten sich entweder auf astrophysikalische Forschungen werfen (hierzu war ja vorzügliches Inventar vorhanden) oder mußten sich eben darauf beschränken, 'möglichst viel möglichst groß zu sehen' – und das hieß die Beobachtung von Planeten, Kometen und Doppelsternen. Wer die Bothkamper Sternwarte angemessen nutzen wollte, mußte damit schon über einige Erfahrungen auf astrophysikalischem Gebiet verfügen. Doch zumindest im Deutschen Reich spielte die Astrophysik bis 1900 noch die zweite Stimme; erst danach konnte sie sich von der klassischen Astronomie emanzipieren. Ausgebildete Astrophysiker waren rar, das Gros der Astronomen hatte allein eine klassische Ausbildung genossen und dementsprechend an ganz anderen Instrumenten gearbeitet. Es darf uns also nicht verwundern, wenn diese jungen Forscher dem großen Refraktor etwas unsicher gegenüber standen und ihn kaum angemessen zu nutzen wußten. All dies kann jedoch weder ihre Verdienste, noch ihre Fähigkeiten herabsetzen. Keiner von ihnen hat sich geschont; alle haben den Rahmen ihrer Kräfte voll ausgenutzt und durchweg wohlfundierte Arbeiten abgeliefert.

Dennoch sollen die weiteren Observatoren auf Bothkamp hier nur kursorisch erwähnt werden: den 29jährigen Leo Anton Carl de Ball, der 1881/82 auf Bothkamp war und dort den Planetoiden *Athamantis* entdeckte; den 26jährigen Johannes Christian Lamp, Bauernsohn aus Kopperpahl bei Kiel, der fünf Jahre wahllos alles beobachtete, was ihm vor die Linse kam[25] und Otto Peter Harens Tetens, der den großen Refraktor nur zu gelegentlichen Planetenbeobachtungen nutzte und sich ansonsten zwei Jahre lang damit begnügte, mit Hilfe eines eigens zu diesem Zwecke angeschafften Passageinstruments den Gang der Hauptuhr Knoblich N*o* 1770 zu überprüfen.[26] Seine sehr gründlichen Untersuchungen führten maßgeblich dazu, daß wenige Jahre später ein internationaler Vergleich die Bothkamper Hauptuhr zu den zehn besten Pendeluhren der Welt rechnete.[27] Nebenher machte sich Tetens auch an der großen schmiedeeisernen Turmuhr im Torhaus des Gutshofes zu schaffen und versuchte, ihren bisweilen unregelmäßigen Gang zu verbessern, was ihm den Zorn des Gutsnachtwächters Fritz Geerts eintrug, der für deren die Pflege zuständig war und nun behauptete, der Astronom würde ihm seine Uhr verderben[28].

Tetens' Nachfolger wurde Johannes Möller, der zuvor Assistent an der Kieler Sternwarte gewesen war. Möller, der nach eigenem Geständnis die theoretische Astronomie so weit als möglich mied, verband seine naturwissenschaftlichen Studien mit tiefgründigen theologischen und philosophischen Betrachtungen, die er mit starken Selbstzweifeln be-

25 Vgl. Lamp 1883, Lamp 1884, 1885 u. 1888.
26 Tetens 1892.
27 *Zeitschrift f. Instrumentenkunde* 1893, XIII, S. 93 u. Valentiner 1902, Bd. IV, S. 20.
28 Möller in: Staats 1995, S. 148.

Abbildung 4.5:
Großer Refraktor der Sternwarte Bothkamp

träufelte. Wahrscheinlich waren seine theologischen Interessen der Grund, weshalb sich Möller und der nun bereits 77 Jahre alte v. Bülow menschlich sehr nahekamen. Möller zählte bei seinem Dienstantritt auf Bothkamp 24 Jahre und war damit nicht nur der bis dahin jüngste Astronom, der auf die Sternwarte kam, sondern er sollte es hier auch länger aushalten, als alle anderen vor und nach ihm – er verbrachte hier insgesamt sechs Jahre. Ihm verdanken wir eine lebendige Schilderung weniger seiner Arbeiten, sondern mehr von seinem luxuriösen Leben auf der Sternwarte. Er bewohnte zwei Zimmer in einem aparten Flügelgebäude des Herrenhauses –

> *„ein größeres, in dem ein sehr bequemes Ecksopha mit großem runden Tisch davor die eine Ecke nahe dem Fenster ausfüllte, während in der anderen Ecke nahe dem breiten Fenster ein Schreibtisch stand. In der dritten Ecke nahe der Tür fiel der mächtige eiserne Ofen auf, der nur mit gewaltigen Buchenholzscheiten geheizt wurde und im Winter eine sehr wohlige Wärme ausstrahlte. Einige große Bücherborte und mehrere Stühle vervollständigten die Einrichtung dieses Zimmers, neben dem das kleinere Schlafgemach mit Bett, Waschtisch, Stuhl und Kleiderschrank lag.* [...] *Daß die Verpflegung von hervorragender Güte war, braucht nicht besonders betont zu werden, speiste ich doch Mittags drüben im Herrenhaus zusammen mit dem Kammerherrn und seiner liebenswürdigen Frau* [...], *während mir die anderen Mahlzeiten reichlich und gut in mein Wohnzimmer herübergeschickt wurden.“*

Selbst zu den Herrengesellschaften, die sich an die auf Bothkamp abgehaltenen Treibjagden anschlossen, wurde Möller gebeten – wobei er einmal gar die Gelegenheit hatte, sich ungezwungen mit Prinz Heinrich (dem Bruder Kaiser Wilhelms II.) zu unterhalten. Auch sonst tat v. Bülow viel zum Wohlbefinden ‘seines’ Astronomen. So lud er ihn bspw. spontan zum Besuch der Hauptprobe der „Eroica“ nach Hamburg ein – es ging vierspännig nach Neumünster und von dort erster Klasse per Eisenbahn nach Hamburg. Nach dem Konzert spendierte v. Bülow noch in Cöllns Austernkeller ein opulentes Mahl sowie eine Flasche vorzüglichen Rotwein – und dann ging es wieder nach Bothkamp: erster Klasse nach Neumünster, wo die vierspännige Kutsche schon wartete ...[29]

Friedrich Gustav v. Bülow starb am 30. Oktober 1893 im Alter von 79 Jahren. Für die weitere Geschichte der Sternwarte war dies fraglos ein einschneidendes Ereignis. Zwar führte sein Sohn und Erbe Cai v. Bülow das Observatorium weiter – sowohl aus Pietät, als auch, weil v. Bülow d. Ä. ihn dazu testamentarisch verpflichtet hatte –, doch war nicht zu leugnen, daß die Mittel für die Sternwarte nun nicht mehr so reichlich flossen, wie ehedem. Erst nach einem neuerlichen, fast sechsjährigen Dornröschenschlaf fand ab dem 1. Januar 1903 wieder ein geregelter Sternwartenbetrieb statt – die Finanzierung der Observatorenstelle hatte C. v. Bülow dem preußische Staat überlassen.

Der neue Astronom hieß Paul Guthnick, der mit seinen 23 Jahren nunmehr der jüngste Astronom auf Bothkamp wurde. Er sollte die Astrophysik wieder mehr in den Vordergrund rücken, denn er beschäftigte sich eingehend mit Helligkeitsmessungen, anhand

29 Die Memoiren Johannes Möllers sind in Staats 1995 nahezu vollständig veröffentlicht. Die Schilderung seines Lebens auf Bothkamp finden sich auf S. 137–168.

derer er die Rotationszeiten der vier hellen Jupitermonde ermittelte.[30] Guthnicks letzte Monate auf Bothkamp wurden von dem Tode Cai v. Bülows überschattet, der am 26. Februar 1906 eintrat. Sein Sohn und Erbe Friedrich spielte mit dem Gedanken, die Sternwarte zu veräußern, denn das große, einst mit soviel Enthousiasmus gegründete Institut hatte sich mehr und mehr als Kuckucksei entpuppt. Abgesehen vom Sternwartengründer hatte keines der Familienmitglieder je ein größeres Interesse an der Astronomie gezeigt – und dennoch befand man sich im Besitz eines Observatoriums, das jedes Maß einer reinen Liebhabersternwarte sprengte. Schon allein die instrumentale Ausstattung stellte die Sternwarte in die erste Reihe der deutschen Observatorien; sie verpflichtete die Familie v. Bülow förmlich dazu, ihren Besitz in den Dienst der Wissenschaft und Forschung zu stellen. Nur – wer konnte sich diesen Aufwand noch leisten?

Insofern war die Ausgangslage für Guthnicks Nachfolger Karl Schiller nicht gerade günstig. Schiller widmete sich auf Bothkamp intensiv der Doppelsternastronomie und erstellte innerhalb von 2 Jahren einen Katalog über die Bewegungen von 274 ausgewählten Doppelsternen.[31] Doch trotz der vielfachen Aktivitäten Schillers versuchte F. v. Bülow nach wie vor, die Sternwarte loszuwerden. Auf Schillers Rat hin wandte er sich sowohl an die preußische Regierung, als auch an die *Astronomische Gesellschaft* mit dem Anerbieten, die Sternwarte als Geschenk zu vermachen. Beide lehnten höflich ab – wohl wissend, wie sehr eine solche Stiftung zu einer unerwünschten Belebung ihrer Ausgaben beitragen konnte.[32] v. Bülow erreichte allein eine Erhöhung der Stipendienrate für die auf Bothkamp tätigen Astronomen.

Im September 1912 trat ein Mann mit dem klangvollen Namen Hermann Wilhelm Johannes Victor Kritzinger als letzter Astronom auf Bothkamp seine Stelle an. Kritzinger befaßte sich mit Veränderlichen Sternen, deren wechselnde Helligkeiten er verfolgte.[33] Dies tat er allerdings nicht mit dem großen Refraktor, sondern mit einem kleinen Feldstecher. Möglicherweise war es ihm als einstigem Observator einer Volkssternwarte darum zu tun, ernsthafte Beobachtungen mit möglichst einfachen Mitteln durchzuführen, um so aus den gesammelten Erfahrungen auch 'den Mann auf der Straße' an die Astronomie heranführen zu können.

Am 1. Juli 1914 war für die Bothkamper Sternwarte die Zeit abgelaufen. Ihre Schließung verlief sang- und klanglos; sie fand angesichts der Zeitverhältnisse selbst in Fachkreisen kaum ein Echo. Dennoch blieb das Observatorium Gegenstand begehrlicher Blicke. Es war der Kieler Astronom Paul Herrmann Harzer, der 1916 erste Verhandlungen zur Übernahme der Sternwarte nach Kiel aufnahm – Verhandlungen, die soweit gediehen, daß noch im selben Jahre die Gelder zum Aufbau eines neuen Sternwartengebäudes in Kiel (denn das Drehdach sollte mit transloziert werden) bewilligt wurden.[34] Noch 1919 wurde der Schenkungsvertrag von Harzer und dem Enkel des Sternwartengründers Harry K. E. v. Bülow unterzeichnet und gesiegelt[35] Dennoch scheiterte die Übernahme

30 Vgl. dazu: Guthnick 1905.
31 Vgl. dazu: Schiller 1913.
32 Schiller 1912.
33 Kritzinger 1914a u. b.
34 StAH Repsold A IV. lit. H/Harzer: Schreiben v. 7.11.1916 – P. H. Harzer an J. A. Repsold.
35 GStA PK I. HA. Rep. 76/788: Vertrag v. 30.8./11.9.1919 zwischen H. v. Bülow und P. Harzer.

kläglich infolge Saumseligkeiten und Aktenverschleppung im Universitätskuratorium.[36] Die zeitliche Verzögerung, die galoppierende Inflation und zunehmender Widerstand in der Familie gegen die Verschenkung des wertvollen Objektes führten dazu, daß v. Bülow von dem Vertrag zurücktrat und auf einem förmlichen Verkauf zum Vorkriegspreis bestand. In der Folge überließ die Familie den Verkauf der Sternwarte dem obskuren Amateurastronomen Kurd Kißhauer, der es jedoch ebenfalls nicht verstand, das Kuckucksei auf dem Gutshof zu Geld zu machen.[37] Es sollten noch weitere 13 Jahre vergehen, bis zumindest die Instrumente eine neue Bleibe in der Kieler Sternwarte fanden.

1932 erhielt der damalige Direktor der Kieler Sternwarte, Hans Rosenberg von dem Gutsbesitzer Harry von Bülow das gesamte Inventar der Bothkamper Sternwarte erneut zum Geschenk angeboten.[38] Der Refraktor wurde – nach tiefgreifenden Umbauten durch die Zeiss-Werke in Jena und die Anschütz-Werke in Kiel – 1934 im Ostturm der Kieler Sternwarte aufgestellt.[39] spielte aber nur noch als Trägerinstrument für eine Astrokamera und für KdF-Veranstaltungen eine Rolle.

Mit dem Abtransport des Refraktors und der Verfrachtung des letzten Sternwarteninventars nach Kiel war das eigenartige *„Bollwerk“* am Ufer des Bothkamper Sees seines eigentlichen Sinnes und Zweckes beraubt und sein Schicksal dementsprechend besiegelt – es wurde sang- und klanglos abgerissen. Wie hatte es W. O. Lohse noch 1871 formuliert? *„Die überaus große Solidität der Ausführung berechtigt zu der Annahme, daß, wenn keine gewaltsame Zerstörung des Gebäudes stattfindet, dasselbe viele Jahrhunderte überdauern kann.“*[40] Nun erfüllte sich Lohses Prophezeiung in negativem Sinne: es fand eine gewaltsame Zerstörung statt und das prachtvolle Sternwartengebäude erreichte nicht einmal das Alter von 100 Jahren .... Immerhin mußten die Abbruchmannschaften, nachdem sie sich bis zum Sockelmauerwerk vorgekämpft hatten, vor der *„überaus großen Solidität der Ausführung“* kapitulieren – Harry K. E. v. Bülow ließ auf Höhe des Erdgeschoßfußbodens ‘reinen Tisch’ machen und den restlichen Stumpf stehenbleiben. Den Bauschutt verstürzte man kurzerhand in den wassergefüllten Zwischenraum rund um den Fernrohrpfeiler und außen rings um den Sockel.

Auch heute noch ragt der Unterbau der einstigen Bothkamper Sternwarte, von jungen Buchen umstanden, aus dem längst überwachsenen Bauschutt hervor. Obwohl die Gründe, die v. Bülow zur Verschenkung und zum Abriß seiner Sternwarte trieben, nach den damaligen Maßstäben verständlich gewesen sein mögen, so ist dennoch – und gerade heute – der Verlust dieses wissenschaftlich, technisch und auch architektonisch so bedeutenden Observatoriums als in höchstem Maße bedauerlich zu bewerten.

---

36 GStA PK I. HA. Rep. 76/788: Schreiben v. 15.6.1920 – Rektor und Senat der Universität an den preuß. Minister für Wissenschaft, Kunst und Volksbildung; StAH Repsold A IV. lit. H/Harzer: Schreiben v. 15.6.1920 – P. H. Harzer an M. und E. Repsold.

37 Kisshauer veröffentlichte 1921 u. 1923 zwei gleichlautende Verkaufsanzeigen in den *Astronomischen Nachrichten* (Astronomische Nachrichten Bd. 214/N^o, 5120, Sp. 135f. u. Astronomische Nachrichten Bd. 219/N° 5249, Sp. 283f).

38 GStA PK I. HA. Rep. 76/789: Schreiben v. 9.11.1931 – H. Rosenberg an den preuß. Minister für Wissenschaft, Kunst und Volksbildung.

39 ZAJ III/2262: Schreiben v. 20.1.1934 – Fa. Carl Zeiss an H. O. Rosenberg.

40 Lohse 1871, S. 788.

Abbildung 4.6:
Sternwarte Kiel

Unrühmlich war auch das weitere Schicksal des Bothkamper Refraktors. Als wissenschaftliches Instrument hatte er ausgedient. Nach der Auflösung der Kieler Sternwarte 1938 verblieb er als einziges Fernrohr in Kiel und erhielt so 1945 einen Treffer durch einen englischen Phosphorkanister – er wurde nach Kriegsende verschrottet.[41]

In der jüngeren Geschichte der Astronomie steht die Bothkamper Sternwarte als Phänomen einzigartig dar. Kaum eine Privatsternwarte in Europa war unter eigenartigeren Umständen gegründet und mit einem größeren Aufwand ausgerüstet worden. Das große Observatorium auf dem Gutshof ist eines der ganz seltenen Beispiele dafür, wie der Wissenschaft durch eine (durchaus ernstgemeinte) religiöse Schwärmerei größter Nutzen entstand – und es ist gerade diese fast unvereinbare Ambivalenz von orthodoxem Luthertum und rationaler Naturwissenschaft, die uns auch heute noch manches Fragezeichen übrigläßt. In diesem Sinne war die 'große Zeit' der Sternwarte nur kurz: sie betraf allein die Jahre, in denen H. C. Vogel und W. O. Lohse auf Bothkamp wirkten und unter ihrer Führung die junge Astrophysik ihre Kinderschuhe abstreifen konnte. Der Name Bothkamp flammte gewissermaßen nur kurzzeitig als leuchtende Nova am Firmament auf, um dann rasch zu einem unauffälligen Stern zu verblassen, der allein deshalb noch Interesse fand, weil er einstmals so überraschend aufgetreten war. Gemessen an Vogels und Lohses fundamentalen Pionierarbeiten fallen die Forschungen ihrer Nachfolger zwangsläufig ab. Wir dürfen aber nicht vergessen, daß nicht zuletzt die großzügige Förderung durch F. G. v. Bülow und seine Nachfahren hier neun jungen Forschern ein Feld verschaffte, in dem sie sich – unbeschwert von pekuniären Sorgen – ihre 'astronomischen Sporen' verdienen konnten. Angesichts der oft sehr armseligen Verhältnisse, unter denen seinerzeit vor allem junge Wissenschaftler leben mußten, ist dies eine Tatsache, die man nicht hoch genug rühmen kann.

41 SaK, Zeitungsausschnittslg. M – St 20a: Zeitungsartikel der Volkszeitung v. 12.05.1950.

4.1 Literatur und Quellen

4.2 Abkürzungen

GStA PK: Geheimes Staatsarchiv Preußischer Kulturbesitz Berlin
SaK: Stadtarchiv Kiel
StAH: Staatsarchiv Berlin
ZAJ: Zeiss-Archiv Jena

Ambronn 1899:
AMBRONN, LEOPOLD: *Handbuch der Astronomischen Instrumentenkunde – Eine Beschreibung der bei astronomischen Beobachtungen benutzten Instrumente (...).* Bd. 1 u. 2. Berlin 1899.

Guthnick 1905:
GUTHNICK, PAUL: *Bestimmung der Rotationsdauer der vier älteren Jupitertrabanten aus Beobachtungen ihrer Helligkeitsschwankungen. Die physische Beschaffenheit ihrer Oberflächen.* Sternwarte des Herrn V. BÜLOW zu Bothkamp. Kiel 1905.

Herrmann 1975:
HERRMANN, DIETER B.: Zur Vorgeschichte des Astrophysikalischen Observatoriums Potsdam 1865 bis 1874. In: *Astronomische Nachrichten* **296** (1975), Heft 6, S. 245–259.

Janle/Kortum 1988:
JANLE, PETER; KORTUM, GERHARD: Das Adlige Gut Bothkamp und seine Sternwarte. In: *Schriften des Naturwissenschaftlichen Vereins Schleswig-Holstein* **Bd. 57**, Kiel 1988, S. 47–70.

Kritzinger 1914a:
KRITZINGER, HANS HERMANN: Notiz zu Algol. In: *Astronomische Nachrichten* **197** (1914), N° 4709, Sp. 81–84.

Kritzinger 1914b:
KRITZINGER, HANS HERMANN: Ein neuer Algolstern mit ungewöhnlich langer Periode. In: *Astronomische Nachrichten* **197** (1914), N° 4710, Sp. 99–102

Lamp 1883:
LAMP, JOHANNES CHRISTIAN: Beobachtung des Kometen 1883 I. Brooks-Swift. In: *Astronomische Nachrichten* **105** (1883), N° 2504, Sp. 126

Lamp 1884:
LAMP, JOHANNES CHRISTIAN: Beschreibung der Oberfläche der Venus, nebst einer Notiz über die Fluorescinellen des Herrn Mittenzwey. In: *Astronomische Nachrichten* **110** (1884), N° 2619, Sp. 37f.

Lamp 1885:
LAMP, JOHANNES CHRISTIAN: Schreiben des Herrn Dr. J. Lamp in Bothkamp vom 15. October. In: *Astronomische Nachrichten* **113** (1885), N° 2690, Sp. 21.

Lamp 1888:
LAMP, JOHANNES CHRISTIAN: Beobachtungen der totalen Mondfinsterniss 1888 Jan. 28

auf der Sternwarte des Kammerherrn von Bülow zu Bothkamp [...]. In: *Astronomische Nachrichten* **118** (1988), N° 2828, S. 315f.

Lohse 1871:
Lohse, Wilhelm Oswald: Die Sternwarte eines Privatmannes. In: *Die Gartenlaube* Leipzig 1871, S. 788–791.

Lohse 1875:
Lohse, Wilhelm Oswald: *Beobachtungen, angestellt auf der Sternwarte des Kammerherrn von Bülow zu Bothkamp*, Heft III. Leipzig 1875.

Lohse 1907:
Lohse, Wilhelm Oswald: Todes-Anzeige. [H. C. Vogel] In: *Astronomische Nachrichten* **175** (1907), Nr. 4199, Sp. 373–378.

Möller 1938:
Möller, Johannes Friedrich K.: Die Bothkamper Sternwarte. In: *Die Himmelswelt* **48** (1938), Heft 3/4, S. 55–58.

Repsold 1914:
Repsold, Johann Adolf: *Zur Geschichte der astronomischen Messwerkzeuge von 1830 bis um 1900.* Bd. II. Leipzig 1914.

Schiller 1912:
Schiller, Karl: Über eine Vervollkomnung der „Prismenmethode“ bei Positionswinkelmessungen von Doppelsternen. In: *Astronomische Nachrichten* **192** (1912), N° 4585, Sp. 1–8.

Schiller 1913:
Schiller, Karl: Beobachtungen von Doppelsternen zwischen 70° und 90° nördlicher Deklination am 29 cm-Refraktor der Bothkamper Sternwarte. In: *Astronomische Nachrichten* **195** (1913), N° 4680, Sp. 465–484.

Staats 1995:
Staats, Reinhart (Hrsg.): Harmoniumklänge über dem Exerzierplatz. Kieler Kultur vor 1900 nach den Erinnerungen von Johannes Möller. Neumünster 1995.

Strohmeyer 1905:
Strohmeyer, Ernst: *Schleswig-Holsteinisches Wander- und Reisebuch – 125 der lohnendsten Ausflüge [...].* Kiel 1905.

Tetens 1892:
Tetens, Otto Peter Harens: *Untersuchung über den Gang der Hauptuhr der Bothkamper Sternwarte.* Dissertation an der Christian-Albrechts-Universität zu Kiel. Leipzig 1892.

Valentiner 1902:
Valentiner, Wilhelm (Hrsg.): *Handwörterbuch der Astronomie.* Bd. I–IV. Leipzig 1902.

Vogel 1872:
Vogel, Hermann Carl: *Beobachtungen, angestellt auf der Sternwarte des Kammerherrn von Bülow zu Bothkamp.* Heft I. Leipzig 1872.

Vogel 1873:

VOGEL, HERMANN CARL: *Beobachtungen, angestellt auf der Sternwarte des Kammerherrn von Bülow zu Bothkamp.* Heft II. Leipzig 1873.

Zöllner 1872:

ZÖLLNER, JOHANN FRIEDRICH: Ueber ein neues Spectroscop. In: *Berichte der Kön. Sächs. Gesellschaft der Wissenschaften*, Sitzung am 1. Juli 1872, o. O. 1872.

Abbildung 5.1:
Nikolaus von Konkoly (1842–1916)

Konkoly-Observatoriums Budapest

Nikolaus von Konkoly (1842–1916) als Begründer des Konkoly Observatoriums Budapest

Gudrun Wolfschmidt (Hamburg)

5.1 Nikolaus Konkoly-Thcgc (1842–1916) und dic Gründung des Observatoriums O'Gyalla (1871)

Nikolaus [Miklos] Konkoly-Thege[1] (1842–1916) war einer der Pioniere der Astrophysik. In seiner Privatsternwarte in O'Gyalla im nördlichen Ungarn (heute Hurbanovo in der Slowakei) widmete er sich besonders spektroskopischen Untersuchungen und dem Bau astrophysikalischer Instrumente.

Konkoly, der von einer reichen Landbesitzer-Familie stammte, studierte Physik und Astronomie in Pest (Budapest) und Berlin von 1858 bis 1862. Er hörte Vorlesungen bei bekannten Professoren wie Johann Franz Encke (1791–1865), Heinrich Wilhelm Dove (1803–1879) und Heinrich Gustav Magnus (1802–1870).[2] Da Zöllner bereits 1855 bis 1857 dort studiert hatte, konnten sie sich nicht kennen lernen. Konkolys fundierte Ausbildung in Physik war eine wichtige Voraussetzung für seine astrophysikalische Arbeit. Um zusätzliche Erfahrung zu sammeln, besuchte er verschiedene europäische Observatorien und optische und mechanische Präzisionswerkstätten.

1871 begann er mit astronomischen Beobachtungen auf dem Balkon seines Schlosses in O'Gyalla im Komitat Komárom. Bald ließ er sich ein eine Privatsternwarte bauen, zunächst 1874 eine Kuppel von 2,80 m Durchmesser, die 1879 vergrößert wurde. Später erhielt das Hauptgebäude zusätzlich drei Kuppeln.[3]

Auch Konkoly stand – wie viele damals – vor der Frage, ob das Hauptinstrument ein Refraktor oder ein Spiegelteleskop sein soll. Er wußte von den Reflektoren von John

1 Korrespondenz von Nikolaus Konkoly-Thege mit Hermann Carl Vogel, Arthur von Auwers, Karl Friedrich Zöllner, Gustav Spörer, Angelo Secchi und Giovanni Virginio Schiaparelli (1835–1910) konnte in Hurbanovo gefunden werden.

2 Kant 1995, S. 33–53.

3 Konkoly 1879, S. 1–11.

Abbildung 5.2:
O'Gyalla Observatorium im Komitat Komárom,
gegründet von Nikolaus Konkoly-Thege (1842–1916) (1871/79)

Konkoly: Beobachtungen des Astronomischen Observatoriums O'Gyalla (1879), S. 1.

Browning (1835–1925) in London, der Öffnungen bis 38 cm anbot.[4] Konkoly erkannte schon in den 1870er Jahren die bessere Eignung der Spiegelteleskope für die astrophysikalische Forschung und schaffte sich einen $10'' = 25$ cm-Newton-Reflektor mit 2 m Brennweite von Browning an. Zusätzlich verwendete er ein Objektivprisma, um viele Spektren gleichzeitig für Durchmusterungszwecke untersuchen zu können.

5.2 Konkolys wissenschaftliches Programm

Unter Konkolys Instrumenten[5] zur stellaren Spektroskopie befindet sich auch ein Spectroskop „à vision directe“, das Angelo Secchi erfunden hatte und von Merz in München verbreitet wurde.

Er verwendete auch Spektrographen größerer Dispersion, um schwache Himmelsobjekte wie Kometen oder Nebel zu untersuchen (vgl. Konkolys Kometensucher, Abb. 13.2,

4 Browning 1867.

5 Viele der von Konkoly auf seiner Sternwarte O'Gyalla verwendeten Instrumente befinden sich im Technischen Museum Budapest.

Abbildung 5.3:
10″ = 25 cm-Newton-Reflektor
mit 2 m Brennweite, Browning, London, 1874, heute in Szombathely-Herény

Gothard, Eugen von (Hrsg.): I. Beschreibung des Astrophysikalischen Observatoriums. In: Publikationen des Astrophysikalischen Observatoriums zu Herény in Ungarn (1884), Heft 1, S. 9–63, hier S. 16.

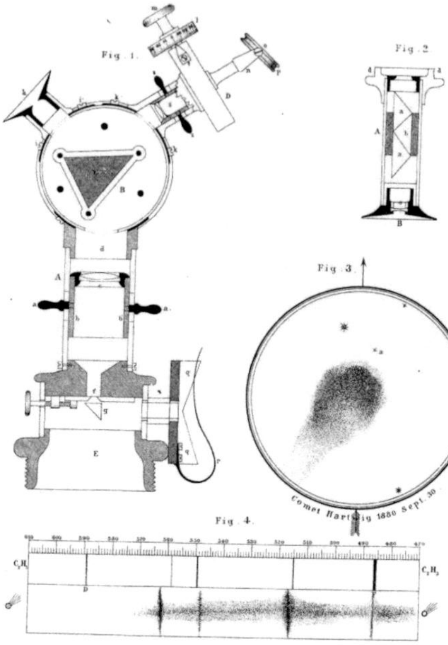

Abbildung 5.4:
8-Prismen-Spektroskop, G. und S. Merz, München, 1883
Komet Hartwig, 30. Sept. 1880, und Kometenspektrum vgl. C_2H_3

Konkoly: Astr. Beob. III (1880).

S. 270). Hier war er von Hermann Carl Vogel (1841–1907) beeinflußt, der in Zusammenarbeit mit Otto Toepfer (1845–1914), Potsdam, Sternspektrographen entwickelte. Die Vergleichsspektren erzeugte Konkoly mit einer Geißlerschen Röhre oder als Funkenspektra.

Nach der Beobachtung von mehr als vierzig Kometenspektren in den Jahren 1874 bis 1911 stellte Konkoly ein Normal-Kometenspektrum zusammen; dabei fielen ihm einige Anomalien in Spektren bestimmter Kometen auf. 1882 erkannte er die Natrium-Emission aus dem Kometenkern. Konkoly begann mit grundlegenden Untersuchungen von Meteorspektren von 1872 bis 1889, die er sogar im Rahmen seiner meteorologischen Arbeit bis 1914 fortsetzte. Bei der Analyse eines Meteorspektrums stellte er 1874 die Existenz von Natrium-Atomen in der Hochatmosphäre fest.

Sehr wichtig war sein Spektralkatalog von 1876, der 1048 Sterne enthielt. Konkoly legte die Spektralklassifikation von Vogel zugrunde. Rund zehn Jahre später stellte er 1887 zusammen mit Radó von Kövesligethy eine südliche Erweiterung des Potsdamer Spektralkatalogs zusammen, die 2202 Sternspektren enthielt. Diese wurden 1883 bis 1886 mit dem Merz-Refraktor und einem Zöllnerschen Okularspektroskop beobachtet. Das Ziel war, Informationen zu bekommen, welcher Prozentsatz von Sternen einem bestimmten Spektraltyp angehört. Zusätzlich war er interessiert an Änderungen im Spektrum und an anomalen Spektra wie sie bei β Lyrae und γ Cassiopeiae vorkommen.

Konkoly versuchte auch, Sterntemperaturen mit Spektralphotometern zu messen. Kövesligethy konnte schon 1890 theoretisch bestimmte Näherungswerte für Sterntemperaturen ableiten.

Zur Überwachung der Sonnenflecken von 1872 bis 1918 hatte Konkoly einen 15 cm-Heliographen von der Firma Steinheil. Konkolys regelmäßige Photographien der Sonne gehörten zu den ersten auf der Welt. Neben den photographischen Aufnahmen mit dem Heliographen verwendete Konkoly zur visuellen Beobachtung auch einen 16 cm-Refraktor von Merz mit einem Polarisations-Helioskop.

Ein weiteres Arbeitsgebiet war die Photometrie, die Himmelsphotographie und die Ausmessung der Photoplatten mit Komparatoren.

Die Ergebnisse seiner astrophysikalischen Arbeit veröffentlichte er zunächst in der Ungarischen Akademie der Wissenschaften, dann seit 1879 in eigenen Sternwartpublikationen[6] und zusätzlich in wichtigen internationalen Zeitschriften wie *Monthly Notices of the Royal Astronomical Society.*

Konkolys Lehr- und Handbücher betrafen Themen wie astronomische Instrumente, Astrophotographie und Spektroskopie. Sie waren für eine ganze Generation von Astrophysikern und Instrumentenbauern wertvolle Nachschlagewerke und genossen allgemeine Anerkennung:

- Konkoly, Nicolaus: Praktische Anleitung zur Anstellung astronomischer Beobachtungen mit besonderer Rücksicht auf die Astrophysik. Braunschweig 1883 (912 Seiten).
- Konkoly, Nicolaus: Anleitung zur Himmelsphotographie. Halle 1887 (372 Seiten).
- Konkoly, Nicolaus: Handbuch für Spectroskopiker im Cabinet und am Fernrohr für Anfänger auf dem Gebiete der Spectralanalyse. Halle 1890 (568 Seiten).

Bereits zehn Jahre nach Beginn seiner astrophysikalischen Arbeit genoß Konkoly internationale Reputation. 1881 wurde er Mitglied der Royal Astronomical Society. Drei Jahre später wurde er in die Ungarische Akademie der Wissenschaften aufgenommen. Zusätzlich wurde er zum Doktor der Philosophie der Universität Philadelphia ernannt.

5.3 Konkoly als Wissenschaftsorganisator

1. Konkoly pflegte internationale Kontakte durch Reisen, um andere Astrophysiker und ihre Observatorien kennenzulernen. Er stand in wissenschaftlichem Briefwechsel mit Astronomen überall in der Welt und bekam auch Besuch von ausländischen Forschern.

6 Konkoly Band 1 bis 16, Halle 1879–1894.

Abbildung 5.5:
14 cm-Heliograph von der Firma Steinheil, 1883
(Polarisations-Helioskop, G. und S. Merz, München)

Konkoly (1912), S. 1–166, hier S. 32.

Abbildung 5.6:
Registrierendes Keilphotometer, 1885
Sonnenkamera

2. Konkoly motivierte auch andere Leute in Ungarn, astrophysikalische Arbeiten zu beginnen. Die Entwicklung dieser Forschungsrichtung in Ungarn war ihm ein wichtiges Anliegen. So beriet er und half erfolgreich Ende der 70er und Anfang der 80er Jahre, drei Observatorien aufzubauen: Kalosca, Herény, and Kis-Kartal.

3. Weiterhin startete Konkoly ein allgemeines Beobachtungsprogramm, um die erwähnte Nova im Andromedanebel zu photographisch und spektroskopisch zu untersuchen. Zusätzlich baute er schon 1875 ein Netz zur Beobachtung von Sternschnuppen und Meteoren auf, an dem sich folgende Orte beteiligten: O'Gyalla, Selmecbánya, Szatmárnémeti, Zágráb (Zagreb), Hódmezövásárhely, Gyulafehérvár, Budapest, Pozsony.[7] Dabei wurden die Radianten einiger Meteorschwärme und ihre Umlaufbahnen um die Sonne bestimmt.

4. Vielleicht kann man sogar sagen, daß Konkoly eine wissenschaftliche Schule der ungarischen Astrophysik gründete. Einige seiner Assistenten, Observatoren oder Mitarbeiter wurden später bedeutende Wissenschaftler:

7 Kelényi 1930, hier S. 93.

Abbildung 5.7:
Nikolaus von Konkoly bei der gemeinsamen Beobachtung (1910) mit Johannes Hartmann (1865–1935) vom Astrophysikalischen Observatorium Potsdam am 25 cm-Refraktor an Konkolys Privatsternwarte O'Gyalla in Ungarn

Konkoly (1912), S. 1–166, Frontispiz.

- Hermann Kobold (1858–1942):
  Beobachter in O'Gyalla von 1880 bis 1883, später Professor der Astronomie in Straßburg 1901 und Kiel 1902 bis 1925; dazu Herausgeber der Astronomischen Nachrichten.
- Eduard Farkas:
  1881/1883 bis 1902 Observator in Kis-Kartal.
- Radó von Kövesligethy (1862–1934):[8]
  Studium in Wien von 1881 bis 1884, 1883 bis 1887 Observator in O'Gyalla, 1888 bis 1893 Assistent von Roland [Lorand] Baron von Eötvös (1848–1919) in Experimentalphysik an der Universität von Budapest, 1889 unbezahlter Privatdozent und Direktor des Observatoriums in Kis-Kartal, 1897 außerordentlicher Professor, 1899 bis 1904 stellvertretender Direktor vom Observatorium O'Gyalla, 1904 ordentlicher Professor an der Cosmographischen Fakultät der Polytechnischen Universität Budapest und 1910 Direktor des Seismographischen Observatoriums.
- Otto Tetens (1865–1945):
  Observator in O'Gyalla, um 1887, später in Deutschland tätig.
- Béla Baron von Harkányi (1869–1932):[9]
  Studium in Paris in den 1890er Jahren, ab 1896 unbezahlter Privatdozent in Budapest, 1899 bis 1902 Observator in O'Gyalla und später Professor der Astronomie in Budapest.

- Anton [Antal] Tass (1876–1937):
  1899 Assistent in O'Gyalla, 1902/04 bis 1913 Observator in O'Gyalla, 1913 stellvertretender Direktor des Observatoriums O'Gyalla, 1923 bis 1934 erster Direktor des neuen astrophysikalischen Observatoriums Svábhegy in Budapest.
- Ludwig Terkán (1877–1940):
  von 1899 bis 1900 „Computer" (Rechner) im „National Meteorological and Geomagnetic Institute" in Budapest, 1900 bis 1912 Assistent in O'Gyalla, 1913 Observator in O'Gyalla, 1919 Observator in Stara Dala,[10] 1921 unbezahlter Privatdozent an der Universität Budapest, 1921 bis 1935 Observator am Budapester Observatorium.

8 Oltay 1935, Heft 4, S. 337–339.

9 Tass 1932.

10 O'Gyalla wurde in Stara Dala umbenannt, als es nach dem Ersten Weltkrieg tschechoslowakisch wurde.

5.4 Gründung von drei Observatorien: Kalosca, Szombathely-Herény und Kis-Kartel

5.4.1 Observatorium Kalosca (1878)

Das Observatorium Kalosca wurde 1878 von Erzbischof Ludwig Haynald gegründet.[11] Die instrumentelle Ausstattung bestand hauptsächlich aus einem 18cm-Äquatorial-Refraktor von Merz,[12] einem 10cm-Refraktor von Merz zur Sonnenfleckenbeobachtung, einem 6-Prismen-Protuberanzen-Spektroskop von A. Hilger, London, und einem Zöllner-Photometer von W. J. Hauck, Wien.
Pater Karl [Károly] Braun[13] (1831–1907), der in Rom mit Angelo Secchi zusammengearbeitet hatte, entwickelte 1878 bis 1884 ein frühes Modell eines Spektroheliographen,[14] bevor dieses wichtige Instrument in seiner endgültigen Form von George Ellery Hale (1868–1938) 1891 eingeführt wurde.

Abbildung 5.8:
Observatorium Kalocsa, gegründet 1878
von Erzbischof Ludwig Haynald (1816–1891)

Fényi 1892, Frontispiz. Braun 1886, Frontispiz.

Ein anderer wichtiger ungarischer Astrophysiker war Pater Gyula Fényi (1845–1927) [Julius Finck], der durch seine Beobachtungen von Protuberanzen in den Jahren 1885 bis

11 Berichte von dem Erzbischöflich-Haynaldschen Observatorium zu Kalosca. Münster in Westfalen 1886. Angehrn 1928. Mojzes 1986.

12 Die Brennweite des 7″-Refraktors von Merz betrug 153 cm (5 Fuß).

13 Fényi (1907).

14 Braun (1878/86), S. 475. Braun (1873), Nr. 1899. Bartha 1979, S. 119–126. Vgl. Lohse 1887, S. 342. Hale (1903), Part 1.

1913 bekannt wurde.[15] Er beobachtete als erster das Spektrum von Flares auf der Sonne 1886. Deutlich später – im Jahr 1908 – bestimmte Pater Theodor Angehrn (1872–1952) die Temperatur der Photosphäre der Sonne.[16]

5.4.2 Observatorium der Brüder Gothard in Szombathely-Herény (1881)

In der ungarischen Privatsternwarte im Schloß in Szombathely-Herény (Steinamanger), Komitat Vas in Westungarn, arbeitete Eugen [Jenö] von Gothard[17] (1857–1909) unter Mitwirkung seines Bruders Alexander [Sandor] von Gothard (1859–1939) auf allen Teilgebieten der Astrophysik. Eugen von Gothard hatte eine fundierte naturwissenschaftlich-technische Ausbildung durch sein Studium am Polytechnischen Institut in Wien. Er plante, ein physikalisch-technisches Labor zu gründen. Konkoly hatte die Gothard-Brüder bei einer Ausstellung in Székesfehérvár (Stuhlweißenburg) 1881 kennengelernt. Kurz danach gründeten sie – angeregt von Konkoly – ein astrophysikalisches Observatorium mit physikalischem und chemischen Labor und mit einer mechanischen Werkstatt.[18]

Das Observatorium wurde noch im gleichen Jahr fertig; die Ausrüstung stand 1882 im wesentlichen zur Verfügung. Konkoly gab ihnen sein 26 cm-Spiegelteleskop von Browning (Brennweite 200 cm). Die Gothard-Brüder bauten sich viele astrophysikalische Instrumente, beispielsweise eine gute Astrokamera.[19] Zudem verbesserte Eugen von Gothard das Keilphotometer 1887 durch eine Registriereinrichtung. Diese Idee fand große Verbreitung.[20]

Gothards Instrumente fanden Verbreitung in den Observatorien in Potsdam, Bothkamp, Heidelberg, Kiel, Wien und Brüssel. Das Observatorium wurde berühmt auf dem Gebiet der Astrophotographie, besonders lichtschwacher Objekte wie Nebel, aber auch für spektroskopische und photometrische Arbeiten. Eugen von Gothard begann mit spektroskopischen Beobachtungen der Kometen Brooks-Swift 1883, Pons-Brooks 1884, Barnard-Hartwig 1886, Sawerthal 1888 und Swift 1892.[21] Mit dem Spiegelteleskop und seiner selbstgebauten Photoausrüstung hervorragender Qualität und dem großen Objektivprisma gelang ihm 1886 ein gutes Photo vom Ringnebel in der Leier, auf dem er den Zentralstern entdeckte.[22] Zudem nahm er viele Spektren von Gasnebeln auf und bestimmte die Wellenlängen von vielen Nebellinien. 1892/93 stellte er eine starke Ähn-

15 Fényi 1880/90er Jahre.

16 Angehrn 1928.

17 Harkányi (1910), S. 1–7. Konkoly (1910), S. 43–50, hier S. 45. Wolfschmidt 1991.

18 Das Observatorium einschließlich der instrumentellen Ausstattung ist wohl das besterhaltenste aus der Blütezeit der beobachtenden Astrophysik. Horváth, um 1990.
Bemerkenswert sind auch Gothards physikalische Experimente mit Funkeninduktoren und Gasentladungsröhren; beispielsweise experimentierte er gleich Anfang 1896 auch mit Röntgenstrahlen; Originalaufnahmen sind im ungarischen Museum für Elektrotechnik vorhanden.

19 Gothard (1884), Heft 1, S. 1–63.

20 Gothard (1887), S. 347–354.

21 Hier verwendete er seinen Sternspektrographen mit einem Quarz-Doppelspat-Prisma in Verbindung mit dem Reflektor.

22 Gothard (1886), No. 2754, S. 303–304.

Abbildung 5.9:
Eugen von Gothard (1857–1909)
Gothard-Observatorium in Szombathely-Herény,
Zweigstelle der Eötvös-Universität Budapest

Gothard-Observatorium in Szombathely-Herény

lichkeit mit dem Spektrum von Novae fest.[23] Zudem entdeckte er 1882/84 die periodische Schwankung der Intensität der H_α-Emissionslinie und der D3-Linie (Helium) des veränderlichen Sterns Beta Lyrae.

Eugen von Gothard stand in engem Kontakt zu ausländischen Observatorien. Zusammen mit Béla Harkányi nahm er an der Weltausstellung in Chicago 1896 teil und besuchte danach mehrere amerikanische Observatorien und Institutionen.[24] 1890 wurde Gothard zum korrespondierenden Mitglied der ungarischen Akademie der Wissenschaften gewählt; er war aber auch Mitglied der Royal Astronomical Society. Zu seinen Ehrungen gehörten einige Medaillen in den 80er Jahren für photographische Leistungen. 1895 beendete auch Gothard seine aktive astrophysikalische Forschung; er wurde Direktor der neu errichteten Elektrizitätswerke.

Das Gothard-Observatorium in Szombathely-Herény ist seit 1977 eine Zweigstelle der Eötvös-Universität Budapest.[25]

5.4.3 Observatorium in Kis-Kartal (1884)

Schließlich errichteten Géza Baron Podmaniczky von Aszód und Podmanin (1839–1923) und seine Gattin Bertha Gräfin Dégenfeld-Schomburg (1843–1927) ein Observatorium in Kis-Kartal.[26] Das Hauptinstrument war ein 19 cm-Refraktor von Cooke und dazu ein kleiner Meridiankreis. Sie waren besonders an der Topographie von Planeten interessiert.

Die Baroness Dégenfeld-Schomburg entdeckte 1885 eine „Nova“ im Andromedanebel, die später als erste extragalaktische Supernova erkannt wurde.

> *„The Andromeda nebula, this could only be properly called a nebula cannot be broken into stars with the strongest magnification, appears, since its discovery by Marius, has not changed, but on Aug. 22nd in 1885 one of our most keen observers noticed a bright spot not seen ever before, and suspected to be the birth of a new star.“*[27]

Bis 1887 arbeitete in Kis-Kartal der Astrophysiker Radó von Kövesligethy, der ein Lehrbuch zur Theorie der Spektralanalyse verfaßte.[28]

5.5 Konkolys Erbe

1890 wurde Konkoly zum Direktor der Reichsanstalt für Meteorologie und Erdmagnetismus in Budapest ernannt.

23 Gothard (1893), No. 3129, S. 141–144.

24 Korrespondenz von Gothard mit Max Wolf befindet sich im Universitätsarchiv in Heidelberg im Nachlaß Max Wolf.

25 Es wurde ein Museum eingerichtet.

26 Konkoly-Thege (1888), S. 105.

27 Kövesligethy, Radó von: Zitiert nach: Vargha 1986, S. 35.

28 Kövesligethy, Radó von: Grundzüge einer theoretischen Spektralanalyse. Halle 1890.

Abbildung 5.10:
Bertha Gräfin Dégenfeld-Schomburg
im Observatorium in Kis-Kartal (1884)
Kelényi 1930, nach S. 106.

Abbildung 5.11:
1898 Jahrestagung der Astronomischen Gesellschaft in Budapest
Vierteljahrsschrift der Astronomischen Gesellschaft

Da er nun vielfältige andere Verpflichtungen hatte als astronomische Beobachtungen,[29] versuchte er, sein Observatorium in O'Gyalla unter staatliche Kontrolle zu bringen. Dabei dachte er besonders an die Finanzierung des Personals und aller Dauerkosten. 1891 forderte die ungarische Gesellschaft der Ärzte und Naturforscher in einem Manifest die Gründung eines nationalen ungarischen astronomischen Observatoriums. Dies unterstützte Konkolys Aktivitäten in dieser Richtung. Einige Jahre später lud er die Astronomische Gesellschaft ein, ihre Jahrestagung 1898 in Ungarn abzuhalten, um die Astrophysik in Ungarn zu fördern. Diese Initiative zur Institutionalisierung der ungarischen Astronomie war erfolgreich: gleich 1899 wurde O'Gyalla eine nationale Einrichtung und wurde „Königliches Ungarisches Astrophysikalisches Observatorium“ benannt.

Nach dem Ersten Weltkrieg kam O'Gyalla, umbenannt in Stara Dala (später Hurbanovo), zur Tschechoslowakei.

29 In den 1880er Jahren war Konkoly besonders aktiv in der spektroskopischen Forschung, im Instrumentenbau und im Schreiben von Lehrbüchern:
Konkoly-Thege (1880), S. 20–21. Konkoly-Thege (1882), Nr. 1. Konkoly-Thege (1881), S. 273.

Abbildung 5.12:
Konkoly-Observatorium Budapest-Szabadsághegy,
Süd- und Westfront des Hauptgebäudes der Schwabenberger Sternwarte (1926)

Kelényi 1930, nach S. 106.

Gerade noch rechtzeitig (1921) wurden die Instrumente und die Bibliothek des Observatoriums O'Gyalla nach Budapest-Szabadsághegy transportiert. Das Gebäude des neuen National-Observatoriums war 1926 vollendet.[30]

Directoren des Konkoly Observatoriums

1899 – 1916	Miklós Konkoly-Thege (1842–1916)
1916 – 1936	Antal Tass (1876–1937)
1936 – 1938	Károly Móra (1899–1938)
1938 – 1943	Károly Lassovszky (1897–1961)
1943 – 1974	László Detre (1906–1974)
1974 – 1996	Béla Szeidl
1997 –	Lajos G. Balázs

Ohne Zweifel kann man sagen, daß Konkoly als bedeutender Wissenschaftler und Organisator zu den wenigen Pionieren der Astrophysik in der Welt gehörte.

30 Das alte königliche Observatorium auf dem Gellért Hügel war 1849 zerstört worden; so lange hatte Budapest kein Observatorium mehr.

Abbildung 5.13:
Hauptkuppel des Observatoriums
Doppelfernrohr: 30 cm-Refraktor und
60 cm-Cassegrain-Reflektor, Heyde-Zeiss (1928)

Konkoly Observatorium Budapest
Kelényi 1930, nach S. 106.

> *„Er hat als einer der ersten astrophysikalische Untersuchungen angestellt und er wird in der Geschichte der Astronomie als einer der Begründer dieses jüngeren Zweiges unserer Wissenschaft in Ehren genannt.“*[31]

Anfang des 20. Jahrhunderts, als die amerikanischen Observatorien aufgrund ihrer bemerkenswerten instrumentellen Ausstattung erfolgreich wurden, nahm die Bedeutung des Observatoriums O'Gyalla ab.

In diesem Artikel wurde das Konkoly Observatorium der Ungarischen Akademie der Wissenschaften in Budapest vorgestellt, das auf die Privatsternwarte in Ógyalla, Komitat Komárom, heute Hurbanovo in der Slowakei, zurückgeht – eine Stiftung des Barons Miklós Thege Konkoly an den ungarischen Staat.

Konkoly hatte die Grundlagen für die moderne ungarische astrophysikalische Forschung gelegt. Der Schwerpunkt der Arbeit blieb bei Astrophysik, allerdings verschob er sich – im Gegensatz zu Konkolys Vorliebe für die Spektroskopie – ab den 20er Jahren auf Photometrie und Veränderliche Sterne. Das Budapester Observatorium wurde im Andenken an ihn „Konkoly Observatorium“ genannt.

31 Das Zitat stammt von August Kopff. Zitiert nach: Kenessey (1942), S. 26.

5.6 Literatur

Angehrn, Theodor: *Haynald Observatorium (Festschrift).* Kalosca: Arpád könyvek 1928.

Bartha, Lajos: Braun Károly Spektroheliográf Tervei. *Technikatörnéti Szemle XI*, Budapest 1979.

Braun, Karl: *Berichte von dem Erzbischöflich-Haynaldschen Observatorium zu Kalocsa in Ungarn und über die dasselbst in den ersten fünf Jahren ausgeführten Arbeiten.* Münster: Aschendorff'sch Buchhandlung 1886.

Braun, Karl: In: *Astronomische Nachrichten* (1873), Nr. 1899.

Braun, Karl: In: *Annalen der Physik* (3) **148** (1878/86), S. 475.

Browning, John: *A Plea for Reflectors.* London 1867.

Fényi, Julius: *Protuberanzen beobachtet im Jahre 1887 am Haynald-Observatorium.* Budapest: J. Heisler 1892.

Fényi, Julius: [Laufende Beobachtungen von Protuberanzen der Sonne]. In: *Publicationen des Haynald Observatoriums* Kalocsa 1880/90er Jahre.

Fényi, Julius: Karl Braun. In: *Astronomische Nachrichten* (1907).

Gothard, Eugen von: [Beschreibung der instrumentellen Ausstattung des Astrophysikalischen Observatoriums in Herény]. In: *Publikationen des Astrophysikalischen Observatoriums zu Herény in Ungarn* (1884), Heft 1, S. 1–63.

Gothard, Eugen von: Keilphotometer mit Typendruck-Apparat. In: *Zeitschrift für Instrumentenkunde* **7** (1887), S. 347–354.

Gothard, Eugen von: Bemerkung zu Astronomische Nachrichten 2749 betr. den Ringnebel in der Leyer. [Zentralstern]. In: *Astronomische Nachrichten* **115** (1886), No. 2754, S. 303–304.

Gothard, Eugen von: Ueber das Spectrum der Nova Aurigae verglichen mit Nebelspectren. In: *Astronomische Nachrichten* **131** (1893), No. 3129, S. 141–144.

Hale, George Ellery: *Publ. Yerkes Observatory* **Vol. 3** (1903), Part 1.

Harkányi, Béla: Eugene v. Gothard. In: *Astrophysical Journal* **31** (1910), S. 1–7.

Horváth, Jósef; Ildikó, Vincze: *A Gothard Asztrofizikai Observatórium.* Budapest, um 1990.

Kant, Horst: Gustav Magnus und seine Berliner Physiker-Schule. In: *Gustav Magnus und sein Haus.* Im Auftrag der Deutschen Physikalischen Gesellschaft herausgegeben von Dieter Hoffmann. Stuttgart: Verlag für Geschichte der Naturwissenschaft und Technik 1995, S. 33–53.

Kelényi, B. O.: *Geschichte der ungarischen Astronomie.* Budapest 1930.

Kenessey, K. von: Nikolaus v. Konkoly Thege, der Astronom. In: *Kleine Veröffentlichungen der dem kgl. ung. Ministerium für Ackerbau unterstehenden kgl. ung. Reichsanstalt für Meteorologie und Erdmagnetismus* Budapest, Neue Reihe (1942), No. 14.

Konkoly, Nicolaus: *Beobachtungen angestellt am Astrophysikalischen Observatorium in O'Gyalla in Ungarn.* Band 1 bis 16, Halle 1879–1894.

KONKOLY-THEGE, NIKOLAUS VON: Spectroskopische Beobachtung des Kometen Palisa. In: *Sirius* (1880), S. 20–21.

KONKOLY-THEGE, NIKOLAUS VON: Ein kleines Universalspectroskop. In: *Zeitschrift für Instrumentenkunde* **1** (1881), S. 273.

KONKOLY-THEGE, NICOLAUS VON: Sternspektralapparat in Verbindung mit einem Kolorimeter. In: *Centralzeitung für Optik und Mechanik* (1882), Nr. 1.

KONKOLY, NICOLAUS: *Praktische Anleitung zur Anstellung astronomischer Beobachtungen mit besonderer Rücksicht auf die Astrophysik.* Braunschweig 1883 (912 Seiten).

KONKOLY, NICOLAUS: *Anleitung zur Himmelsphotographie.* Halle 1887 (372 Seiten).

KONKOLY-THEGE, NIKOLAUS VON: Beobachtung des Kometen Sawerthal auf der Sternwarte des Herrn Baron von Podmaniczky in Kis Kartal. In: *Sirius* (1888), S. 105.

KONKOLY, NICOLAUS: *Handbuch für Spectroskopiker im Cabinet und am Fernrohr für Anfänger auf dem Gebiete der Spectralanalyse.* Halle 1890 (568 Seiten).

KONKOLY, NICOLAUS VON: Eugen von Gothard, Edler von Herény. In: *Vierteljahrsschrift der Astronomischen Gesellschaft* **45** (1910), S. 43–50.

KÖVESLIGETHY, RADÓ VON: *Grundzüge einer theoretischen Spektralanalyse.* Halle 1890.

LOHSE, OSWALD: in Konkoly, Nicolaus: *Anleitung zur Himmelsphotographie.* Halle 1887.

MOJZES, IMRE: *A Kalocsai Haynald Obszervatórium Története.* Budapest 1986.

OLTAY, KARL: Radó v. Kövesligethy. In: *Gerlands Beiträge zur Geophysik* **43**, Leipzig 1935, Heft 4, S. 337–339.

TASS, ANTAL: *Erinnerung an Baron Béla von Harkányi.* Leipzig 1932.

VARGHA, MAGDA: Hungarian Astronomy of the Era. In: Mojzes, Imre: *A Kalocsai Haynald Obszervatórium Története.* Budapest 1986.

WOLFSCHMIDT, GUDRUN: *Schüler von Adolf Kunc: Eugen von Gothard als Pionier der Astrophysik.* Vortrag in Szombathely im Nov. 1991.

Abbildung 6.1:
Albert Rothschild (1844–1911) am Fernrohr

Archiv Maria G. Firneis

Albert von Rothschild als Mäzen der Universitäts-Sternwarte Wien

Anneliese Schnell (Wien)

Zusammenfassung

Albert von Rothschild förderte in Wien eine Reihe von Einrichtungen vor allem wohltätiger Natur. Darüberhinaus hatte er persönlich Interesse an Astronomie, in seinem Palais in Wien war eine Sternwarte und es gibt ein Bild, das ihn an einem Fernrohr in seinem Jagdschloss in Langau zeigt. Er war mit Johann Palisa (1848–1925) befreundet. Für die neue Wiener Sternwarte stiftete er ein Aequatoreal Coudé Teleskop.

Albert Salomon Anselm Freiherr von Rothschild (1844–1911), ein Mitglied des österreichischen Zweiges der europäischen Bankiersfamilie, war in Wien im endenden 19. und beginnenden 20. Jahrhundert als großzügiger Mäzen einer Reihe von Einrichtungen bekannt. Das soziale Engagement wird durch die Stiftung von Krankenhäusern, einer Blinden- und Taubstummenanstalt sowie die Errichtung eines jüdischen Waisenhauses oder die Versorgung notleidender Künstler dokumentiert. Sein kulturelles Interesse zeigte er durch die Finanzierung des Ausbaues des Botanischen Gartens oder eines Kunstgewerbemuseums.

Zu den zahlreichen Interessen Rothschilds zählten die Photographie, er veröffentlichte eine Reihe von Arbeiten in den Zeitschriften des Wiener Kamera – Clubs, und das Schachspiel (Otruba 1988).

Weniger bekannt ist sein Interesse für Astronomie. Das Palais Albert Rohschild in der damaligen Heugasse, heute Prinz Eugen-Strasse, in Wien wurde 1879 bis 1884 nach Plänen des Architekten Hippolyte Destailleur (1822–1893), der aus Frankreich stammte, errichtet. Auf dem Dach des Mittelrisalits war eine Sternwarte untergebracht, die vom zweiten Stock des Gebäudes erreichbar war (Klein/Kupf/Schediwy 2001). Diese Sternwarte scheint auch in der 1907 in Brüssel veröffentlichten Publikation „Les Observatoires astronomiques et les Astronomes“ (Stroobant et al. 1907) auf sowie in einer 1887 veröffentlichten früheren Liste. Da die Angaben in dieser Veröffentlichung nach der Auswertung eines an Direktoren und Besitzer von Sternwarten versandten Fragebogens zusammengestellt sind, erscheint das Vorhandensein dieser Sternwarte gesichert. Es gibt allerdings keine Angaben über Einrichtung und Instrumente, da das Observatorium zu dieser Zeit nicht aktiv war. Im Palais Albert Rothschild war nach dem deutschen Einmarsch die Zentralstelle für jüdische Auswanderung Adolf Eichmanns untergebracht, das Gebäude war in so schlechtem Zustand, dass es nach 1945 abgerissen werden musste. Über die Sternwarte konnte nichts in Erfahrung gebracht werden, auch nicht beim Rothschild Archiv in England.

In der Datenbank österreichischer Astronomen (Haupt/Holl 2000) ist ein Bild, das Rothschild an einem Fernrohr zeigt. Das Bild ist im Besitz von M. G. Firneis und stammt aus dem Nachlass von Johann Palisa (Firneis 2008). Auf dem Passepartout ist die Aufschrift Albert Rothschild, Langau 1890, aufgedruckt. Rothschild hatte in Langau nahe dem Lunzer See ein Jagdschloss und einen Forstbetrieb. Vor mehr als zwanzig Jahren habe ich bei der einzigen noch lebenden und in diesem Gebiet wohnenden Enkelin Rothschilds, Frau Bettina Looram (*1924), wegen einer Sternwarte nachgefragt, sie konnte mir aber keine Informationen geben. Etwa 1995 besuchte ein ehemaliger Angestellter der Rothschild'schen Gutsverwaltung die Wiener Sternwarte und wollte Informationen über die Sternwarte in Langau, er berichtete, dass es den Instrumentenpfeiler noch gibt, sonst aber nichts. In der Veröffentlichung von Stroobant et al. (1907) wird keine Sternwarte in Langau erwähnt. Abbildung 6.1 zeigt Rothschild am Fernrohr, dessen Durchmesser mit etwa 5 bis 8 Zoll geschätzt werden kann. M. G. Firneis (Firneis 2008) vermutet, dass es sich um ein Repsold-Instrument handelt, J. Schramm (Schramm 2008) nimmt zu 80% an, dass das Fernrohr von Repsold stammt und bedauert, dass auf dem Bild die Deklinationsachse mit ihrem Gegengewicht nicht erkennbar ist. Die Annahme, dass es sich um ein Instrument aus der Repsold Werkstatt handelt, erscheint auch deshalb plausibel, da um diese Zeit die Instrumente der Kuffner Sternwarte ebenfalls bei Repsold hergestellt wurden. Andererseits hat J. A. Repsold in der *Geschichte der Astronomischen Messwerkzeuge von 1830 bis um 1900* vieles über die in seiner Werkstatt gefertigten Instrumente gut dokumentiert, es ist daher schwer zu verstehen, dass er die Gelegenheit nicht genutzt hat, über einen Verkauf an Rothschild zu berichten.

Eine Sternwarte Rothschilds ist offenbar wegen Nichterfüllung der Aufnahmekriterien nicht in der Datenbank österreichischer Sternwarten (Firneis/Haupt/Holl 2005) angeführt.

Rothschild war von 1888 bis zu seinem Tod Mitglied der Astronomischen Gesellschaft, er zählte zu jenen Mitgliedern, die ihren Mitgliedsbeitrag durch eine einmalige Einzahlung abgelöst haben. Die Versammlungen der Astronomischen Gesellschaft hat er aber nicht besucht, auch nicht die 1908 in Wien (VJS AG 1888 ff.). Sein Bild ist nicht in der ersten, 1904 in Lund erschienenen Portraitgalerie der Astronomischen Gesellschaft enthalten, sein Tod ist in der Vierteljahrsschrift der Astronomischen Gesellschaft vermerkt.

Rothschild und Johann Palisa, der ab 1880 an der neuen Wiener Sternwarte die Stelle eines Adjunkten bekleidete, verband eine enge Freundschaft (z. B. Rheden 1925). Die Verbindung zwischen den beiden kam möglicherweise über die Kinder der Familien zustande (Firneis 2008).

1881 hat Moritz (Maurice) Loewy in Paris ein neues Fernrohr vorgestellt (Loewy 1884). Loewy wurde 1833 in Wien geboren, besuchte die Internatsschule des Polytechnikums und studierte am Polytechnikum in Wien. Ab 1855 beteiligte er sich sowohl an Beobachtungen als auch an Bahnbestimmungen von Kometen und Kleinen Planeten an der alten Wiener Sternwarte. Da er als Jude zu dieser Zeit in der österreichisch-ungarischen Monarchie keine Stelle bekommen konnte, nahm er 1860 auf Vermittlung von Theodor Oppolzer (1841–1886) und Karl Ludwig von Littrow ein Stellenangebot des Direktors der Pariser Sternwarte, Urbain LeVerrier (1811–1877), an, wurde 1869 in Frankreich eingebürgert, 1878 Vizedirektor und 1896 Direktor der Pariser Sternwarte. Bei dem Instrument wird das Licht mit Hilfe zweier Planspiegel in die Polachse des Fernrohrs gelenkt, ein Beobachter kann bequem sitzend („sens se deplacer") jeden Punkt des Himmels erreichen (Abbildung 6.2, Abbildung 6.3).

Abbildung 6.2:
Maurice Loewy (1833–1907

Portraitgalerie der Astronomischen Gesellschaft. Lund 1904.

Es ist verständlich, dass vor allem J. Palisa, der mit dem damals noch ohne elektrische Hebebühne ausgerüsteten Großen Refraktor arbeitete und in der zweiten Nachthälfte zudem fast immer ohne Hilfskräfte, von diesem Instrumententypus begeistert war und sich bemühte, ein solches Aequatoreal Coudé für die Wiener Sternwarte zu bekommen, obwohl er später außer bei Testmessungen niemals selbst damit arbeitete.

Albert Rothschild stellte der Wiener Sternwarte im Dezember 1885 einen Betrag von 10.000 Gulden zur Verfügung. Zum Vergleich: die beiden Hauptinstrumente der Kuffner-Sternwarte (Refraktor und Meridiankreis) haben 24.000 Gulden gekostet, Norbert Herz

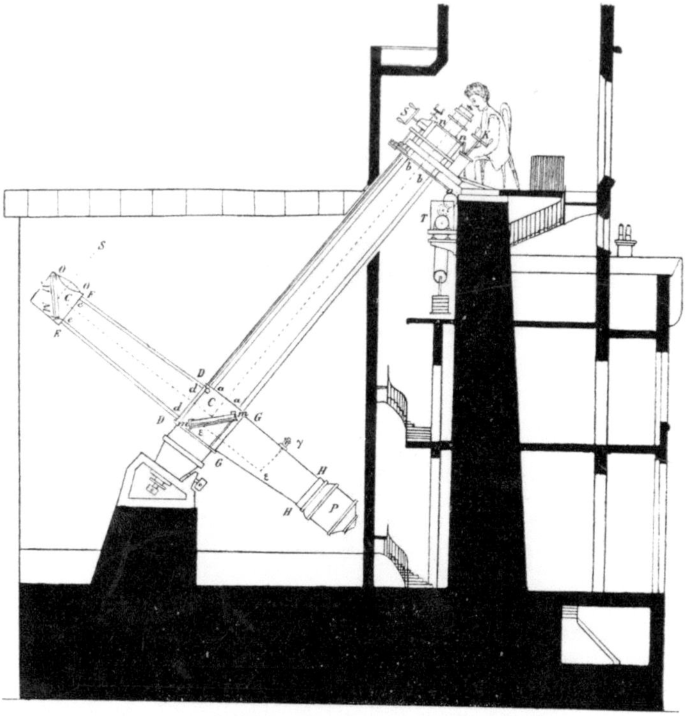

Abbildung 6.3:
Aequatorial Coudé

Littrows Wunder des Himmels. Berlin (8. Auflage) 1895.

(1858–1927) hat als Direktor dieser Sternwarte pro Jahr 1200 Gulden sowie 400 Gulden als Wohnungsbeitrag verdient (Weiss 1984).

Das Gebäude für das Fernrohr wurde im Nordwesten des Hauptgebäudes der Sternwarte am Rand des Gebietes errichtet, in dem das Aushubmaterial vom Bau des Hauptgebäudes abgelagert wurde. Das ist wahrscheinlich der Grund dafür, dass das Fernrohr nicht stabil aufgestellt war und schließlich stillgelegt werden musste. Die Baukosten wurden von A. Rothschild extra bezahlt. Die Planung des Gebäudes wurde wie die der Sternwarte von Ferdinand Fellner (1847–1916) und Hermann Helmer (1849–1919) durchgeführt, die Backsteinbauweise ist wie beim Hauptgebäude. Anders als bei den Instrumenten im französischen Sprachraum ist die Schutzvorrichtung für das Teleskop nicht ein auf Schienen abfahrbarer Wagen, das hätte die unebene Geländeform nicht zugelassen, sondern ein am Gebäude befestigter Metall-Vorbau mit einem parallel zum

Himmelsäquator ausgerichteten, öffenbaren Spalt. Die Idee dafür stammt von Johann Palisa. Über dem Eingang ist eine Marmortafel mit der Inschrift „Der Erforschung des Himmels gewidmet von Albert Freiherrn von Rothschild“ angebracht (Abbildung 6.4).

Die Mechanik des Fernrohrs, des zweitgrößten dieses Typs, sowie des einzigen außerhalb des französischen Sprachraums, wurde von der Firma Gautier in Paris hergestellt, die Optik stammt aus der Werkstatt der Brüder Henry. Bereits 1890 wurde das Instrument Friedrich Bidschof (1864–1915), einem Schwiegersohn Palisas, als Beobachter zugeteilt, er benutzte es bis zu seinem Weggang 1900 nach Triest für Positionsbestimmungen. In dem danach nicht benutzten Gebäude wurde mehrmals eingebrochen und es wurden Okulare und Gegenstände mit Metallwert, z. B. Getriebeteile, gestohlen. Nach der Berufung von Johannes Hepperger (1894–1964) im Oktober 1909 wurde das Instrument von den Mechanikern der Sternwarte vollständig repariert – dafür reichte der Rest des von Rothschild gestifteten Betrags aus. Außerdem wurde auf Kosten der Unterrichtsverwaltung um 6000 Kronen ein Spektrograph bei der Firma Toepfer & Sohn beschafft – damit bestimmte Adolf Hnatek (1876–1960) bis zur endgültigen Stilllegung des Instruments Radialgeschwindigkeiten von Sternen.

Auch die bei den Beobachtungen verwendete Pendeluhr Nr. 51, Kittel, Altona, war ein Geschenk Rothschilds.

Edmund Weiss (1837–1917) hat in seiner Zeit als Direktor der Wiener Sternwarte nur einen einzigen Jahresbericht in der Vierteljahrsschrift der Astronomischen Gesellschaft veröffentlicht, und zwar 1878 für das Jahr 1877 während der Übersiedlung an die neue Sternwarte. Daher gibt es nur wenige Informationen, die aus der Veröffentlichung von F. Bidschof (1896) zur Positionsbestimmung von Planeten und Kometen, in deren Einleitung E. Weiss berichtet, dass Rothschild durch eine weitere Spende eines namhaften Geldbetrags die Erhaltung des Instruments sichert, sowie aus der Veröffentlichung von A. Hnatek über die Prüfung des Instruments (1913) mit einem Vorwort von J. Hepperger gesammelt sind.

Joseph Rheden, ebenfalls ein Schwiegersohn Palisas, hat 1925 eine Lebensschilderung Palisas zusammengestellt. Hier wird über eine weitere Schenkung Rothschilds berichtet, einen Stereokomparator von Zeiss, der auch bei der Herstellung der Palisa-Wolf-Karten, einem frühen photographischen Himmelsatlas, verwendet wurde. Rheden meint, dass Rothschild der Wiener Sternwarte noch ein photographisches Fernrohr ähnlich dem Bruce-Teleskop in Heidelberg geschenkt hätte, wenn er nicht so früh gestorben wäre.

Palisa hat (Rheden 1925) die Namensgebung Kleiner Planeten gegen Spenden zur Bezahlung einer Reise zur Beobachtung einer totalen Sonnenfinsternis 1884 angeboten, ob Rothschild für die zahlreichen Benennungen nach Mitgliedern seiner Familie quasi bezahlt hat, lässt sich nicht mehr feststellen.

Danksagung

Mein aufrichtiger Dank gilt Gerhard Hensler für die Möglichkeit, Einrichtungen des Instituts für Astronomie der Universität Wien zu benutzen; Maria G. Firneis gab wertvolle Hinweise, Monika Rode-Paunzen half bei der Erstellung der Abbildungsvorlagen;

Abbildung 6.4:
Aequatorial Coudé in Wien
Archiv des Institutes für Astronomie der Universität Wien

C. Metz und I. Müller waren bei der Literaturbeschaffung eine wesentliche Hilfe. Werner W. Weiss danke ich für wertvolle Diskussionen.

6.1 Literatur

Bidschof, Friedrich: Kometen- und Planeten-Beobachtungen am Equatoreal Coudé. In: *Annalen der Universitäts-Sternwarte Wien* **X** (1896), S. 93.

Firneis, Maria G.: private Mitteilung 2008.

Firneis, Maria G., Haupt, Hermann und P. Holl: *Sternwarten in Österreich.* `http://www.austriaca.at/sternwarten` (2005).

Haupt, Hermann und P. Holl: *Datenbank österreichischer Astronomen.* CD-ROM, OEAW CDR MN1. Wien: Österreichische Akademie der Wissenschaften 2000.

Hnatek, Adolf: Untersuchungen über das Rothschild-Coudé und den Coudéspektrographen. In: *Annalen der Universitäts-Sternwarte Wien* **XXV** 1913.

Klein, D., Kupf, M. und R. Schediwy: *Wiener Stadtbildverluste seit 1945.* Wien: Edition Atelier 2001, S. 142.

Loewy, Maurice: Description d'un nouveau système de telescope. In: *Bull. Astr.* **i** (1884), S. 265.

Otruba, G.: *Österreichisches Biographisches Lexikon 1815–1950, IX. Band.* Wien 1988, S. 288.

Rheden, Joseph: *Johann Palisa, eine kurze Lebensschilderung.* Wien: Selbstverlag des Verfassers 1925.

Schramm, Jochen: private Mitteilung 2008.

Stroobant, Paul; Delvosal, J.; Philipott, H.; Delporte, Eugene J. und Eugène Merlin: *Les Observatoires Astronomiques et les Astronomes.* Bruxelles: Hayez, imprimeur des Académies royales de Belgique, Observatoire Royal de Belgique 1907, S. 41.

Weiss, Werner W.: *Die Kuffner-Sternwarte.* Wien, München: Jugend und Volk 1984.

Abbildung 7.1:
Luftbild des Gebäudes von Garnier mit der Kuppel von Eiffel, in der sich der Große Refraktor von Nizza befindet.

(Archives of the Observatoire de la Côte d'Azur).
©Photo Marc Heller, Ministère de la recherche

Raphaël Bischoffsheim und die Gründung eines astronomischen Observatoriums an der französischen Riviera

Françoise Le Guet Tully (Nizza)

7.1 Die Ankündigung im „Bureau des Longitudes" am 12. Februar 1879

Wie jeden Mittwoch treffen einander am 12. Februar 1879 die Mitglieder des „Bureau des Longitudes"[1] in der Rue de Mazarine in ihrem neuen Lokal im dritten Hof des „Institut de France" in Paris. Die Versammlung besteht offiziell aus 16 Titularen – drei Akademikern [Anm. d. Übersetzers: Akademiker (académicien) = Mitglied der Akademie der Wissenschaften], fünf Astronomen, vier Vertretern des Staates, einem Geographen, einem Künstler – sowie zwei jungen Beigeordneten.[2]

Im Jahre 1879 ist der Älteste 74 Jahre alt. Es ist der Uhrmacher Louis Bréguet, der 32 Jahre davor in den Künstlerstand gewählt wurde. Fünf andere Mitglieder sind mehr als 65 Jahre alt, während fünf weitere zwischen 55 und 65 sind. Der Jüngste ist Félix Tisserand mit 34 Jahren, ein brillianter Astronomiestudent, der, nachdem er das Observatorium von Toulouse revitalisiert hatte, seit dem vorangegangenen Jahr Professor an der wissenschaftlichen Fakultät von Paris, Akademiker und Mitglied im „Bureau" ist. Der andere „Jungastronom" im „Bureau" ist Maurice Loewy, 45 Jahre alt, in Wien geboren und von Leverrier 1860 ans Pariser Observatorium berufen. Er wird 1869 eingebürgert. 1872 wird Loewy zum Mitglied des „Bureau", ein Jahr darauf Akademiker. Seit 1878 ist er stellvertretender Direktor des Pariser Observatoriums. Zu brillianten Karrieren berufen avancieren diese beiden großartigen Talente zu späteren Direktoren des Observatoriums von Paris: Tisserand folgt 1892 dem aktuellen Direktor Mouchez und Loewy übernimmt diesen Posten nach Tisserands frühem Tod im Jahre 1896.

1 Im weiteren Text „Bureau" genannt.

2 Diese Zusammensetzung gilt seit der Reform von 1862.

Zu dieser Zeit steht der Astronom Hervé Faye, 64, der seit 17 Jahren Mitglied ist, dem „Bureau" vor. Sein Schriftführer ist Breguet. Die Sitzung des 12. Februar läuft gemäß der gewohnten Prozedur ab. Nach der Anerkennung des Protokolls der vorangegangenen Sitzung folgt die Lektüre der Schriftstücke und Periodika, die dem „Bureau" während der abgelaufenen Woche zugegangen sind. Anschließend werden aktuelle Fragen behandelt. Als stellvertretender Direktor des Pariser Observatoriums (seit Mouchez 1878 Leverrier gefolgt ist) meldet sich Loewy einerseits zum Thema der *Connaissance des Temps* – jener Publikation, für die er seit 1874 verantwortlich zeichnet –, andererseits nimmt er zu einer Veröffentlichung der Annalen des „Bureau" Stellung. Nachdem die Angelegenheiten eines Marineleutnants thematisiert wurden, der am Observatorium von Montsouris in Ausbildung steht, werden schließlich die Gehälter der Mitglieder des „Bureau" angesprochen.

„An allen Fakultäten werden die Gehälter erhöht", während die Zuwendungen der Mitglieder des „Bureau" seit 33 Jahren unverändert geblieben sind, nachdem sie 1815 *„in Folge der extrem großen Belastungen, die Frankreich durchzustehen hatte"* gekürzt wurden. Jules Janssen, 55, Astronom, Akademiker und Mitglied des „Bureau" seit 1873, Direktor und einziger Astronom des 1875 gegründeten Observatoriums für Astrophysik in Paris, schlägt vor, dem Minister zu diesem Thema zu schreiben.

Kurz bevor die Sitzung um 5 Uhr geschlossen wird *„teilt Monsieur Loewy dem Bureau mit, dass Monsieur Bischoffsheim die Absicht hat, ein Observatorium an der Grenze Frankreichs nahe Menton zu gründen und bezeugt den Wunsch, dass diese Niederlassung unter die Aufsicht des ‚Bureau des Longitudes' gestellt werden soll."*

7.2 Raphaël Bischoffsheim, Fragmente für eine Biografie

Wer ist also Raphaël Bischoffsheim (1823–1906), dieser außerordentlich wohlhabende Mann von 55 Jahren, zu dessen Sprachrohr sich Loewy im Februar 1879 im „Bureau des Longitudes" macht?

Geboren im April 1823 in Amsterdam, stammt Raphaël Bischoffsheim einer in Bischofsheim [sic!] an der Tauber in Hessen ansässigen jüdischen Familie ab.

Als Erster verlässt sein Großvater väterlicherseits Raphaël Nathan Bischoffsheim (1773–1814) die Ufer der Tauber, um sich in Mayence niederzulassen, wo er die Tochter des dort ansässigen Bankiers Herz Moses Cassel, Helen Cassel heiratet. 1793 von den preussischen Truppen eingenommen, wird Mayence 1797 neuerlich an Frankreich angeschlossen. Seit 1801 unter napoleonische Verwaltung gestellt, erlebt der Ort einen beachtlichen wirtschaftlichen und industriellen Aufschwung. Raphaëls Großvater ist hier nicht nur erfolgreicher Handelstreibender, sondern avanciert auch zum Präsidenten der jüdischen Gemeinde.

Als Raphaël Nathan im Jannuar 1814 verfrüht im Alter von 41 Jahren stirbt, ist sein ältester Sohn Louis, später Vater von Raphaël, 13 und Clara, das jüngste der fünf Kinder, 5 Jahre alt. Im darauffolgenden Jahr verlässt Louis Mayence und geht nach Frankfurt. War dieser erste Umzug des ältesten Sohnes bereits zu Lebzeiten des Vaters geplant oder war sie eine Folge seines Ablebens? Wir werden es nie erfahren. In jedem Fall ist diese

Entscheidung ausschlaggebend sowohl für die Zukunft von Louis als auch für den Weg des anderen Sohnes Jonathan, den um 8 Jahre jüngeren Bruder.

Es wird daran erinnert, dass Frankfurt, *„dessen Banken seit mehr als zwei Jahrhunderten in ganz Europa bekannt sind“* und *„dessen größter Wirtschaftsbreich aus Geld-, Anlage- und Wertpapiergeschäften*[3] *besteht“*, die Geburtsstadt von Mayer Amschel Rothschild (1744–1812) ist. Zu Beginn des 19. Jahrhunderts haben vier der fünf Söhne dieses Bankiers bereits Niederlassungen in vier verschiedenen Ländern gegründet und in Verbindung mit dem Stammhaus ein mächtiges Netzwerk an neuen Banken geschaffen.[4]

Als florierende Hauptstadt des Großherzogtums während der kurzen Zeit unter napoleonischer Verwaltung (1806 bis 1815) erhält Frankfurt am Main, die die Freiheit sofort nach dem Sturz der napoleonischen Herrschaft wiedererlangt, 1816 den Sitz des Deutschen Reichsrates. Es ist nun eine Stadt im vollen wirtschaftlichen, kommerziellen und finanziellen Aufschwung, in der der junge Louis sieben Jahre lang bei Hayum Salomon Goldschmidt (1772–1843), großer Bankier und Menschenfreund, leben wird.

1822 verlässt der älteste Bischoffsheim-Sohn als 22jähriger Frankfurt, um nach Amsterdam zu gehen. Weshalb dieser neuerliche Umzug? Die geografische Mobiliät deutscher Bankierssöhne jüdischen Ursprungs in einem politisch und wirtschaftlich brodelnden Europa ist sehr verbreitet – auch auf grund einer ausgesprochen repressiven Reglementierung, gemäß derer nur einem einzigen Sohn erlaubt ist, in seiner Geburtsstadt zu verweilen. Aber in diesem Fall hat Louis ja seinen Heimatort bereits verlassen, um nach Frankfurt zu gehen. Warum bleibt er also nicht dort? Vielleicht weil er eine der Töchter seines Arbeitgebers heiraten wollte und Louis mit dem Umzug eine günstige Gelegenheit sieht, das Bankimperium der Familie zu erweitern.[5] Man kann sich auch fragen, welche strategischen Überlegungen der Entscheidung, nach Amsterdam zu gehen, vorangehen? Vielleicht ist es ausschlaggebend, dass der große Hafen der nördlichen Niederlande beginnt, wieder an Bedeutung zu gewinnen, nachdem sein früher florierender Handel von den Kriegen der napoleonischen Periode beinahe vernichtet wurde? Wie dem auch sei, Louis schließt sich sehr schnell mit seinem jüngeren und einzigen Bruder Jonathan (1808–1883) zusammen und so gründen die beiden Brüder gemeinsam die erste Bank Bischoffsheim.

Es ist also in Amsterdam, wo unser zukünftiger Mäzen Raphaël-Louis im April 1823 das Licht der Welt erblickt, als erstes von drei Geschwistern aus der Verbindung zwischen dem Bankier Louis Bischoffsheim und seiner Frau Amalia, geborene Goldschmidt[6]

1830, nach der bewegten Zeit der Teilung der Niederlande in Nord und Süd, verlässt der 22jährige Jonathan Amsterdam und geht nach Brüssel,[7] wo er eine ausgedehnte Kar-

3 Augé, Claude: Nouveau Larousse Illustré. Paris 1904.

4 Amschel (1773–1855) wird in Frankfurt bleiben, während sich Nathan (1777–1836) 1798 in Manchester, dann, 1804, in London niederlässt, Salomon (1774–1855) 1821 in Wien, Carl (1788–1855) in Neapel und James (1792–1868) 1813 in Paris.

5 Zumindest, wenn es sich dabei nicht um ein Land handelt, in dem die Juden nicht geduldet werden. Diese Hypothese stammt von Dominique Frischer aus *Le Moïse des Amériques. Vies et œuvres du munificent baron de Hirsch.* Paris: Grasset 2002, S. 53.

6 Nach Raphaël werden Régine und Henri geboren.

7 Jonathan hat Henriette Goldschmidt geheiratet, die jüngere Schwester seiner Schwägerin Amalia.

Abbildung 7.2:
Eines der wenigen Portraits von Raphaël Bischoffsheim (1823–1906)
(Maler unbekannt)

(Observatoire de la Côte d'Azur).

riere macht – er ist Gründer und erster Geschäftsführer der Bank von Belgien. Jonathan ist bekannt für seine Menschlichkeit und stirbt schließlich als Senator. Währenddessen scheint Louis, Raphaëls Vater, eine bewegtere Karriere zu verfolgen. Er schließt sich bald mit seinem Schwiegervater und ersten Arbeitgeber zusammen, bald mit Cousins und Neffen, scheint in zahlreiche Finanzprojekte involviert zu sein, engagiert sich im wirtschaftlichen Bereich und agiert in verschiedensten Ländern. 1850 verlässt er Amsterdam jedenfalls endgültig und geht zur Pariser Bank „Bischoffsheim, Goldschmidt und Cie", die er mit seinem Schwiegervater zwei Jahre zuvor gegründet hat.

Es ist übrigens in Paris, wo Raphaël seit 1839 seine Ausbildung an der École Centrale für Kunst und Handwerk vollendet und sich auf eine Berufslaufbahn bei der Eisenbahn vorbereitet. Die École Centrale, die erst seit zehn Jahren besteht, ist noch eine vollkommen private Institution, die im Besitz ihres Begründers Alphonse Lavallée ist. Lavallée stammt aus Nantes, ist sehr wohlhabend und hat den Wunsch, sein Vermögen in den Dienst der Ausbildung von „Werks- und Fabriksärzten" zu stellen.[8]

Als Raphaël in die École Centrale eintritt, wird in Frankreich erst seit zwei Jahren die erste Bahnlinie für den Personentransport betrieben – 18 km zwischen Paris und St. Germain en Laye – während in England zwischen Stockton und Darlington bereits seit 14 Jahren eine funktionierende Bahnlinie existiert. Im Jahre 1838 erstellt Alexis Legrand, der Direktor für Brücken- und Straßenbau, einen Gesetzesentwurf für die Gestaltung des französischen Eisenbahnnetzes, doch das Gesetz, das den sternförmigen Ausbau des Netzes vorsieht, wird erst im Jahre 1842 angenommen. Es ist das Jahr, in dem Raphaël die École Centrale erfolgreich verlässt.

Das Gesetz von 1842 *„mit Bezug auf die Errichtung wesentlicher Eisenbahnlinien"* ist in mehr als einer Hinsicht für Bankiers und Financiers wichtig, die bereit sind, sich in das Abenteuer Eisenbahn zu stürzen. In der Tat eröffnet der französische Staat der „privaten Industrie" die Möglichkeit, Eisenbahnlinien zu bauen und die Betriebsmittel als Gegenleistung für die Nutzungsbewilligung in Pacht. Unter den großen Bankiers, die bereit sind, diese kostspieligen Infrastrukturarbeiten zu finanzieren, findet man James Rothschild, der 1845 die Konzession der Eisenbahngesellschaft im Norden für sich in Anspruch nimmt. Seine direkten Konkurrenten – die Brüder Pereire,[9] dem zukünftigen Regenten und den Gründern des ersten großen Bankhauses, das mit Langzeitkrediten

8 Inspiriert vom sozialistischen Denker Henri comte de Saint-Simon (1760–1825) stützt sich die Gründung dieser neuen Einrichtung zu Beginn auf drei außergewöhnliche Persönlichkeiten. Théodore Olivier (1793–1853), Abgänger der polytechnischen Schule, lehrt Mathematik, während Eugène Péclet (1793–1857), einer der ersten Absolventen der École Normale Physik, und Jean-Baptiste Dumas (1800–1884) Chemie unterrichten. Als ursprünglicher Pharmazeut und brillianter Chemiker ist Dumas zu einer großen wissenschaftlichen und politischen Karriere berufen: er ist Professor an der Sorbonne, Akademiker seit 1832, Landwirtschaftsminister unter Napoléon III. im Jahr 1854, und wird schließlich Sekretär auf Lebenszeit für Physik an der Akademie. Es ist zu vermuten, dass der junge Raphaël seinem berühmten Professor erneut fast ein halbes Jahrhundert später begegnen wird, als er, nun selbst Mäzen, an den öffentlichen Sitzungen der Akademie teilnimmt.

9 Emile (1800–1875) und Isaac (1806–1880) Pereire, geboren in Bordeaux, entstammen einer jüdischen Familie portugiesischen Ursprungs.

arbeitet (le Credit Mobilier) sehr nahe – werden ihrerseits 1852 die Konzession für die Linien im Südwesten Frankreichs (Eisenbahngesellschaft des Südens) übernehmen.[10]

7.3 Ingenieur-Konstrukteur: 30 Jahre im Schatten der Familienbanken

Obwohl die Zeitspanne nach seinem Austritt aus der École Centrale wenig dokumentiert ist, ist es erwiesen, dass sich der junge Raphaël im Kreis der Familienbanken bewegt und auch mit den Angelegenheiten des Eisenbahnbaus befasst ist – Banken und Eisenbahnen sind offensichtlich sehr eng verwoben.

Es wird berichtet, dass Raphaël von 1842 bis 1852 als „Ingenieur-Inspecteur" am Bau einer Eisenbahn in Südtirol mitwirkt[11] – einer Region, die damals zu Österrreich gehört. Als 1852 die Bank seines Vaters und Schwiegervaters die Erlaubnis bekommt, in die Eisenbahngesellschaft des Südens einzutreten – deren Konzession ja den Pereires zugesprochen wurde – wird Raphaël zum Eisenbahnbau nach Bordeaux geschickt. Es ist sehr wahrscheinlich, dass er während seiner Zeit in Bordeaux den jungen Ingenieur Gustav Eiffel (1832–1923) kennenlernt, der für den weiteren Verlauf der Geschichte wichtig sein wird.[12]

Über Raphaëls Aktivitäten während der Zeit zwischen 1852 und 1872 weiß man nur sehr wenig. Es ist allerdings bekannt, dass sein jüngerer Bruder Henri in London Bankier ist und dass seine Schwester Régine, die den Musiker Jules Beer (1828–1913) geheiratet hat, in Paris lebt. Als Sohn des deutschen Dichters Michael Beer (1800–1833), hat Jules Beer zwei berühmte Onkel: den Musiker Meyerbeer (1791–1864) und den Berliner Bankier und Astronomen Wilhelm Beer (1797–1850). Es stellt sich die Frage, ob Raphaëls Interesse an der Astronomie, das er im reiferen Alter zeigt, vom Zusammentreffen mit diesem bekannten und angesehenen Astronomen herrührt, dem angeheirateten Onkel seiner Schwester. Wenn auch bis jetzt nichts für oder gegen diese Hypothese spricht, so

10 Die Geschichte der Eisenbahnkonzessionen und der Banken ist ausgesprochen komplex. Wenn hier ausschließlich die Familien Rothschild und Pereire genannt werden, dann nur wegen ihrer Verflechtung in die Geschichte der Eisenbahn, in die die Familien Bischoffsheim und Goldschmidt involviert sind.

11 Dossier Bischoffsheim, Archiv der Akademie der Wissenschaften, Paris.

12 Eiffel wurde zwei Jahre nach seinem Abgang von der École Centrale im Jahre 1855 die Leitung des Brückenbaus von Bordeaux übertragen. Seit 1864 selbstständig wird der große Spezialist für Metallkonstruktionen noch öfter für Baustellen von den Pereires herangezogen werden, sowohl in Frankreich als auch im Ausland. Und, wie man weiß, wird sein Name 25 Jahre später untrennbar mit dem berühmten Turm verbunden sein, der zum Gedächtnis des ersten Jahrhunderts nach der Französischen Revolution errichtet wurde. In der Zwischenzeit erfindet und patentiert Eiffel ein System für eine schwimmende astronomische Kuppel, die der ehemalige „Ingenieur-Inspekteur" Raphaël Bischoffsheim im Jahre 1884 in Nizza umgesetzt haben möchte, um das größte astronomische Fernrohr der Welt zu schützen – ein herausragendes, für die französischen Astronomen bestimmtes Instrument im neuen Observatorium.
Über Eiffel siehe: Lemoine, Bertrand: *Gustave Eiffel.* Paris: Fernand Hazan 1986.

ist es doch sicher, dass Raphaël zumindest von den berühmten Arbeiten der Berliner Astronomen Beer und Mädler über die Kartographie des Planeten Mars weiß.[13]

Eine andere wichtige Figur in der weit verstreuten Familie, in der sich Raphaël bewegt, ist der Ehemann seiner Cousine Clara (1833–1899).[14] Sie heiratet Maurice von Hirsch (1831–1896), einen umtriebigen Bankier und Unternehmer, im Jahr 1855.[15] Unter den anderen Persönlichkeiten, die der Familie Bischoffsheim angehören, erwähnen wir auch Ludwig Bamberger (1823–1899). Rechtsanwalt in Mayence, wird er in seiner Abwesenheit aufgrund seiner Teilnahme am Pfälzischen Aufstand von 1849 zum Tode verurteilt. Er findet Zuflucht in Paris und leitet von 1853 bis 1866 die Bank „Bischoffsheim, Goldschmidt und Cie".[16] Schliesslich verdient es auch der Bankier Joseph Cahen d'Anvers, Ehemann einer anderen Clara (1809–1876) – die dritte und jüngste Tante Raphaël's – sowie sein Sohn Louis Cahen, ebenfalls Bankier, zitiert zu werden.

Nun kann man festhalten, dass nicht nur die beiden Söhne und die drei Schwiegersöhne von Raphaël Nathan Bischoffsheim Bankiers geworden sind,[17] sondern auch eine Reihe seiner Enkel, mit der bemerkenswerten Ausnahme unseres zukünftigen Mäzens, der im übrigen der Älteste von allen ist. Wenn die Mitglieder der in Paris ansässigen Familie während der zweiten Republik regelmäßig wegen ihrer Bankgeschäfte, ihres sozialen Engagements oder ihres bewegten Lebens über die Landesgrenzen hinaus für Gesprächsstoff sorgen, findet Raphaël, der ewige Junggeselle, nirgends Erwähnung. Inmitten dieser Konstellation von Bankhäusern, die durch wechselseitige Eheschließungen direkt verbunden sind, scheint Raphaël beinahe 30 Jahre kontinuierlich von den Bankgeschäften seiner eigenen Familie Abstand zu bewahren. Bis zum Tod seines Vaters im Jahre 1873.

7.4 Bankier und Mäzen, das zweite Leben des Raphaël Bischoffsheim

Nach der Niederlage im deutsch-französischen Krieg von 1870 und den inneren Zerwürfnissen war *„die Dritte Republik, die durch eine mehrheitlich royalistische Versammlung unter zwiespältigen Bedingungen gegründet wurde, von 1870 bis 1879 schwierigen Anfängen ausgesetzt ....“*[18] Wenn sich auch die Kaisertreuen vorsichtig aus dem Rampenlicht zurückziehen, wird die Demütigung durch die Niederlage doch in allen Schichten schmerzlich empfunden und der *„patriotische Wunsch nach einem Wiederaufleben der*

---

13 Die beiden Berliner Astronomen Johann Mädler (1794–1874) und Wilhelm Beer wurden durch ihre Marsbeobachtungen von 1830 bis 1840 bekannt.

14 Tochter des Onkels von Raphaël, Jonathan, Bankier in Brüssel.

15 Frischer, Dominique: *Le Moïse des Amériques. Vies et œuvres du munificent baron de Hirsch.* Paris: Grasset 2002.

16 Nach der Amnestie von 1866 kehrt Ludwig Bamberger nach Mayence zurück und verfolgt dort eine politische und schriftstellerische Karriere. Als Sohn von August (1790–1858) und Amalie Bamberger, geb. Bischoffsheim (1802–1877), einer der Tanten von Raphaël, heiratet Ludwig seine Cousine Anna Belmont, Tochter von Joseph und Henriette Belmont, einer anderen Tante von Raphaël.

17 Louis und Jonathan Bischoffsheim, August Bamberger, Joseph Belmont und Joseph Cahen.

18 Charmasson, Thérèse, Lelorrain, Anne-Marie und Sonnet, Martine: *Chronologie de l'histoire de France.* Paris: PUF 1994, S. 571.

Moral eines derartig geschlagenen und bis an die Grundfesten erschütterten Landes"[19] ist weit verbreitet.

Die Rolle der Wissenschaften rückt sehr schnell in den Vordergrund *„nach den Niederlagen, die wir gerade überwunden haben"*, wie der Chemiker und Akademiker Henri Sainte-Claire Deville (1818–1881)[20] mit Nachdruck feststellt. *„Ampère's Entdeckungen, die Arbeiten unserer Militärmechaniker wurden grausamerweise gegen uns verwendet. Schließlich wurde die freie Organisation der deutschen Universitäten in den Dienst der Feindseligkeiten gegen unser Land gestellt. Außerdem sagt man, und das zu Recht, dass wir durch die Wissenschaft besiegt wurden"* schreibt er im Juni 1871.[21] Kraft des Vertrages von Frankfurt, den Frankreich am 10. Mai unterschrieben hat, hatten Elsässer und Lothringer bis zum 1. Oktober für die Entscheidung, sich in Frankreich niederzulassen. Wenig später bekundet eine „Gruppe von Franzosen aus dem Elsass" die Idee, eine *französische Vereinigung für den Fortschritt der Wissenschaften* (AFAS) zu gründen, nach dem Vorbild jener in Großbritannien. Im Jänner 1872 wird ein provisorischer Rat nominiert und im September desselben Jahres versammelt sich die erste Sitzung der AFAS in Bordeaux. Der Erfolg ist umwerfend: knapp 220 Gründungsmitglieder, 49 Mitglieder auf Lebenszeit und fast 600 jährliche Mitglieder.

Unter den Gründungsmitgliedern finden sich unter anderen Louis Bischoffsheim, sein Sohn Raphaël, drei Goldschmidts, ein Rothschild ... und vier Eisenbahngesellschaften.[22] Der Kreis um die Bankiers ist besonders gut vertreten – seitens der Gelehrten, Professoren, Akademiker, Ingenieure, Handelstreibender, Mediziner, Rechtsanwälte, Abgeordneter und anderer bekannter und weniger bekannter Bürger. Laut der in den Berichten veröffentlichten Liste kommt Louis Bischoffsheim persönlich zum Kongress nach Bordeaux – was bei seinem Sohn und den anderen oben genannten Bankiers nicht der Fall ist. Nachdem Bischoffsheim senior in Theater, Restaurants und jüdische Schulen investiert hat, ist er nicht mehr in der Lage, auch noch wissenschftliche Unternehmungen zu unterstützen, da er bereits ein Jahr später stirbt.

Nach dem Ableben des Vaters verändert sich das Leben des Sohnes grundlegend. Mit 50 Jahren wird Raphaël Bankier und tritt als Mäzen auf mit *„unerschöpflicher Großzügigkeit [...] für alles, was mit Wissenschaft zu tun hat"*.[23]

Wie man gesehen hat, trug er, nach dem Vorbild seines Vaters und anderer Bankiers, zur Aufregung um die Förderung der Wissenschaft bei, die die Geister seit dem Beginn der 70er Jahre beschäftigt. Seine ursprüngliche Ausbildung und seine persönlichen Interessen veranlassen ihn dazu, Kontakte zu Gelehrten der Akademie der Wissenschaften und des „Bureau" zu pflegen. Als aufmerksamer Beobachter verfolgt er den Stand

19 Cornu, Alfred: „Histoire de l'Association française", *Association française pour l'avancement des sciences.* Comptes-rendus de la 1re session, 1872, Bordeaux, Paris, 1873, S. 44.

20 Sainte-Claire Deville, Henri: *Revue des cours scientifiques de la France et de l'étranger*, numéros 51–52, November (?) 1871, S. 51.

21 idem

22 In der Liste der jährlichen Mitglieder scheint auch Guillaume Beer auf, einer der Pariser Neffen von Raphaël.

23 Mouchez, Ernest: „Création d'un musée astronomique à l'observatoire de Paris." *La Nature* 1879, 1. Semester, S. 262–263.

der Wissenschaften und hält sich mittels wissenschftlicher Veröffentlichungen auf dem Laufenden.

Nachdem Raphaël Bischoffsheim Kassier der Wissenschaftlichen Vereinigung wird, die Leverrier Ende der 60er Jahre gegründet hatte, begleitet er diesen 1875 nach Cambridge, als dem großen Astronomen von der berühmten Universität der Ehrendoktortitel verliehen wird. Laut Camille Flammarion ist in Bischoffsheim während dieser Reise die Idee aufgekeimt, der französischen Wissenschaft ein großes Observatorium *„mit astronomischer Ausstattung ersten Ranges"*[24] zu schenken. Zu jener Zeit finanziert Bischoffsheim, auf Leverriers Anfrage, die Konstruktion eines großartigen Meridiankreises – noch mächtiger als jener von Greenwich – der 1879 im Garten des Pariser Observatoriums installiert werden soll.[25] Acht Monate nach dem Tod Leverriers 1877 wird die Leitung des Pariser Observatoriums dem Konteradmiral Ernest Mouchez (1821–1892) anvertraut, einem exzellenten Verwalter und „Mann des Konsens“. Da Mouchez selbst kein Astronom ist, hat er die Stelle nur unter der Bedingung angenommen, dass ihm als stellvertretender Direktor ein Astronom zur Seite gestellt wird, in diesem Fall Loewy. Als Bischoffsheim's Ansprechpartner am Pariser Observatorium für die von Leverrier in Auftrag gegebene Konstruktion des Meridiankreises, ist Loewy nun auch das Sprachrohr des Mäzens im „Bureau“. Im Februar 1879 drückt dieser seine Absicht aus, *„ein Observatorium an der Grenze Frankreichs nahe Menton zu gründen ....“*

7.5 Ein neues Observatorium „an der Grenze Frankreichs nahe Menton“

Man wird sich fragen, warum eine solche Idee – in Frankreich ein neues Observatorium zu gründen – gerade zu Beginn des Jahres 1879 auftaucht. Hat Frankreich tatsächlich zu wenig Observatorien, nachdem der Staat zwischen 1873 und 1878 fünf davon gebaut oder umstrukturiert hat und nachdem Janssen gerade dabei ist, in Meudon in der Nähe von Paris ein Observatorium, das speziell für die physikalische Astronomie bestimmt ist, zu errichten? So wie Loewy es im „Bureau“ angekündigt hat, dass *„M. Bischoffsheim die Absicht hat, ein Observatorium zu gründen ...“* handelt es sich ganz offensichtlich um eine private Initiative. Außerdem ist gerade Loewy gegenüber dem Ministerium für Bildungswesen für die Neuorganisation der staatlichen Observatorien verantwortlich. Warum also engagiert er sich persönlich für die Schaffung eines privaten Observatoriums, wenn es doch Observatorien des Staates, die gerade gebaut oder unter seiner Verantwortung umsturkturiert werden, im Überfluss gibt? In diesem Jahr 1879 stellt der unabhängige Astronom Antoine d'Abbadie, der kurz davor dem „Bureau“ beigetreten ist, ein privates Observatorium in seinem Schloss von Hendaye fertig und das „Bureau“

24 Flammarion, Camille: „M. Bischoffsheim“, *Bulletin de la Société astronomique de France* 1906, S. 285–286.

25 Le Guet Tully, Françoise & Davoigneau, Jean: „L'inventaire et le patrimoine de l'astronomie. L'exemple des cercles méridiens et de leurs abris.“ *In Situ, n° spécial, Patrimoines en situation. L'inventaire général entre histoire et perspective*, September 2005. (http://www.culture.gouv.fr/culture/revue-inv/insitu-ns/davoigneau/html/davoigneau.html).

Abbildung 7.3:
Blick auf den Mont Gros mit der Anlage
des Observatoriums Nizza zur Zeit der Einweihung 1887

(plate published by Garnier in his *Monographie de l'Observatoire de Nice* in 1892)
– ©Photo Marc Heller, Observatoire de la Côte d'Azur

greift nicht einen Augenblick ein. Weshalb würden die Astronomen ihre Versammlung in den Bau eines privaten Observatoriums involvieren?

Ein nicht unterzeichneter Bericht[26] aus dem Jahr 1890 – angesichts der Wahl Bischoffsheims zum freien Mitglied der Akademie der Wissenschaften – liefert präzise Antworten auf diese Fragen:

> *„[...]Die Astronomie in Frankreich nimmt im Laufe dieses Jahrhunderts eine wichtige Stellung hinsichtlich der Theorie ein; doch wie bedauerlich ist unsere Unterlegenheit in allen anderen Belangen. Sicherlich, wir haben Neptun rechnerisch entdeckt, doch den Verdienst der Entdeckung dieses Trabanten, den wir hier niemals beobachten konnten, haben wir dem Ausland überlassen. Das Gleiche gilt für Uranus. Den planetaren Nebel von Herschel kennen wir nur vom Hörensagen. [...] Wie oft haben wir gehört: ist es nicht bedauerlich, dass wir darauf beschränkt sind, die Entdeckungen, die aus dem Ausland kommen, nur registrieren aber nicht selbst verifizieren zu können? Wir haben gute Beobachter und fähige Konstrukteure, aber keine leistungsfähigen Instrumente wie jene von Herschel, Vogel, Nasmyth, Lord Rosse in England, wie jene in Pulkowa in Russland, oder in Cambridge und Washington in den Vereinigten Staaten."*

26 Möglicherweise verfasst vom Präsidenten des „Bureau", Faye, der das Projekt seit seinen Anfängen kontinuierlich unterstützt.

Diesen Zustand einmal dokumentiert, nennt der Autor *„einen Freund, einen Wohltäter der französischen Wissenschaft, der gut über unsere bedauerliche Situation und unser vergebliches Streben Bescheid weiß"*, der unseren Astronomen vorgeschlagen hat, *„wie in England, wie in Amerika"* zu verfahren, das heißt nicht an den Staat, sondern an *„private Initiativen"* zu appelieren. Der Autor fährt jedoch fort:

> *„[...] die Gebräuche eines Landes werden nicht so einfach umgestellt: es ist schwer mit den alten Vorbehalten zu brechen, die tief in den Köpfen verwurzelt sind.*
> *Schließlich sagt uns Monsieur Bischoffsheim: nun gut, da es jemanden braucht, der den Anfang macht, werde ich dieser Jemand sein. Die französische Wissenschaft schreit nach einem großen Observatorium, das mit den modernsten und leistungsfähigsten Teleskopen der Welt ausgestattet ist, in den wunderschönen Himmel gerichtet, groß genug, um den Gelehrten einen Arbeitsplatz zu bieten, der interessante Forschung ermöglicht. Ich beabsichtige, euch dieses Observatorium zu geben."*

Wir wissen auch, dass der französische Staat, trotz der institutionellen Reformen, die im Laufe der 70er Jahre in Gang gebracht werden und trotz der gerade in Bau befindlichen oder umstrukturierten Observatorien, nicht in der Lage war, der französischen Astronomie *„die leistungsfähigsten Teleskope der Welt"* zur Verfügung zu stellen. Es ist verständlich, dass der Vorschlag des Mäzens vom Februar 1879 exakt die Problematik der „leistungsfähigsten" Geräte „der Welt" trifft.

Man fragt sich wahrscheinlich, warum Bischoffsheim als Standort seines neuen Observatoriums von vornherein *„die Grenze von Frankreich nahe Menton"* wählt. Die letzten Grenzänderungen in Frankreich stammen aus dem Jahr 1871 durch den Verlust von Elsass-Lothringen. Es ist bekannt, dass 1879 das schönste Observatorium des Deutschen Reiches von Kaiser Wilhelm I. unter großem finanziellen Aufwand in Straßburg gebaut wird. Ist es Zufall, dass der Standort, den Bischoffsheim für sein Observatorium vorschlägt, in einem erst kürzlich angeschlossenen Gebiet liegt?[27] Oder ganz im Gegenteil, wäre es eine Erklärung dafür? In diesem Fall stellt sich *„die Grenze Frankreichs nahe Menton"* nach astronomischen Gesichtspunkten als eine exzellente Entscheidung heraus. Die Wahl der drei Kommissionsmitglieder des „Bureau", die Anfang 1879 die Mittelmeerküsten auf der Suche nach einem günstigen Platz durchstreifen, fällt tatsächlich auf *„Mont-Gros, in der Nähe von Nizza, dessen abgeschiedener Gipfel einerseits freie Sicht aufs Meer und andererseits auf die letzten Ausläufer der Alpen gewährt, ein herrlicher Horizont mit dem klarsten Himmel, den sich ein Astronom nur wünschen kann."*[28]

Und schließlich die letzte Frage, warum sollte diese Niederlassung unter die Aufsicht des „Bureau des Longitudes" gestellt werden? Seit der Gründung dieser Vereinigung im Jahre 1795 liegt das Observatorium von Paris *„in ihrem Zuständigkeitsbereich"*. Und seit 1854 hat das „Bureau" nicht nur die Zuständigkeit für diese herausragenden Einrichtung

27 Das französische Hoheitsgebiet vergrößerte sich im Jahre 1860 im Süden um Savoyen und die Grafschaft Nizza.

28 Dossier Bischoffsheim, Archives de l'Académie des sciences, Bericht vom 2. Juni 1890.

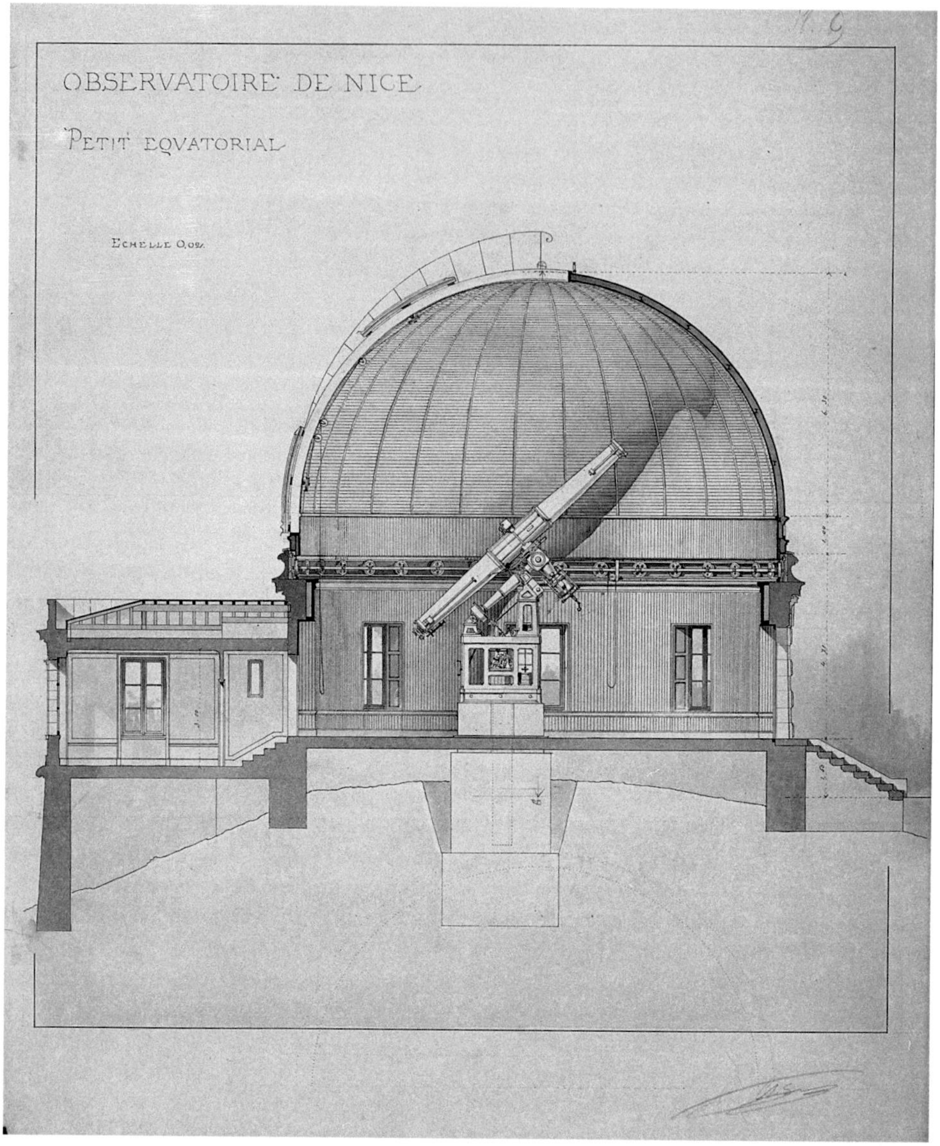

Abbildung 7.4:
Schnitt durch das Gebäude des 38 cm-Refraktors

(Original-Photoplatte, die Garnier 1892
für die *Monographie de l'Observatoire de Nice* publizierte)
(Archives of the Observatoire de la Côte d'Azur),
©Photo Marc Heller, Observatoire de la Côte d'Azur

der französischen Astronomie verloren, sondern es hat wegen der unaufhörlichen Konflikte mit Leverrier auch keine Beobachtungseinrichtung mehr. Welche Rolle wird es nun in Bischoffsheim's Projekt spielen?

Im Gegensatz zu Abbadie ist Bischoffsheim kein Astronom und aus diesem Grund kann er den Bau einer neuen Einrichtung keinesfalls selbst iniziieren – umso weniger, als es sich um eine Einrichtung handelt, die über die leistungsfähigsten Teleskope der Welt verfügen soll. Wo also das nötige Fachwissen finden? Auch wenn die kompetentesten Astronomen im Observatorium von Paris zu finden sind, sehen die Statuten dieser staatlichen Einrichtung nicht die Möglichkeit der Schaffung einer angeschlossenen Beobachtungsstation vor, im Gegenteil. Wenn Leverrier auch tatsächlich im Jahre 1863 erreicht, dass das Observatorium von Marseille an das Pariser Observatorium angeschlossen wird, erlangen die Astronomen aus Marseille zehn Jahre später wieder ihre Unabhängigkeit. Die Neuorganisation der französischen Astronomie funktioniert also nicht in diesem Sinne. Die einzige Alternative für Bischoffsheim ist es, *„an die Erfahrung und die Macht des ‚Bureau des Longitudes'"* zu appellieren.[29]

7.6 Welche Vorbilder für ein vorbildliches Observatorium?

Unter dem Gesichtspunkt der rückständigen instrumentellen Ausrüstung der französischen Observatorien im Jahr 1879 kann das Projekt von Bischoffsheim nur gelingen, indem man sich ausländische Vorbilder nimmt. Bereits mit der Hilfe des „Bureau" hat der Mäzen einen Direktor für sein neues Observatorium ernannt, den er sofort losschickt, um europäische Beobachtungsplätze zu besichtigen. Im Lauf der zweiten Hälfte des Jahres 1880 nimmt Joseph Perrotin (1845–1904), ursprünglich Astronom am Observatorium von Toulouse, die Sternwarten Zentral- und Nordeuropas unte die Lupe. Anschließend geht er auf der Suche nach *„Geräten großer Leistungsfähigkeit und ultimativer Präzision"*[30] nach Großbritannien. Wir halten fest: beim Observatorium von Nizza handelt es sich ausschließlich um Geräte mit Refraktionsoptiken, nicht um Reflektoren. Dies ist zweifelsohne in jenen Schwierigkeiten begründet, auf die man bei der Konstruktion versilberter Spiegel seit dem Tod von Foucault stößt.[31]

Das erste Observatorium, das im Zuge der Reise besucht wurde, war die Sternwarte von Strassburg. Die größte Aufmerksamkeit lenkte Perrotin allerdings auf die Observatorien von Newall in Newcastle, Wien und Pulkowa.

Was nun die *„leistungsfähigsten Teleskope"* betrifft, untersucht Perrotin in Newcastle das 25 Zoll-Teleskop von Cooke & Sons, welches seit 1871 das größte Europas ist.[32] Das Fernrohr in Strassburg von Merz und Repsold, welches 1879 in Betrieb genommen

29 Dossier Bischoffsheim, Archives de l'Académie des Sciences.

30 Perrotin, Joseph: *Visite à divers observatoires d'Europe. Notes de voyage.* Paris: Gauthier-Villars 1881.

31 Es ist möglich, dass der Misserfolg des 1,20 m-Spiegels für das große Teleskop, das 1879 am Pariser Observatorium eingebaut wurde, auch die Wahl der astronomischen Ausstattung am Observatorium von Nizza beeinflusst hat.

32 Zur Zeit der Reise von Perrotin übertrifft nur das Teleskop in Washington mit 26 Zoll Objektivdurchmesser jenes aus Newcastle.

Abbildung 7.5:
Portrait von Joseph Perrotin (1845–1904),
erster Direktor des Observatoriums Nizza

(Archives of the Observatoire de la Côte d'Azur)

wurde und 18 Zoll Öffnung besitzt, *„weist in seiner Bauweise Merkmale auf, die sich im Allgemeinen wenig von denen der 14-Zoll-Linse von Pulkowa unterscheiden"*. Auch diese Tatsache wird von ihm genau beschrieben.[33] Das Observatorium von Wien wird kurze Zeit später eine noch leistungsfähigere Linse als Newcastle und Washington beherbergen (27 Zoll Öffnung), die Perrotin in Dublin im Zuge seiner Besichtigung der Werkstatt von Grubb genau untersucht. In Pulkowa besucht Perrotin schließlich das berühmte Observatorium von Friedrich Georg Wilhelm Struve aus dem Jahr 1839. Er analysiert die Veränderungen, die seitdem vorgenommen wurden und informiert sich bei Otto von Struve über die Konstruktion der 30-Zoll-Linse. Eine solche ist ja auch für Nizza geplant.

33 Perrotin, S. 13.

Abbildung 7.6:
Die große Kuppel des 76 cm-Refraktors von Nizza, photographiert von Giletta 1911

(Archives of the Observatoire de la Côte d'Azur).
©Photo Marc Heller, Observatoire de la Côte d'Azur

Abbildung 7.7:
Der große Refraktor von Nizza am Ende des 20. Jahrhunderts.
©Photo Marc Heller, Observatoire de la Côte d'Azur

Zurück in Nizza arbeitet Perrotin mit dem Architekten Charles Garnier (1825–1898) zusammen – an den sich Bischoffsheim wegen des Baus seines Observatoriums gewandt hat[34] – um nun den Standort und die genaue Platzierung der einzelnen Gebäude zu definieren. Hierbei wird jedem einzelnen Instrument ein eigenes Gebäude zugewiesen, um jede Störung in der Beobachtung auf ein Minimum zu beschränken, die durch die Konstruktion des Gebäudes selbst hervorgerufen werden könnte. Diesbezüglich notiert Perrotin im Zuge seiner Reise nach Wien, *„dass das Observatorium eines der schönsten von Europa und eines der großzügigsten ist"*, aber dass es sich um *„einen einzigen Gebäudekörper"* handelt, was zu Ende des 19. Jahrhunderts schlicht als Konzeptionsfehler gewertet werden muss.

Die Arbeiten beginnen 1881. Das erste Gerät, ein Äquatorial von 15 Zoll, geht 1883 in Betrieb. Das Observatorium von Nizza wird im Oktober 1887 mit großen Feierlichkeiten

34 Garnier und Bischoffsheim haben zu Beginn der 70er-Jahre beide regelmäßig den Ort Bordighera an der italienischen Riviera, nicht weit von Menton, besucht.
Siehe Folli, Andrea und Merello, Gisella: *Charles Garnier e la Riviera*. Mailand: Erga edizioni 2000.

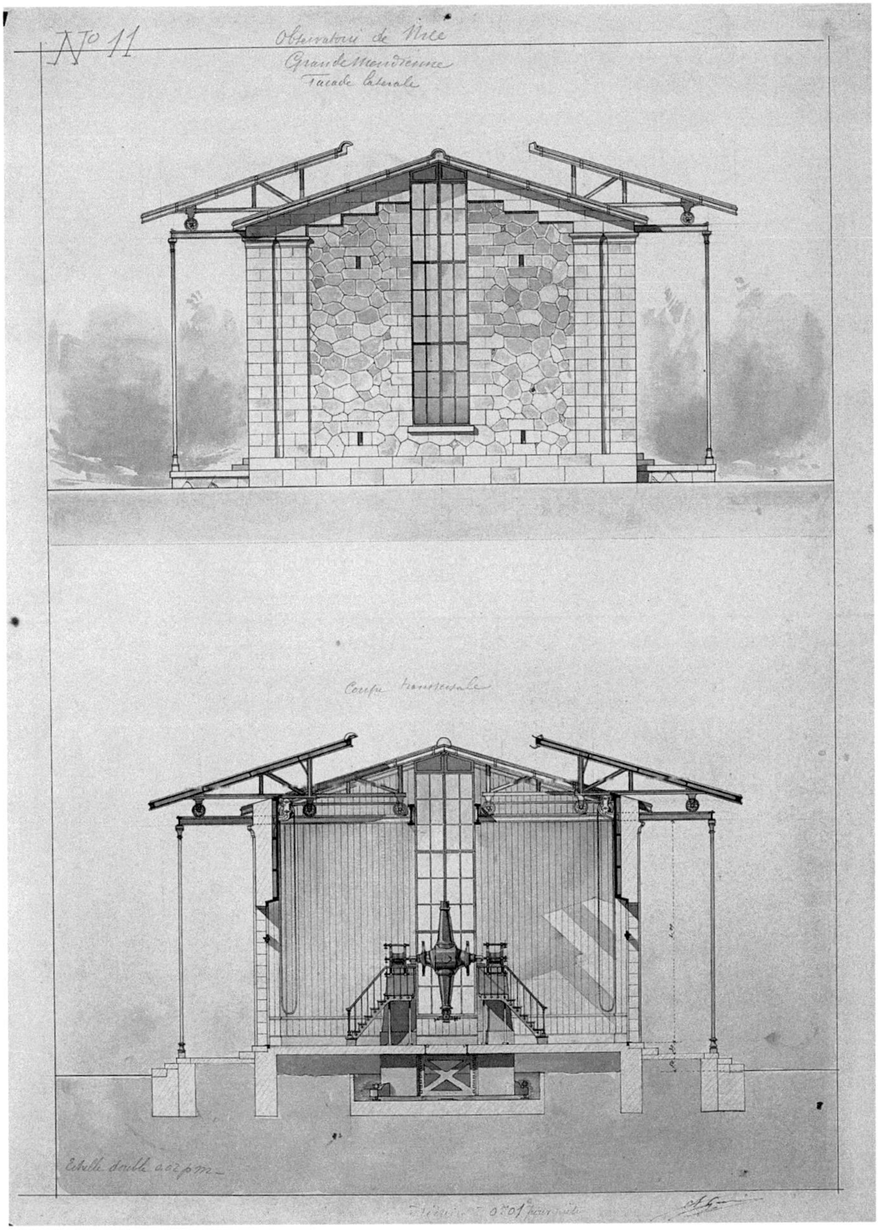

Abbildung 7.8:
Transportierbares Transit-Gebäude des Observatoriums Nizza (Aufriß und Schnitt) (Original-Photoplatte, die Garnier 1892 für die *Monographie de l'Observatoire de Nice* publizierte)

eröffnet. Zu diesem Zeitpunkt besitzt es die größte Linse der Welt,[35] für die Eiffel ja die berühmte schwimmende Kuppel konstruiert hat, einen Meridiankreis und ein Passageinstrument. Ein Coudé-Instrument nach Loewy wird ergänzt und 1892 in Betrieb genommen.

Abbildung 7.9:
Der Meridiankreis, wie er 1911 von Giletta fotografiert wurde.

(Archives of the Observatoire de la Côte d'Azur).
©Photo Marc Heller, Observatoire de la Côte d'Azur

7.7 Zum Abschluss

Und so beginnt die einzigartige Geschichte des Observatoriums von Nizza, das dank der Freigiebigkeit eines ehrgeizigen Mäzens gegründet wurde, *„um der französischen Wis-*

35 Die Linsen von Nizza und Pulkowa haben die gleiche Öffnung (30 Zoll). Die Brennweite der Linse aus Nizza misst 18 m, jene aus Pulkowa 16 m. Letztere wurde von Clark und Repsold gebaut, jene aus Nizza von den Brüdern Henry und Gautier. Die Kuppel von 24 m Durchmesser ist die größte in Europa.

senschaft ein dauerhaftes und würdiges Monument zu errichten", wie Perrotin in seinen Reisenotizen bemerkt.

1888 überbot das Observatorium von Mount Hamilton in Kalifornien (gegründet von James Lick) die große Linse von Nizza. Heute ist das Ensemble der Instrumente, die von Bischoffsheim installiert wurden, technisch überholt. Dennoch, dank des Zusammenwirkens eines Mäzens, eines Architekten, eines Ingenieurs und diverser Astronomen besitzt Mont Gros ein architektonisch und instrumentell einzigartiges und monumentales Erbe, welches durch Bischoffsheim vor knapp 130 Jahren gestiftet und errichtet wurde.

Dieses Erbe zeugt auf spektakuläre Weise von einem außergewöhnlichen wissenschaftlichen Abenteuer. Es bleibt zu hoffen, dass die Astronomen, die für die Zukunft dieses Erbes verantwortlich sind, das Herz haben werden, es zu bewahren und zu pflegen. Aber das ist ein anderes Abenteuer.

Bedankung

Frau Susanne Radman, Wien, sei ganz herzlich gedankt für die sorgfältige Übersetzung des gesamten Artikels vom Französischen ins Deutsche. Dr. Hans Scholl, Nizza, hat ferner bei abschließenden Korrekturen und Ergänzungen geholfen.

Abbildung 8.1:
Die Kuffnersche Sternwarte in Wien

Der Brauherr als Bauherr – Moriz von Kuffner und seine Sternwarte

Peter Habison (Wien)

8.1 Die Ahnen der Familie in Lundenburg

Die Quellen der Familie gehen auf das 17. Jahrhundert zurück und bezeugen, daß Lundenburg (das heutige Břeclav in Tschechien an der Grenze zu Österreich) die Heimat einer hoch angesehenen Familie war, welche später den Namen Kuffner erhielt. In der damaligen Zeit wurden in jüdischen Familien noch keine Familiennamen geführt. Dem Sohn wurde oft der Name des Vaters angefügt. Um Differenzen und Ungenauigkeiten in den Meldematrikeln zu vermeiden, bestimmte der österreichische Kaiser Joseph II. mit Patent vom 23. Juli 1787, dass Juden bestimmte Familiennamen und deutsche Vornamen führen sollten. Die bis dahin in jüdischer Sprache oder nach dem Wohnort üblichen Bezeichnungen hatten zu entfallen und die Matrikeln wurden seit dem 1. Januar 1788 in deutscher Sprache geführt.

Diesem Patent folgend wurde 1787 der Name Koppl offiziell in den Geschlechtsnamen Kuffner umgewandelt und die Mitglieder der Familie trugen ab diesem Zeitpunkt jenen Namen. Im besonderen gelangte Wolf Kuffner (oder Kufner, wie er sich selbst schrieb) durch den Betrieb einer Branntweinbrennerei und den Wollhandel zu bedeutendem Wohlstand, so dass er im Jahre 1805 das fürstliche Branntweinhaus in Lundenburg erwerben konnte.

Es wird berichtet, dass Wolf seiner Bescheidenheit wegen, seinen einfachen Lebensverhältnissen und seiner Mildtätigkeit allgemein beliebt war, ebenso wie seine ungarische Frau. Mit ihr hatte Wolf Kuffner drei Söhne (Karl, David und Simon) und zwei Töchter (Marie und Sali Rachel). Der älteste Sohn, Karl, betrieb zunächst ein Manufaktur- und Kolonialwarengeschäft, übernahm dann aber nach dem Tode des Vaters im Jahre 1826 als ältester die Leitung der Branntweinbrennerei. Zusätzlich übernahmen die drei Brüder 1832 die Pacht des fürstlichen Bräuhauses in Lundenburg, welches bis dahin in fürstlicher Verwaltung gestanden hatte. Sie wandten sich damit einem Industriezweige zu, welcher später größte Bedeutung erhalten sollte.

David, der sich vor dem Tod seines Bruders Karl mit dem Getreide- und Rohproduktenhandel befasst hatte, erweiterte nun die Brennerei und führte die damals neu

Abbildung 8.2:
Stammhaus der Familie Kuffner in Lundenburg.
Es war von 1723 bis 1871 stets von Mitgliedern der Familie bewohnt.

Kuffner, Hermann Edler von: Geschichtliche Daten über die Familie Kuffner (1902).

erfundenen Dampf-Brennapparate in die Produktion ein. Er errichtete weiter eine nach dem neuesten System arbeitende Mälzerei zur Erzeugung von rauch- und geruchsfreiem Malz, welches sich in der Folge besonderer Beliebtheit erfreute und beträchtlichen Gewinn abwarf. Schließlich befasste sich David Kuffner als Ergänzung zur Spiritusbrennerei auch mit Landwirtschaft. Unter David arbeiteten sich seine Söhne Jakob und Hermann sowie sein Neffe Ignaz, ein Sohn des früh verstorbenen Bruder Karls, in die Geschäfte ein. Bis 1849 hatten sodann Jakob und Ignaz das Lundenburger Bräuhaus in Pacht. Im Jahre 1850 brachen die beiden Cousins Ignaz und Jakob Kuffner aus ihrer engeren Heimat aus und zogen nach Wien, wo sie das Bräuhaus in Hernals übernahmen.

8.2 Ignaz und Jakob Kuffner – der Weg nach Ottakring bei Wien

In der ersten Hälfte des 19. Jahrhunderts war der Weinbauort Ottakring bei Wien noch ein von Laubwäldern und Weinrieden, Wiesen und stillen Gärten umgebener Ort mit

Abbildung 8.3:
Darstellung von Wolf Kuffner (1758–1826).
1787 wurde der Name „Koppl“ offiziell in den Geschlechtsnamen „Kuffner“ umgewandelt, so dass ab diesem Jahr Wolf und seine Nachkommen diesen Namen führten.

Hermann Edler von Kuffner: Geschichtliche Daten über die Familie Kuffner (1902).

stadtferner Beschaulichkeit. In den Dreißigerjahren des 19. Jahrhunderts veränderte jedoch die Industrielle Revolution auch den Weinort Ottakring wesentlich. So ließ der Müllermeister Heinrich Plank aus Rannersdorf in Niederösterreich im Jahre 1837 auf dem Pfarrgrund der Ried Paniken eine Brauerei errichten. Neben dem Stammhaus des 8000 m^2 großen Besitzes, dem „Dreiröserlhaus“ befand sich dann das eigentliche Brauhaus mit Wirtschafts- und Wohngebäuden. Geschäftlichen Erfolg brachten die im „Dreiröserlhaus“ (Ottakringerstraße 95) eingerichtete Bierschank, ein Tanzsaal sowie ein schöner Biergarten. Bereits im Jahre 1843 vergrößerte Heinrich Plank seinen Betrieb. Er übernahm sich jedoch damit und war bald mit 30.000 Gulden verschuldet, weshalb er sich um Kaufinteressenten umsehen musste. Diese Gelegenheit ergriffen die Cousins Ignaz und Jakob Kuffner und kauften mit 8. März 1850 das gesamte Anwesen (10.019 m^2) von Heinrich Plank.

Ignaz und Jakob Kuffner erhöhten rasch den Ausstoß der Brauerei, 1860 wurde eine eigene Spiritusfabrik errichtet und die eigene Hefeerzeugung aufgenommen. 1867 wurden Eiskeller, Lager, Brennerei, Wagenremise, ein Speisesalon und eine neue Einfahrt gebaut.

Ab 1876 wurden in rascher Abfolge weitere Innovationen vorgenommen. Durch diese Aktivitäten blieb die Brauerei immer auf der Höhe ihrer Zeit. War sie 1845 noch eine kleinere von 47 Wiener Brauereien, so war sie in den Siebzigerjahren des 19. Jahrhunderts bereits die viertgrößte der verbliebenen 20 Brauereien. In der Festschrift der Ottakringer Brauerei[1] liest man:

> *Die Brauerfamilie Kuffner war damals die ungekrönte Herrscherin dieses aufstrebenden Bierbezirks. Neulerchenfeld nannte man nicht zufällig „des Heiligen Römischen Reiches größtes Wirtshaus".*

Die beiden Cousins Ignaz und Jakob Kuffner erfreuten sich bei der Gemeinde in Ottakring ihrer Erfolge wegen eines großen Ansehens. In der Gemeindegeschichte von Ottakring[2] heißt es weiter:

> *„Wenn die Gemeinde z. B. in der Folge von Armenhaus- oder Schulbauten, in Schulden geriet, so half in der Regel der Brauereibesitzer Ignaz Kuffner aus der Klemme".*

Ignaz Kuffner betätigte sich auch politisch. Im Jahre 1865 wurde er Mitglied im Gemeindeausschuss und 1869 Bürgermeister der Gemeinde Ottakring. Hiermit erfuhr Ottakring einen bedeutenden Aufschwung. Während des Krieges gegen die Preußen im Jahre 1866, ließ er auf eigene Kosten ein kleines Spital errichten, in dem ständig sechs Schwerverwundete betreut werden konnten. Im Jahre 1867 streckte Ignaz Kuffner der Gemeinde zinsenfrei 7.000 Gulden vor. Als Bürgermeister (1869 bis 1876) rief er die Bürgermeister Kuffnersche Schulstiftung ins Leben und verbesserte damit die schulische Infrastruktur generell. Nicht ganz so erfolgreich wie seine übrigen humanitären Projekte verliefen Ignaz Kuffners Anstrengungen, den Ottakringern ein eigenes Gymnasium zu geben. Die Gemeinde hatte zu diesem Zweck zwar schon auf Kuffners Anregung ein eigenes Gelände auf dem ehemaligen Exerzierfeld des Yppenplatzes gewidmet, eine entsprechende Eingabe beim zuständigen Unterrichtsministerium wurde jedoch abschlägig beschieden.

Beträchtliche Mittel aus seinem Vermögen widmete Bürgermeister Kuffner auch der Förderung des jüdischen Glaubens. Selbst aktives Mitglied der israelitischen Kultusgemeinde, schenkte er dieser ein von ihm erworbenes Grundstück in der Hubergasse, auf der dann die Synagoge für Ottakring, Neulerchenfeld und Hernals entstand.

Die Liste von Kuffners Erfolgen wurde mit der Zeit immer länger. An die Armen des Bezirks ließ er auf eigene Kosten Brennholz verteilen, er stockte die Schülerbibliotheken auf und half der Gemeinde, die nie wirklich genug Eigenmittel für soziale Zwecke aufbringen konnte, namentlich nach dem großen Wiener Börsenkrach vom 9. Mai 1873, immer wieder aus finanziellen Notlagen heraus. Er griff weiter das akute Verkehrsproblem auf, um Ottakrings Isolation zu überwinden, und so fallen in seine zwei Amtsperioden weiter die Gründung eines eigenen Sicherheitspostens und eines Postamtes. Die Wahl zu einer weiteren, dritten Amtsperiode nahm Kuffner aus gesundheitlichen Gründen nicht mehr an.

---

1 Wagner (1987): Wiener Bier, S. 18.

2 Schneider, Karl: *Geschichte der Gemeinde Ottakring.* Wien 1892.

Abbildung 8.4:
Ignaz Edler von Kuffner
(Lundenburg 22. April 1822 – 23. März 1882 Wien),
Bürgermeister von Ottakring von 1869–1876.

Bildarchiv, ÖNB Wien.

Auch im Betrieb waren Ignaz und Jakob Kuffner in sozialer Sicht ihrer Zeit weit voraus. Da die Verköstigung der Arbeiter in den umliegenden Wirtshäusern zu kostspielig und in den Volksküchen unzulänglich war, ließ Kuffner in der Brauerei die erste werkseigene Küche einrichten, wo gute und verbilligte Kost angeboten wurde. Auch erhielten die Arbeiter einen Urlaubsanspruch und Sonderzulagen, die sich andere erst mühsam im Arbeitskampf erringen mussten. Als erstem Bürger von Ottakring wurde Ignaz Kuffner am 19. Dezember 1873 das Ehrenbürgerrecht verliehen, und am 6. Mai 1878 verlieh ihm Kaiser Franz Josef als „dem Wohltäter der Armen“ das Adelsprädikat. Als Ignaz Kuffner am 23. März 1882 starb und auf eigenen Wunsch in der Lundenburger Familiengruft bestattet wurde, ließen die Ottakringer Gemeindeväter ins Pfarrgedenkbuch die folgende Notiz eingetragen:
„Am 23. März starb der ehemalige Bürgermeister und Brauhausbesitzer Ignaz Edler von Kuffner, ein tätiger, einfacher, wohltätiger Mann mit gesunden Ansichten“.

Das große, von Rudolf von Alt entworfene Grabmal am alten jüdischen Friedhof in Lundenburg erinnert noch heute an den hervorragenden Industriellen und Wohltäter Ignaz von Kuffner. Seine Frau, Rosalie Edle von Kuffner (1831–1899), hatte ihm einen Sohn, Moriz, und eine Tochter, Katharina, geschenkt. In seinem Testament vom 4. Dezember 1881 setzte er seinen Sohn Moriz als Universalerben ein.

8.3 Moriz von Kuffner und seine Familie

Moriz von Kuffner, am 30. Januar 1854 in Ottakring bei Wien geboren, war ein ebenso vielseitiger wie auch philosophisch veranlagter Mann. Nach Besuch der Oberrealschule Schottenfeld inskribierte er 1869 am k. & k. Polytechnischen Institut (heutige Technische Universität) in Wien. Der Hauptkatalog der ordentlichen und außerordentlichen Zuhörer der Jahre 1869/70 weist ihn als Hörer aus. Im ersten Jahr studierte er in der sog. allgemeinen Klasse, die weiteren drei Jahre absolvierte er das Fachstudium „Technische Chemie“. Die Studienrichtungen, wie man sie heute kennt, gab es damals noch nicht. Als Fachstudien waren eingerichtet: Strassen- und Wasserbau, Hochbau, Maschinenbau sowie Technische Chemie. Bis 1901 konnte am k. & k. Polytechnischen Institut noch kein Doktorat erworben werden.

Nach Abschluss seines Studiums, ohne die Möglichkeit zum Erwerb eines akademischen Grades,[3] trat Moriz sodann in die väterlichen Unternehmen ein, welche er ab 1882 leitete. Fünf Jahre nach dem Tod seines Vaters (Ignaz Kuffner, †1882), verließ die Familie die bisherige Wohnung im Komplex der Brauerei und übersiedelte in ein kleines Palais gegenüber der Brauerei. Das Palais Kuffner (Ottakringerstraße 118–120) gilt noch heute mit seiner prächtigen Fassadengliederung in Risalite, Giebel, Erker und Fensterrahmungen sowie den schönen Schmiedeisenarbeiten als Prototyp eines vornehmen Stadtpalais des Wiener Späthistorismus. Im Jahr 1892 heiratete Moriz von Kuffner die 1867 geborene Elsa Holitscher, deren Mutter eine geborene Kuffner (Tochter des Jakob

3 Moriz Kuffner studierte das Fachstudium „Technische Chemie“ und schloss dieses nach vier Jahren auch ab. Ein akademischer Grad wurde damals vom Polytechnischen Institut noch nicht verliehen.

Abbildung 8.5:
Wappen für Ignaz Edler von Kuffner (1822–1882)

Österreichisches Staatsarchiv, Allgemeines Verwaltungsarchiv,
Adelsstand für Ignaz Edler von Kuffner, datiert vom 11.4.1878.

Abbildung 8.6:
Moriz Edler von Kuffner
(Ottakring bei Wien 30. Jänner 1854 – 5. März 1939 Zürich)

Bildarchiv, ÖNB Wien

und Schwester der Partner Wilhelm und Karl) gewesen war. Mit ihr hatte er drei Söhne: Ignaz (jr.), Stephan und Hans.

Moriz von Kuffner versammelte in seinem Stadtpalais bei zahlreichen Empfängen und Soireen die politische und intellektuelle Oberschicht von Wien um sich. Hier verkehrten der Kardinal-Erzbischof ebenso wie der Wiener Ober-Rabbiner. Aber auch der Sozialdemokrat Albert Sever zählte zu den gern gesehenen Hausgästen. Es wird angenommen, dass dieser wesentliches dazu beigetragen hat, dass Moriz von Kuffner beträchtliche Beträge in die Arbeiterheime von Ottakring und Favoriten investierte. In seiner Brauerei modernisierte und verbesserte er die Arbeitsbedingungen und war auch hier, schon wie sein Vater, Vordenker in vielen sozialen Fragen. Nebenbei sei angemerkt, dass zu dieser Zeit in Wien auch zahlreiche musikalische Vereine gegründet wurden,[4] welche auch Ausdruck einer sozialen und kulturellen Zusammengehörigkeit der Mitglieder waren. Kuffners moderne Einstellung erlaubte daher im Jahr 1894 die Gründung eines eigenen musikalischen Vereines, des sogenannten „Sängerbundes der Kuffnerschen Brauerei in Ottakring“.

In jeder Hinsicht gab Moriz von Kuffner dem Brauereibetrieb ein modernes Gesicht. Dessen wirtschaftlicher Aufstieg war anfangs dadurch beschleunigt worden, dass Ignaz und Jakob weitere Mitglieder der Familie als Gesellschafter in den Betrieb aufgenommen hatten, die ihre eigenen Geschäfte in die Firma einbrachten, sodass nach dem Tod der älteren Generation Moriz Kuffner und die Söhne Jakob, Wilhelm Kuffner und Karl Kuffner de Dioszegh, „offene Gesellschafter“ der Firma waren. Diese drei Gesellschafter vereinbarten am 20. Februar 1902, ihre Firma in eine Aktiengesellschaft umzuwandeln. Durch diese Konzentration wurden die Brauereien in Ottakring und Döbling, die Spiritus- und Presshefefabrik in Ottakring, Liegenschaften in den Wiener Bezirken Oberdöbling, Heiligenstadt, Wahring, sowie Landstraße, Favoriten und Meidling zusammengefasst. Dazu kamen noch einige Betriebe außerhalb Wiens, z. B. Zuckerfabriken in Mähren und Ungarn, die im Besitz der Gesellschafter Moriz, Wilhelm und Karl Kuffner waren. Im Jahre 1905 wurde die konstituierende Generalversammlung der „AG Ignaz und Jakob Kuffner für Brauerei-, Spiritus- und Presshefefabrikation Ottakring-Döbling“ urkundlich begründet.

Mit diesen Unternehmungen besaß Moriz von Kuffner die wirtschaftliche Möglichkeit, neben seinem sozialen Engagement auch vielseitige eigene Interessen zu pflegen. So befasste er sich neben seinem Beruf auch mit Philosophie, früher englischer und französischer Originalliteratur und mit Nationalökonomie. Er besaß mehrere Autographen des berühmten Philosophen Immanuel Kant, eine kleine aber bedeutende Sammlung[5] von Handzeichnungen sowie einige Aquarelle von Rudolf von Alt. Darüber hinaus besaß er eine größere Kollektion von jüngeren Blättern Alts sowie eine Sammlung von Handzeichnungen Adolf Menzels. Moriz war Mitglied des Industriellenclubs und des Österreichischen Automobilclubs, wo er seine Freude an den damals noch neuen „Olds Mobiles“ entdeckte.

4 Musikbuch aus Österreich, VII. Jahrgang (Wien 1910), S. 197.

5 Österreichische Kunsttopographie, 2. Bd.: Denkmale der Stadt Wien, 11.–21. Bezirk. Hrsg. Josef A. von Helfert. Wien 1908, S. 224–225.

Kuffner war weiter einer der Gründer des neuen Gebäudes der Gesellschaft der Musikfreunde am Karlsplatz in Wien. Der Rechenschaftsbericht der Gesellschaft der Musikfreunde[6] aus dem Jahre 1895/96 verzeichnet ihn in der Abteilung der Gründer. Mit hoher Wahrscheinlichkeit hatte er auch hier eine namhafte Summe zum Bau dieses großartigen Gebäudes beigetragen, und hiermit zwei Stammplätze über viele Jahre für alle Konzertveranstaltungen im neuen Haus erhalten.

Der israelitischen Kultusgemeinde in Wien hielt er die Treue und war von 1900 bis 1913 einer von damals 36 Kultusvorstehern. Er gründete in Ottakring eine Kinderbewahranstalt für Kinder mosaischen Bekenntnisses, und seine Frau strickte, nach dem Zeugnis einer Bekannten, jeden Tag ein Bekleidungsstück für die Kinder. Ihre Spezialität war jedoch das Klöppeln von allen nur erdenklichen Arten von Decken und Überzügen. Zahlreiche Bilder während der Arbeit dokumentieren ihren unermüdlichen Fleiß.

Vor allem aber war Moriz von Kuffner ein passionierter Bergsteiger. Eine enge Freundschaft verband ihn mit dem Bergführer Alexander Burgener, mit dem er fast alle Viertausender der Alpen bestiegen hat, zum Teil auf neuen Routen. So bestieg er 1883 den Piz Glüschaint über den Nordgrat, 1885 das Laquinhorn vom Laquintal aus, sowie den Eiger erstmals mit Abstieg über den Mittellegigrat gemeinsam mit Alexander Burgener, Joseph Maria Biner und Anton Kalbermatten. Noch zwei Tage zuvor musste die gleiche Seilschaft im Aufstieg etwa dreihundert Meter unter dem Gipfel umkehren. Der Mittellegigrat wurde zum ersten Mal im Aufstieg erst am 10. September 1921 erfolgreich bezwungen. Im Jahr 1887 folgte für Kuffner die Aiguille des Glaciers über den Südostgrat und den Mont Blanc vom Brenvagletscher aus über Tour Ronde und Mont Maudit, und schließlich 1899 den Ostgipfel des Piz Palü über den Nordgrat. Eine herrliche Schilderung seiner Mont-Blanc Besteigung, die zweimaliges Biwakieren erforderte, findet sich in seinen vor der Sektion „Austria“ des Deutschen und Österreichischen Alpenvereins gehaltenen Vorträgen.[7] Kuffner hatte auf seinen neuen Routen sicher erhebliche Schwierigkeiten, da es faktisch noch keine Hüttenstützpunkte gab und die Landkarten aufgrund der Begehung ganz erheblich zu korrigieren waren. Noch heute ist im Mont Blanc Massiv die sogenannte „Arête Kuffner“ nach ihm benannt. Im Bergmuseum in Zermatt hängt ein großes, von der Familie Kuffner gestiftetes Bild des Matterhorns des Malers Compton und darunter eine Photographie, die Moriz und Elsa von Kuffner in Bergsteigerkleidung – sie im langen Rock – zusammen mit den Führern Josef Furrer und Alexander Burgener zeigt. Moriz von Kuffner war befreundet mit Otto Zsigmondy und kannte viele der großen Bergführer und Alpinisten seiner Zeit, wie Purtscheller, Melchior Anderegg, Christian Almer, Klucker und die englischen Bergsteiger Whymper, Coolidge, Farrar, Freshfield und andere. Das Führerbuch Alexander Burgeners, das von den Touren mit Moriz von Kuffner zeugt, befindet sich heute in der Sektion Uto des Schweitzer Alpen-Clubs (SAC).

Moriz Kuffner interessierte sich darüber hinaus auch für die Geschichte des Bergsteigens, die alpine Literatur und Kunst und schrieb zahlreiche Artikel für die Österrei-

6 Rechenschaftsbericht der Gesellschaft der Musikfreunde in Wien 1895/96. Wien 1897.

7 Es handelte sich um drei Vorträge, welche allesamt in der *Oesterreichischen Alpenzeitschrift* publiziert wurden.

Abbildung 8.7:
Moriz Edler von Kuffner (1854–1939) mit Mercedes um 1930
Privatbesitz Familie Eberstadt, New York.

chische Alpen-Zeitschrift. Bei den Publikationen handelt es sich vorwiegend um genaue Beschreibungen seiner Touren. Hierbei schildert er sowohl geographische Lage als auch die beeindruckende Schönheit der Berge entlang der Tour. Auch das Wetter während der Besteigung und der Schwierigkeitsgrad der einzelnen Passagen wird detailliert beschrieben. Auch geht Kuffner auf die Genauigkeit diverser Karten ein, die ihm zur Verfügung standen. Alle Texte sind mit Liebe zum Detail, sprachlichem Geschick und gutem Humor verfasst. Aufgrund seiner großen und erfolgreichen Aktivitäten als Bergsteiger erschien im „Alpine Journal“ kurz nach seinem Tode ein zweiseitiger Nachruf.[8]

Und schließlich galt sein großes Interesse der Mathematik und Astronomie, welches Kuffner zur Gründung seiner eigenen Sternwarte motivierte. Die nachfolgenden Seiten geben einen Überblick über die wichtigsten Ereignisse in der Sternwartengeschichte von 1883 bis 1938. Eine umfangreiche Darstellung bis zum Jahr 2002 findet sich in der Dissertation des Autors[9].

8.4 Die Gründung der Sternwarte

Es war im Jahre 1883, als der Astronom und Geodät Norbert Herz an Theodor von Oppolzer, Ordinarius für theoretische Astronomie der Universität Wien, herantrat und ihm seine Pläne zur Gründung einer privaten Sternwarte in Wien vorlegte. Oppolzer vermittelte daraufhin den Kontakt zu Moriz von Kuffner, da dieser wie bekannt ein großes Interesse an Astronomie hatte. Kuffner war sehr bald von der Idee begeistert und nach ersten Besprechungen im Jahre 1883 begann der Bau der Sternwarte auf einem Grundstück der Familie Kuffner am Osthang des Gallitzinberges im Sommer 1884. Den architektonischen Entwurf der Sternwarte und des umgebenden Parks übernahm Franz von Neumann. Er hatte bereits am Neuen Wiener Rathaus unter Friedrich von Schmidt mitgeplant und einige Arkadenhäuser der Wiener Ringstraße errichtet. Vorbild für den Grundriss der Sternwarte in Form eines lateinischen Kreuzes und die Sichtziegelbauweise war die Universitätssternwarte in Wien Währing. Diese wurde zehn Jahre zuvor von den Theaterarchitekten Fellner und Helmer auf der Türkenschanze errichtet. Die erste Einrichtung der Kuffner-Sternwarte umfasste zwei astronomische Beobachtungsinstrumente, davon den später bedeutendsten Meridiankreis der ehemaligen Doppelmonarchie Österreich-Ungarn sowie einen astrophysikalischen Refraktor. Beide Instrumente wurden bei den renommierten Firmen Repsold und Söhne in Hamburg, sowie Steinheil in München bestellt. Repsold fertigte die Mechanik, Steinheil sorgte für die ausgezeichnete Optik, die noch heute bei Beobachtungen in Verwendung ist.

1886 erhielt Norbert Herz von Kuffner die Direktion des neu gegründeten Instituts und begann mit ersten Kalibrationen und Testmessungen an beiden Instrumenten. Zu dieser Zeit rief die Astronomische Gesellschaft, eine 1863 gegründete Vereinigung deutschsprachiger Astronomen, zum Internationalen Zonenunternehmen für südliche Deklinationen auf. Dieses Projekt sollte eine Fortsetzung der bereits abgeschlossenen nördlichen Him-

8 In Memoriam Moriz von Kuffner. In: *The Alpine Journal* (1939).

9 Habison 2001. Seit 2008 ist die Sternwarte gemeinsam mit der Urania Sternwarte sowie dem Wiener Planetarium ein Teil des Profit Centers „Astronomie in Wien“ der Wiener Volkshochschulen GmbH.

Abbildung 8.8:
Der große astrophysikalische Refraktor im Jahre 1886.
Man erkennt die unterschiedliche Farbigkeit der einzelnen Fernrohrteile sowie bei genauer Betrachtung die Zierlinien an den Rändern der Gegengewichte.

Archiv der Kuffner-Sternwarte

melsvermessung ermöglichen und den Bereich von −2 bis −23 Grad südlicher Deklination erfassen. Die Kuffner-Sternwarte erhielt die Deklinationszone −6 bis −10 Grad, die restlichen Bereiche teilten sich die Sternwarten von Straßburg, Cambridge und Washington. Mit dem leistungsfähigsten Meridiankreis der Monarchie konnte sich die junge Sternwarte somit an diesem ehrgeizigen Programm beteiligen.

Im Jahre 1890 wurde Franz von Neumann beauftragt die Sternwarte zu erweitern. Ein zweiter Turm für eine Bibliothek und ein großes Heliometer wurden gebaut. Für die Assistenten kamen neue Wohnräume im Norden der Sternwarte hinzu, sowie eine Villa für den Direktor. 1891 verschlechterte sich das Verhältnis zwischen Norbert Herz und Moriz von Kuffner. Im Oktober dieses Jahres verließ Herz schließlich die Sternwarte. Als neuer Direktor wurde der aus Lüttich stammende Astronom Leo de Ball nach Wien berufen.

Abbildung 8.9:
Photographie der Südfront der Sternwarte um 1900,
nach dem Zubau des Heliometerturmes und der Assistentenwohnräume.

Archiv der Kuffner-Sternwarte.

8.5 Wissenschaftliche Erfolge

Unter der Direktion von Leo de Ball erwarb sich die Sternwarte rasch internationale Anerkennung. Die Beobachtungen am Meridiankreis zur Positionsvermessung der Sterne wurden im Rahmen des Internationalen Zonenunternehmens fortgesetzt und im Jahre 1904 abgeschlossen. Insgesamt wurden 8468 Sterne katalogisiert und in den Publikationen der Sternwarte veröffentlicht. In diese Zeit fiel auch die Anschaffung des „Vertikalkreises“, eines weiteren astrometrischen Instrumentes. 1885 wies der Astronom Küstner in Bonn nach, dass die Erdachse in Bezug auf den Erdkörper kleine Bewegungen ausführe. Diese so genannten „Polhöhenschwankungen“ kommen durch Masseverlagerungen im Erdinneren, in den Ozeanen und in der Lufthülle der Erde zustande und bewirken, dass Symmetrie- und Rotationsachse der Erde nicht genau zusammenfallen. Die Erdachse zieht am Pol eine kleine Schleife über das Eis und bedingt eine systematische Variation der geographischen Breite und Länge. Dadurch ergibt sich eine geringfügige Änderung der Höhe der Sterne über dem Horizont. Der Vertikalkreis, welcher im Jahre 1893 auf der Sternwarte eintraf, konnte solche Sternhöhen hervorragend messen. Als sechs Jahre später ein weltweites Programm zur Polhöhenbestimmung ins Leben gerufen wurde, hatten die Wiener Astronomen bereits Vorarbeit geleistet.

1896 wurde in der zweiten Kuppel das große Heliometer errichtet. „Heliometer“ nannte man astronomische Fernrohre, die speziell zur Messung der Schwankungen des scheinbaren Sonnendurchmessers mit höchst möglicher Genauigkeit eingerichtet waren (daher der Name von griechisch „Helios“, Sonne). Man konnte daraus die Abweichung der Erdbahn von der Kreisform berechnen. Später dienten sie meist zur präzisen Messung von Sternabständen mit Hilfe der jährlichen trigonometrischen Parallaxe der Sterne. Mit einem Teleskop dieser Art gelang im Jahre 1838 Friedrich Wilhelm Bessel in Königsberg die erste erfolgreiche Messung einer Fixsternentfernung am Stern 61 Cygni. Leo de Ball vervollständigte nun mit dem neuen Heliometer die großzügige Ausstattung der Sternwarte. Innerhalb weniger Jahre konnten 16 Sternentfernungen (von im Jahre 1900 weltweit ca. 100 bekannten) vermessen werden. Die Beobachtungen lieferten damals einen entscheidenden Beitrag zur Vermessung unserer Sonnenumgebung. Wenige Jahre nach der Vermessung dieser Sterne in Wien veränderte sich die Methode zur Parallaxenbestimmung. Photographische Platten dienten sodann der Vermessung und so blieb das Wiener Heliometer bis heute das größte Instrument dieser Art weltweit.

8.6 Karl Schwarzschild, Johannes Hartmann und Karl Wirtz

Drei junge Assistenten der Kuffner-Sternwarte lieferten in ihrem späteren Leben bedeutende Beiträge zur wissenschaftlichen Astronomie. Die herausragende Persönlichkeit unter ihnen war Karl Schwarzschild. Er trat im Oktober 1896 als Assistent in die Kuffner-Sternwarte ein, nachdem er an der Ludwig-Maximilian-Universität in München gerade sein Doktorat zum Thema „Poincaré Theorie rotierender Flüssigkeiten“ abgeschlossen hatte. Die Sternwarte Moriz von Kuffners in Wien bot dem jungen Wissenschaftler mit ihren damals sehr fortschrittlichen Instrumenten einen ausgezeichneten Arbeitsplatz. Als am Großen Refraktor der Sternwarte ein photographisches Rohr montiert wurde, begann Schwarzschild sich intensiv mit der Schwärzung photographischer Platten zu beschäftigen.

Hier stieß Schwarzschild jedoch auf erste Hindernisse, denn die Bestimmung von Sternhelligkeiten mit Hilfe photographischer Platten steckte um die Jahrhundertwende in ihren Kinderschuhen und zeigte große Schwierigkeiten der Umsetzung. Im Gegensatz dazu hatte sich die visuelle Helligkeitsbestimmung der Sterne bereits im Laufe des neunzehnten Jahrhunderts zu einem eigenen Bereich der Astronomie entwickelt. Die so genannte Stufenschätzmethode von Friedrich Wilhelm August Argelander für die Beobachtung veränderlicher Sterne ist bis heute ein ausgezeichnetes Hilfsmittel zur einfachen visuellen Helligkeitsbestimmung. Die fotografische Bestimmung der Sternhelligkeiten erfolgte vorwiegend durch das Abmessen der Scheibchendurchmesser der Sterne auf den Photoplatten, welche sich im Brennpunkt des optischen Systems des Teleskops befanden. Das beste Ergebnis, welches Charlier[10] im Jahre 1899 im günstigsten Falle erzielen konnte,

10 Charlier, Carl Vilhelm Ludwig: Über die Anwendung der Sternphotographie zu Helligkeitsmessungen der Sterne. In: *Publikationen der Astronomischen Gesellschaft* XIX (1889), S. 31.

Abbildung 8.10:
Das Wiener Heliometer mit Beobachtungsstuhl –
noch in der Werkstatt bei Repsold in Hamburg.
Es ist bis heute das größte Instrument dieser Art weltweit.

Archiv der Kuffner-Sternwarte.

war ein mittlerer Fehler von 0,1 Größenklassen, und daher schlechter als visuelle Helligkeitsbestimmungen, welche Unterschiede bis maximal zu 0,07 mag zu erfassen im Stande waren. Schwarzschild erkannte dies und schrieb bereits in der Einleitung seiner ersten Arbeit zu diesem Thema:[11]

> *„Die bisher gebräuchlichste Methode zur Bestimmung von Sternhelligkeiten aus photographischen Aufnahmen, die Ausmessung der Durchmesser der kleinen focalen Sternscheiben, ist vor allem werthvoll für die Zwecke der Katalogisierung. Will man aber diese Methode zu feineren, speciell photometrischen Untersuchungen verwenden, so erheben sich zwei Schwierigkeiten: einmal die grosse Abhängigkeit der kleinen Sterndurchmesser von der Luftunruhe, zweitens die Unschärfe des Randes der Scheibchen.“*

Beobachtungen der Sterne außerhalb des Fokus waren zwar vorgeschlagen, jedoch noch nicht durchgeführt worden. Hier setzte nun Karl Schwarzschild mit seinen neuen Beobachtungen an und er schreibt weiter:

> *„Versuche aber, wie ein solches Verfahren [Anm.: photographische Photometrie] im einzelnen auszubilden sei und welche Genauigkeit sich dabei erreichen lasse, scheinen noch nicht gemacht worden zu sein. Und doch lehrt eigentlich der Anblick jeder guten Photographie, daß die photographische Platte ebenso empfindlich für zarte Tonabstufungen ist wie das menschliche Auge, und verspricht mithin einer auf Beurtheilung von Schwärzungen gegründeten photographischen Methode einen ähnlichen Erfolg, wie ihn die visuelle Photometrie erzielt hat.“*

Schwarzschild erkannte sogleich das Wesentliche und steuerte mit mathematischer und experimenteller Leichtigkeit auf die Lösung des Problems zu. Seine Arbeit beinhaltet zwei grundlegende Entdeckungen: Die erste behandelt die Verbesserung der photometrischen Genauigkeit bei Aufnahmen außerhalb der Brennebene des Teleskops, die zweite beschäftigt sich mit dem sogenannten „Reziprozitätsgesetz“ für fotografische Platten. Durch Einführung eines Exponenten bei der Belichtungszeit gelang ihm eine wesentliche Verbesserung der Beschreibung der photographischen Schwärzung. Dieser empirische Exponent trägt heute den Namen „Schwarzschildexponent“ und ist in der Astrophotographie allgemein bekannt. Über den Exponenten schreibt Schwarzschild:[12]

> *„Es existieren zweifellos Abweichungen vom Reciprocitätsgesetz, dieselben sind aber im Allgemeinen von mässigem Betrage ... Alles in allem führen die bisherigen Versuche an Fixsternen zu dem selben Resultat, wie die Laboratoriumsversuche, dass der Exponent p für die einzelne Platte sehr nahe eine Constante ist und dass diese Abweichung dieser Constanten von 1 in jedem Falle berücksichtigt werden muss.“*

11 Schwarzschild, Karl: Die Bestimmung von Sternhelligkeiten aus extrafocalen photographischen Aufnahmen. In: *Publikationen der v. Kuffner'schen Sternwarte in Wien*, hrsg. von Leo de Ball, Bd. 5, (Wien 1900), B1–B23.

12 Schwarzschild, Karl: Beiträge zur Photographischen Photometrie der Gestirne. In: *Publikationen der v. Kuffner'schen Sternwarte in Wien*, hrsg. von Leo de Ball, Bd. 5, (Wien 1900), C1–C135.

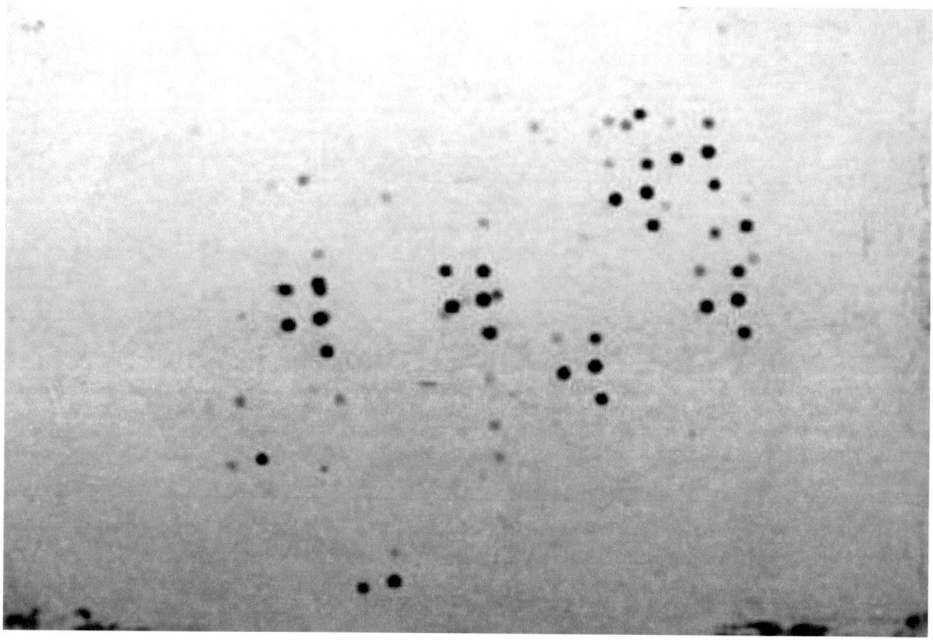

Abbildung 8.11:
Eine Originalplatte der Plejaden,
welche Karl Schwarzschild am 15. Oktober 1897
am photographischen Refraktor aufnahm.
Man erkennt die Mehrfachbelichtung der Platte.

Kuffner Sternwarte, P. Habison

Neben seinen wegweisenden Arbeiten über die photographische Photometrie der Gestirne wirkte Schwarzschild auch an den Meridiankreisbeobachtungen Leo de Balls zum Zonenunternehmen der Astronomischen Gesellschaft mit und publizierte in Wien weitere Arbeiten zu den Themen, Himmelsmechanik, Optik und spezielle astronomische Vermessungsmethoden. 1899 kehrte er an die Universität München zurück.

Johannes Hartmann und Karl Wirtz wirkten nur kurze Zeit an der Kuffner-Sternwarte. 1904 fand Hartmann am Großen Refraktor des Astrophysikalischen Observatoriums in Potsdam im Spektrum des Sternes Delta Orionis eine Absorptionslinie des einfach ionisierten Kalziums. Da diese Linie nicht aus der Sternatmosphäre selbst stammen konnte, musste sie einer anderen Ursache zugeschrieben werden. Hartmann entdeckte mit dieser Beobachtung das interstellare Gas. Karl Wirtz führte Schwarzschilds Arbeiten in Wien kurz weiter und beschäftigte sich später mit kosmologischen Fragestellungen und untersuchte die Rotverschiebung in den Spektren ferner Galaxien. Er suchte nach einem Zusammenhang zwischen der Fluchtgeschwindigkeit der Galaxien und ihrer Entfernung von der Erde. Die korrekte Lösung seiner Forschungsaufgabe fand er jedoch nicht, erst Edwin Hubble konnte den korrekten Zusammenhang angeben und damit eine kosmologische Revolution einleiten.

8.7 Erster Weltkrieg und Zwischenkriegszeit

Die Arbeiten dieser großen Astronomen hatten der Kuffner-Sternwarte in dreißig Jahren internationalen Ruf gebracht und sie konnte zweifellos zu den bedeutendsten der österreichisch-ungarischen Monarchie gezählt werden. Mit dem Tod ihres zweiten Direktors mitten im Ersten Weltkrieg brachen die wissenschaftlichen Aktivitäten der Kuffner-Sternwarte schlagartig ab. Weil damals alle gegebenenfalls in Betracht kommenden jüngeren Astronomen im Kriegsdienst standen und auch im Hinblick auf die unsichere politische und wirtschaftliche Lage, wurde kein Nachfolger für Leo de Ball ernannt. Dementsprechend erfolgten auch keine Investitionen in neue Instrumente oder in das Gebäude. Die Aktivitäten der Sternwarte kamen somit zu einem Stillstand.

Nach dem Ende des Krieges kämpfte die Kuffner-Sternwarte unter den allgemeinen schwierigen wirtschaftlichen und finanziellen Verhältnissen ums Überleben. Zusätzlich ließ die Dynamik und das Interesse Moriz von Kuffners an seiner Sternwarte langsam nach. Im Grundbuch findet ein Kaufvertrag zwischen Moriz von Kuffner und der gemeinnützigen Bau, Wohn- und Siedlungsgenossenschaft Heim, reg. Gen., vom 22. November 1921 Erwähnung, zu dessen Abwicklung es offenbar aber nicht kam.[13] Zufolge eines Richtigstellungsbeschlusses vom 8. Juli 1922 wird das Eigentumsrecht im Grundbuch zu Gunsten von Moriz von Kuffner bestätigend vermerkt.

Auch an der Universitätssternwarte kam es zu finanziellen Schwierigkeiten. Schon damals war anerkannt, dass die Universitäts-Sternwarte, innerhalb des Dunstkreises der Großstadt Wien liegend, keine ausreichenden astrophysikalischen Beobachtungen mehr zuließ. Es gab sodann erste Bemühungen, welche schon Ende des 19. Jahrhunderts einsetzten und im Rahmen der Österreichischen Akademie der Wissenschaften fortgesetzt wurden, einen Ort für eine Außenstation der Universitätssternwarte zu finden, welcher optimale klimatische Beobachtungsbedingungen versprach. Samuel Oppenheim vertrat energisch den Plan, die Kuffner-Sternwarte unter seiner Leitung als künftiges Universitäts-Lehrinstitut einzurichten, und die Universitäts-Sternwarte in instrumenteller Hinsicht als reine Forschungsstätte für eine Verlegung vorzubereiten.

8.8 Renovierungsversuche, Vertrag mit Akademie und Kuffners späte Jahre

Durch die mehr als 10jährige Schließung der Sternwarte nach dem Ersten Weltkrieg waren Ende der 20er Jahre Instrumente und Gebäude in einem äußerst schlechten Zustand. Im Almanach der Akademie der Wissenschaften[14] wird erstmals im Rahmen des Tätig-

13 Bezirksgericht Hernals, Grundbuchamt, Auszug aus dem historischen Grundbuch, EZ 631 01 405.

14 *Almanach der Akademie der Wissenschaften*, Jg. 79 (Wien 1927), S. 232.

keitsberichtes für das Jahr 1927 von einer zeitweiligen Übernahme der Sternwarte durch die Akademie berichtet. Nach einer genauen Besichtigung der verwahrlosten Gebäude und Instrumente erklärte sich Prof. Kasimir Graff, Direktor der Universitätssternwarte, bereit, die Leitung der Kuffner-Sternwarte zu übernehmen, wenn die ihm im Mai 1928 zugesagten zwei Assistenten, 6000 Schilling jährliche Dotation und 20.000 Schilling für eine komplette Restaurierung durch das Ministerium bewilligt würden.

In den folgenden Jahren wurden langwierige Verhandlungen mit zahlreichen Stellen wie dem Bundesministerium für Unterricht, der Akademie der Wissenschaften, der Universitätssternwarte sowie der Familie Kuffner geführt. Durch die große Anzahl der verhandelnden Personen kam es zu zahlreichen Missverständnissen und Moriz von Kuffner verlor mehr und mehr das Interesse an der gesamten Angelegenheit. Kasimir Graff versuchte die komplizierte Situation bestmöglich zu regeln, und es gelang ihm schließlich, Kuffner dahingehend zu bewegen, die Sternwarte der Akademie für zunächst 15 bis 20 Jahre zur Nutzung zu überlassen. So liest man im Almanach der Akademie der Wissenschaften von 1931:[15]

> *„Neu zugewachsen ist unserer Akademie im Laufe des Jahres die Kuffner'sche Sternwarte. Dieses der reinen Forschung gewidmete Institut hatte sich schon lange einen ehrenvollen Platz unter gleichstrebenden Observatorien erobert. Nach sorgfältiger Durchberatung kam nun im vergangenen Herbst [1930, Anm. des Verf.] ein Vertrag zustande, wonach der Besitzer der Sternwarte diese für einen längeren Zeitraum der Akademie übergibt, damit diese für die weitere Nutzbarmachung im bisherigen Geiste sorge. Wir sind Herrn Kuffner für diesen Akt großzügigen Mäzenatentums gegenüber der Wissenschaft zu aufrichtigem Danke verpflichtet.“*

Es wurde nun mit der Instandsetzung des Gebäudes und der Instrumente begonnen. Die beiden Kuppeln wurden teilweise saniert und der photographische Refraktor wurde vom Mechaniker der Universitäts-Sternwarte, Josef Reichl, sehr sorgfältig überholt sowie der Vertikalkreis neu aufgestellt. Von der Bundesgebäudeverwaltung wurden jedoch laut Kasimir Graff[16] in der ersten Zeit *„zum Teil gänzlich unnötige Anschaffungen bestritten“*, ohne vorher mit der Sternwartenleitung Rücksprache gehalten zu haben. So sollen beispielsweise die alten funktionierenden Kachelöfen durch eiserne ersetzt und neue Gas- und Wasseranlagen installiert worden sein. Obwohl bereits etwa 30.000 Schilling ausgegeben waren, sah die Sternwarte zumindest äußerlich schlimmer aus als zuvor. Nach einer Aufzeichnung der Universitätssternwarte wurde der Wert des Inventars der Kuffner-Sternwarte im Jahr 1932 auf nahezu 60.000 Schilling geschätzt.

In diese Phase des Aufschwungs platzte eine ministerielle Weisung, die Reparatur an der Kuffner-Sternwarte wieder einzustellen. Die Reaktivierung der Sternwarte wurde immer weiter verschoben, die in Aussicht gestellten zwei Assistentenstellen und die jährliche Dotation für Graff wurden gestrichen und es kam zu weiteren Verzögerungen

15 *Almanach der Akademie der Wissenschaften*, Jg. 81 (Wien 1931), S. 311.

16 *Archiv der Kuffner-Sternwarte*, Brief von Kasimir Graff an die Akademie der Wissenschaften, L.Nr. 45/1933, 5.12.1933.

in der Rückerstattung von Steuern durch das Bundesministerium. Durch diese unüberwindlichen finanziellen Schwierigkeiten sah sich die Akademie gezwungen, ihre Tätigkeit an der Sternwarte nach nicht einmal drei Jahren zu beenden. Am 5. Dezember 1933 trat sie vorzeitig von ihrem Vertrag zurück und die Obsorge für die Sternwarte fiel wieder an Moriz v. Kuffner zurück. 1934 schreibt Kasimir Graff:[17]

> *„Die Kuffner-Sternwarte in Ottakring musste aus Mangel an Mitteln für ihre Inbetriebnahme im Herbst [1933, Anm. des Verf.] an den Stifter zurückgegeben werden, trotzdem die Wiederherstellung der Gebäude und Instrumente bereits recht weit vorgeschritten war. Nähere Einzelheiten über die ganze Angelegenheit, die unendlich viel Mühe und zum Schluß nur Enttäuschungen gebracht hat, möge man dem Berichterstatter ersparen. Unvergessen sei dem 80jährigen Herrn Moriz v. Kuffner die hochherzige Gesinnung, die er durch Gründung des Institutes, seine langjährige musterhafte Erhaltung und das neuerliche Angebot von 1928 an den Tag gelegt hat.“*

Durch die kommenden weltpolitischen Ereignisse verschlechterte sich die Lage auf der Sternwarte zusehends. Es fand kein Betrieb statt, das eine oder andere Instrument aus dem Inventar der Kuffner-Sternwarte fand allerdings anderweitig Verwendung. Moriz von Kuffner, mittlerweile über achtzig Jahre alt, hatte für die Sternwarte keine Kraft mehr. Mit dem Einmarsch Hitlers am 13. März 1938 brach das Verhängnis auch über ihn, seine Familie und damit auch die Sternwarte herein.

Kuffners Hauptsorge in dieser dramatischen Zeit galt seinen Industriebetrieben, im speziellen der Brauerei. Glück im Unglück war, dass die Familie einen wohlwollenden Käufer fand. Gustav Harmer, der in Spillern bei Wien ein Gut und eine Spiritusfabrik besaß und die Kuffners gut kannte, interessierte sich insbesondere für die Hefefabrik, wagte es dann aber, das ganze Aktienpaket der Brauerei mit Nebenbetrieben zu kaufen. Der Verkauf zog eine Reihe von Problemen nach sich. Moriz von Kuffner und sein Sohn Stephan wurden alsbald von der Gestapo heimgesucht. Diese veranlasste die Beschlagnahme von Bildern, Teppichen und weiteren Kunstgegenständen. Die Familie Kuffner versuchte in der Folgezeit, Österreich so rasch wie möglich zu verlassen. Kuffners Sohn Hans hatte einen tschechischen Pass und konnte dem Vater in Wien beistehen. Am 13. Juli 1938 konnte Stephan den Vater im Krankenauto nach Pressburg bringen. Auf Fürsprache des Bergfreundes Zsigmondy wurde ihnen im zweiten Anlauf der Aufenthalt in der Schweiz bewilligt. Am 8. August 1938, als es Moriz von Kuffner etwas besser ging, flogen die Brüder mit ihm nach Zürich. Während der letzten sieben Monate seines Lebens wurde er in der Hirslandenklinik, mit Blick auf die von ihm geliebten Berge, von Schwestern der Pflegerinnenschule und des Lindenhofspitals in Zürich betreut. Er starb am 5. März 1939. Sein Tod wurde im nationalsozialistischen Österreich, wo er als großer Industrieller und Wohltäter gewirkt hatte, nicht beachtet. Der einzige eingehende Nachruf erschien im Alpine Journal im November 1939 in London.[18]

---

17 Graff, Kasimir: Jahresbericht der Universitätssternwarte für das Jahr 1933. In: *Vierteljahrsschrift der Astronomischen Gesellschaft*, Jg. 69 (1934), S. 253.

18 In Memoriam Moriz von Kuffner. In: *The Alpine Journal* (1939).

8.9 Die Nachkommen von Moriz von Kuffner

Moriz und Elsa von Kuffner hatten wie erwähnt drei Söhne: Ignaz, Hans und Stephan. Ignaz war der älteste, Hans und Stephan waren Zwillingsbrüder. Hans und Stephan waren nicht verheiratet und hatten keine Kinder. Ignaz heiratete am 7. Juli 1927 Helene Dreyfus. Sie hatten eine gemeinsame Tochter Vera, welche im Mai 1928 in Wien geboren wurde. Ignaz starb unerwartet am 4. Februar 1938 und wurde auf dem Döblinger Friedhof in Wien beerdigt. Vera flüchtete 1938 mit ihrer Mutter in die Schweiz und reiste später über England in die Vereinigten Staaten. Sie heiratete im Jahr 1964 in New York Walter A. Eberstadt. Vera und Walter Eberstadt, ihre Söhne Michael und Georg sowie deren Kinder leben noch heute in New York. Sie sind die einzigen lebenden Nachkommen von Moriz und Elsa von Kuffner.

Neben der Kuffnergasse, der Katharinenruhe im Liebhartstal, dem Palais Kuffner in Ottakring, der ehemaligen Direktionsvilla in der Johann Staud-Straße 8, zwei alten Grenzsteinen mit der Inschrift MK 1890, auf Moriz Kuffners Initialen hindeutend, sowie einiger Grabdenkmäler in Wien und der Tschechien, sind es wesentlich die Kuffner-Sternwarte, die Ottakringer Brauerei und die Moriz und Elsa von Kuffner Stiftung in der Schweiz, welche die Erinnerung an eine hervorragende österreichische Familie wach halten, die durch Tüchtigkeit und Familiensinn zu Wohlstand und hohem Ansehen gelangt war, der es aber nicht mehr vergönnt war, sich in ihrer Heimat zu entfalten.

8.10 Danksagung

Zahlreiche der hier niedergeschriebenen Details beruhen auf persönlichen Gesprächen und Kontakten des Autors zur Familie Eberstadt in New York. Peter Habison besuchte Vera und Walter Eberstadt mehrfach in den USA und über die Jahre hinweg entwickelte sich ein freundschaftliches Verhältnis zur gesamten Familie. Frau Eberstadt sowie ihr Mann unterstützten die Forschungsarbeiten zur Geschichte der Familie Kuffner und der Sternwarte mit großer Offenheit und lebendigem Interesse. Es ist dem Autor daher ein besonderes Anliegen, aufrichtigen Dank zu sagen für all die Unterstützung bei der Arbeit, die guten Gespräche, die zahlreichen Briefe und wertvollen Begegnungen während der vergangenen zehn Jahre.

8.11 Literatur

Gaugusch, Georg: Die Familie Kuffner. In: *Adler, Zeitschrift für Genealogie und Heraldik* **Bd. 20** (Wien 2000), Heft 8, S. 243–251.

Habison, Peter: *Die Geschichte der Kuffner Sternwarte im kultur- und astronomiehistorischen Umfeld des 19. und 20. Jahrhunderts.* Dissertation, Geisteswissenschaftliche Fakultät der Universität Wien, Institut für Geschichte 2001.

Kinz, Maria: *Damals in Ottakring.* Wien: J & V Edition Wien, Verlagsges. m.b.H. 1990.

KUFFNER, HERMANN EDLER VON: *Geschichtliche Daten über die Familie Kuffner.* Verlag des Verfassers 1902.

SCHWARZSCHILD, KARL: *Gesammelte Werke.* Hrsg. von Hans-Heinrich Voigt. Berlin: Springer 1992.

SCHWARZSCHILD, KARL: Die Bestimmung von Sternhelligkeiten aus extrafocalen photographischen Aufnahmen. In: *Publikationen der v. Kuffner'schen Sternwarte in Wien*, hrsg. von Leo de Ball, Bd. 5, (Wien 1900), B1–B23.

WAGNER, CHRISTOPH: *Wiener Bier. 150 Jahre Ottakringer Brauerei.* Wien 1987.

WEISS, WERNER W.: *Die Kuffner-Sternwarte. Wiener Bezirkskulturführer.* Wien: J & V Edition Wien 1982.

Abbildung 9.1:
Karl Remeis (1837–1882) – Dr. Remeis-Sternwarte Bamberg

Dr. Remeis-Sternwarte Bamberg

Karl Remeis (1837–1882) und die Stiftung der Bamberger Sternwarte

Gudrun Wolfschmidt (Hamburg)

Abbildung 9.2:
Dr. Remeis-Sternwarte Bamberg

Dr. Remeis-Sternwarte Bamberg

Die Gründung der Bamberger Sternwarte fällt in eine Zeit wirtschaftlichen Aufschwungs ab den 1870er Jahren – in die Gründerzeit, wo viel Geld für Wissenschaft und Kultur bereit stand; die Bamberger Sternwarte ist aber eine private Stiftung. Vor 1870 gab es elf wichtige Observatorien in Deutschland (Altona, Berlin, Bonn, Breslau, Gotha, Göttingen, Hamburg, Jena, Königsberg, Leipzig, München); ab 1870 bis zum Ersten Weltkrieg wurden neun neu gebaut – in fünf Fällen handelte es sich dabei um Neugründungen (Bothkamp, Potsdam APO, Straßburg, Kiel, Bamberg und Heidelberg-Königstuhl), neue Gebäude bekamen Jena, Hamburg (Bergedorf) und Berlin (Potsdam-Babelsberg).

1882 gab es 81 Sternwarten (öffentlich finanzierte und private) in Europa, 28 auf dem amerikanischen Kontinent. Von den europäischen waren 29 in Deutschland, 14 in England und 19 in Rußland. In den 90er Jahren begann in den USA eine Serie von Neugründungen von Observatorien. 1910 hatte sich schon der Schwerpunkt deutlich in die USA verschoben; der lichtsammelnden Fläche in Deutschland mit nur 2m^2 stand 7m^2 in den USA gegenüber.

9.1 Karl Remeis und die Stiftung einer „Forschungssternwarte“

Die Bamberger Dr. Remeis-Sternwarte wurde 1889 gegründet.[1] Sie ist die einzige größere Sternwarte Deutschlands, die auf eine private Stiftung zurückgeht: ein astronomisch interessierter Jurist und Amateurastronom Dr. jur. Karl Remeis (1837–1882) vermachte testamentarisch 400.000 Goldmark zum Bau einer Sternwarte.

Bamberger

Neueste Nachrichten.

Nro. 295 Donnerstag den 24 Oktober 1889. 29. Jahrgang.

Zur

feierlichen Eröffnung der Sternwarte Bamberg.

Wie schaute kindlich einst der Mensch hinaus ; Denn ohne Schranken ist des Schöpfers Haus

Abbildung 9.3:
Feierliche Eröffnung der Dr. Remeis-Sternwarte,
Bamberger Neueste Nachrichten, 24. Oktober 1889 –
der Stifter Dr. jur. Karl Remeis (1837–1882)

Strohmeier: 70 Jahre (1959).

Der Vater von Karl Remeis war städtischer Baurat in Bamberg,[2] seine Mutter, geb. Fromm, entstammte einer reichen Rotgerberfamilie. Karl Remeis besuchte das Humanistische Gymnasium in Bamberg (Abitur 1855) und anschließend das Lyzeum. Auf Wunsch der Mutter, der Vater war gestorben, als er nur $1\frac{1}{2}$ Jahre alt war, studierte Karl Remeis Jura in Würzburg und Heidelberg – obwohl er naturwissenschaftlich interessiert war. Das Studium schloß er in Erlangen mit der Promotion „Die Wiederaufnahme im Strafverfahren“ 1863 ab.[3] Ausgedehnte Bildungsreisen führten ihn nach Italien und so-

1 Zinner (1939). Hartwig (1887). Zinner (1935). Bues/Wolfschmidt (1989). Wolfschmidt 1990. Wolfschmidt 1991. Für Abbildungen für diesen Artikel bin ich Herrn Ulrich Heber, Remeis-Sternwarte, dankbar.

2 Es gab viele Bauaufgaben in der Zeit der Industrialisierung, wie der Bau des Ludwigkanals oder der Eisenbahn von Nürnberg nach Bamberg.

3 Diese Informationen stammen aus Thorbecke (1882).

gar nach Kleinasien und Afrika. 1868 ließ er sich in Bamberg nieder und nahm ab 1870 seine berufliche Arbeit als Assessor am Kgl. Bezirksgericht auf. Seine Persönlichkeit wird folgendermaßen charakterisiert:

> *„Remeis' Weltanschauung deckte sich ungefähr mit dem Begriffe des Goetheischen Pantheismus. Der rein materialistischen Auffassung der Welt, wie sie damals namentlich in der Naturwissenschaft vielfach galt, war er durchaus abhold. Für Kunst und Literatur hatte er lebhaftes Interesse und war außerordentlich vielseitig belesen, dabei für einen guten, man könnte sagen klassischen Stil sehr empfindlich. Alles Gesuchte und Gespreizte war ihm da zuwider. Er war auch ein großer Freund des Theaters, das er in Bamberg regelmäßig besuchte. Remeis besaß einen ausgedehnten Freundeskreis, auf dessen Pflege er den größten Wert legte. Von nah und fern besuchten ihn Freunde in seinem Bamberger Tuskulum, viele geistig bedeutende Männer befanden sich unter ihnen. Eine schöne Geselligkeit liebte Remeis sehr und pflegte sie gern und sorgfältig. Seine Unterhaltungsgabe war höchst anziehend, durch Humor, Witz, ja auch durch Sarkasmus gewürzt. Mit Politik beschäftigte er sich wenig; vielleicht lag ihm die damalige deutsche politische Entwicklung nicht ganz. Im Herzen war er deutscher Patriot durch und durch. Gern erzählte er mit Stolz, welches Ansehen und welche Bewunderung Bismarck in Rom bei den Italienern genoß. In seinem äußeren Leben war Remeis von großer Einfachheit und Bedürfnislosigkeit. Ein Kartenspiel mit Freunden, Spaziergänge mit ihnen im Hain, den Besuch eines Bamberger Kellers im Freundeskreis liebte er sehr.*
>
> *An seiner Vaterstadt Bamberg hing Remeis mit größter Liebe. Er fühlte sich gerne als Bürger dieser Stadt, deren alte Schönheiten und landschaftliche Lage er immer wieder pries. Wenn er im öffentlichen Leben auch wenig hervortrat – seiner Gelehrtennatur lag dies nicht – und wenn er auch nicht viele Worte machte, seine Meinung galt stets viel in Bamberg und bei seinen Freunden ... Sein Wesen war ausgeglichen in Bezug auf Denken, Wollen und handeln, so daß er dem Leben mit einer schönen und glücklichen Abgeklärtheit gegenüberstand.“*[4]

Kurz nach dem Tod der Mutter verließ er den Staatsdienst 1875 und lebte als Privatgelehrter in Bamberg. Eine reiche Publikationstätigkeit auf vielen Gebieten der Naturwissenschaften begann. Ferner hielt er Vorträge in der Naturforschenden Gesellschaft Bamberg, fungierte sogar 1876 als Vorstand. Die Winter verbrachte er gerne in Rom mit befreundeten Astronomen wie Angelo Secchi (1818–1878), Pietro Tacchini (1838–1905) und Lorenzo Respighi (1824–1889) und den deutschen Künstlern. Durch diese Kontakte bekam er Einblick in astronomische und auch in neue astrophysikalische Beobachtungs- und Meßmethoden. Mit dem Astronomen Paul Harzer (1857–1932), den er in Rom kennengelernt hatte, der später Direktor der Sternwarte in Gotha und Kiel wurde, verband ihn ein reichhaltiger Briefwechsel. Mit ihm diskutierte er den Bau einer Sternwarte und

4 Thorbecke, Franz H. *Bamberger Tagblatt* 1929. Zitiert nach Zinner 1939, S. 8.

was dabei zu beachten wäre. Über die Vorteile von Bergobservatorien veröffentlichte Remeis zwei Artikel und zwar über eine Station in den Alpen und über die Möglichkeit einer Sternwarte auf dem Ätna.

Im Jahr 1879 errichtete sich Remeis in seinem Wohnhaus in Bamberg eine kleine Privatsternwarte. Neben kleineren Instrumenten[5] kaufte er sich zuletzt einen großen Refraktor von 26,4 cm Öffnung und 3,7 m Brennweite vom Hamburger Instrumentenmacher Dr. Hugo Schröder (1834–1902). Die Ergebnisse seiner Beobachtungen, z. B. über die Veränderlichkeit des Sonnendurchmessers und über Strahlung und Temperatur der Sonne, wurden veröffentlicht. Seine bevorzugten Zeitschriften dafür waren *Gaea* und *Sirius*.[6]

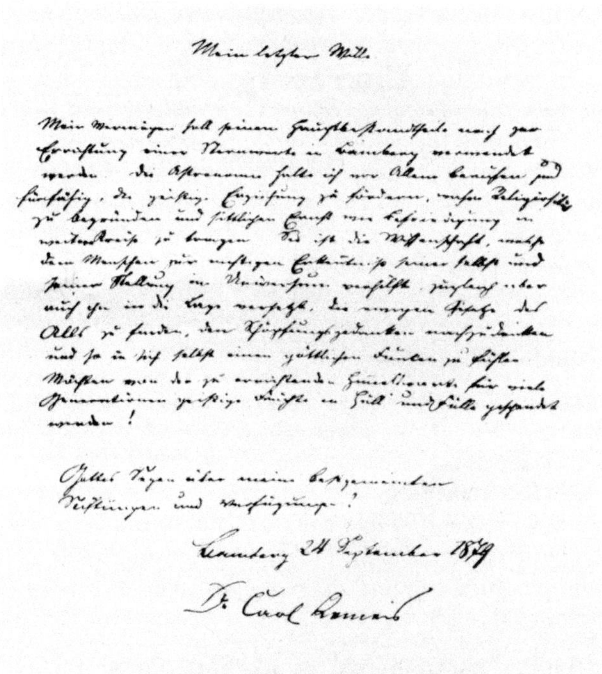

Abbildung 9.4:
Testament von Karl Remeis
„Mein letzter Wille" (24. September 1879)

Strohmeier: 70 Jahre (1959).

5 Ein $4''$-Refraktor, Reinfelder & Hertel, München, je ein Universalinstrument von T. Ertel & Sohn, München, und von August Becker, Göttingen, ferner ein Chronometer von Krille, Altona, ein $3''$-Kometensucher von Merz, München, und ein $3''$-Fernrohr von Fraunhofer und Utzschneider, München.

6 Die Liste seiner Veröffentlichungen findet sich bei Zinner (1939), S. 16.

Allerdings hatte Remeis große gesundheitliche Probleme und er beschloß im Herbst 1879, ein Testament zu machen. Da er keine Familie mehr hatte, keine Geschwister, keine Ehefrau und keine Kinder, wollte er seiner Heimatstadt Bamberg sein Vermögen vermachen. Zu seinem Vermögen, das von ihm, aber besonders von seinem Vater und Großvater stammte, gehörten zwei Häuser und ein größerer Bargeldbetrag.[7]

> *„Mein letzter Wille [24. September 1879]*
> *Mein Vermögen soll seinem Hauptbestandtheile nach zur Errichtung einer Sternwarte in Bamberg verwendet werden. Ich bin überzeugt, daß die beste Verwendung der materiellen Güter darin besteht, die wissenschaftliche Forschung, welche den Menschen geistig erhebt, und veredelt, zu unterstützen und zu fördern. Die Astronomie halte ich vor Allem berufen und für fähig, die geistige Erziehung zu fördern, wahre Religiosität zu begründen und sittlichen Ernst wie Befriedigung in weitere Kreise zu tragen. Sie ist die Wissenschaft, welche den Menschen zur richtigen Erkenntniß seiner selbst und seiner Stellung im Universum verhilft, zugleich aber auch in die Lage versetzt, die ewigen Gesetze des Alls zu finden, den Schöpfungsgedanken nachzudenken und so in sich selbst einen göttlichen Funken zu fühlen.*
> *Möchten von der zu errichtenden Himmelswarte für viele Generationen geistige Früchte in Hülle und Fülle gespendet werden! Gottes Segen über meine bestgemeinten Stiftungen und Verfügungen!“*[8]

Er überlegte mit seinem Sachverstand als kgl. Bezirksgerichtsassessor, wie man juristisch einwandfrei einen Vertrag formuliert zum Bau einer Forschungs-Sternwarte in Bamberg, vielleicht beeinflußt von französischen und amerikanischen Stiftungen; auch ermöglichte er Zustiftungen und hoffte natürlich darauf. Ferner hatte Remeis festgelegt, daß die Astronomen der Universität München den Direktor der Bamberger Sternwarte sowie den Kustos auswählen sollten; die Stadt Bamberg konnte nur noch den Mechanikermeister bestimmen; das gab später die erste Mißstimmung. Die Stiftungssumme betrug 400.000.- Goldmark. Als die Stadträte nach Remeis' Tod 1882 davon erfuhren, waren sie von dieser Verpflichtung zum Bau einer Sternwarte nicht besonders begeistert; sie paßte einfach nicht in die Stadt, die vom Domberg, Handel und Handwerk geprägt war. Am Humanistischen Gymnasium fürchteten zudem die Studienräte, damals Professoren genannt, um ihre herausgehobene Stellung durch die Konkurrenz. Ein Forschungsinstitut ohne Anschluß an die Katholische Hochschule war nicht erwünscht. Doch bereits 1883 wurden diese Mittel in eine Stiftung in städtischer Trägerschaft eingebracht und die Stadt kaufte das Gelände am Stephansberg zur Errichtung einer Sternwarte. Doch die Ernennung des ersten Direktors wurde bis zum 1.1.1886 hinausgezögert. Erst jetzt konnte über den Bau und den Architekten diskutiert werden.

---

7 Zinner 1930.

8 Zinner 1939, S. 8–10, hier S. 9. Vgl. Strohmeier: 70 Jahre (1959), S. 3.

9.2 Straßburg als Muster-Sternwarte für Bamberg

Zunächst einige Bemerkungen zur Tradition im Observatoriumsbau. Als Grundriß wurde um 1800 häufig die Kreuzform gewählt (vgl. Athener Sternwarte 1846 bis zur Wiener Sternwarte, 1874): In der Mittelkuppel befand sich das Hauptinstrument, ein Refraktor, östlich oder westlich daneben der Meridiankreis bzw. das Passageinstrument. Architektonisch besonders prägend für das 19. Jahrhundert wurde die 1839 errichtete Sternwarte Pulkowa, Sankt Petersburg:[9] Neben der beherrschenden Mittelkuppel fand sich beiderseits eine kleinere Kuppel für Refraktor und Heliometer, dazwischen der Meridiankreis; diese Anordnung wurde auch für das Astrophysikalische Observatorium Potsdam (gebaut 1876–79) gewählt.[10]

Ein neuer Gedanke war die Trennung des Hauptgebäudes mit der Bibliothek, den Arbeitsräumen und Wohnungen einerseits von den Beobachtungsgebäuden andererseits.[11] Dieses Konzept wurde zuerst bei der Straßburger Sternwarte verwirklicht, allerdings noch nicht ganz konsequent. Östlich der Altstadt von Straßburg entstand das Universitätsviertel, ein großartig angelegter Stadtteil, durchzogen von einer dominirenden städtebaulichen Achse, die einen starken Gegensatz zu den verwinkelten Gassen der Altstadt bildet. Sie führte von Nordwest, vom Kaiserplatz, dem heutigen Place de la République, nach Südost zur Universität. Der Baustil der neuen Universität der Wilhelminischen Ära wurde von den Franzosen als gigantisch empfunden.[12] Der auffällige Kuppelbau im Botanischen Garten am Ende der Achse verweist auf die neue Universitäts-Sternwarte. Der Architekt Hermann Eggert (1844–1920), Spezialist für Repräsentationsbauten, wählte den Stil der Neo-Renaissance für das 1877 bis 1880 fertiggestellte Gebäude.[13] Die Straßburger Sternwartanlage ist aus drei Hauptteilen zusammengesetzt, wobei gedeckte Gänge die drei Gebäude miteinander verbinden:[14] es gab den Refraktorbau mit dominierender Kuppel (im Nordwesten), den Meridiansaal mit zwei Kuppeltürmen (im Nordosten) und das Wohn- und Verwaltungshaus (im Süden). Bekannt war die Begabung des Architekten Eggert für übersichtliche und vorteilhafte Grundrisse. Die Trennung des Beobachtungsgebäudes von den Arbeitsräumen im Hauptgebäude und vom Wohnhaus war ein völlig neuer Gedanke – eine Revolution im Sternwartenbau.[15] Dieses neue Konzept wurde erstmals beim Straßburger Observatorium verwirklicht, wobei die Idee auf August Winnecke (1835–1897), den ersten Direktor, zurückgeht, wie Eggert betonte. Der Refraktorbau ist als wichtigstes Gebäude der Sternwarte architektonisch hervorgehoben. Über dem zentralen Achteck erhebt sich die dominierende Kuppel. Der Kuppelraum hatte eine Hebebühne und einen fahrbaren Beobachtungsstuhl. Östlich befindet sich das

9 Struve 1845.

10 Spieker 1879, S. 33.

11 Müller 1992.

12 Straßburg und seine Bauten. Herausgegeben vom Architekten- und Ingenieurverein für Elsaß-Lothringen. Straßburg 1894.

13 Eggert 1884, S. 79. Vgl. VJS 14 (1879). Der Architekt Hermann Eggert wurde 1889 nach Berlin ins Ministerium für Öffentliche Arbeiten berufen. Im Deutschen Museum wurde Straßburg ausgewählt als Modell einer Sternwarte (Inv.-Nr. 4516, Maßstab 1:50).

14 Wolfschmidt (2005a). Wolfschmidt (2005b).

15 Müller 1975, (2. Auflage) 1978, S. 170–175.

Observatoriumsgebäude, das die für kleine Sternwarten übliche L-Form aufweist. Es besteht aus zwei kleineren Kuppeln, daran angebaut das Meridianhaus, das natürlich genau in Ost-West-Richtung orientiert sein muß. Bei den zwei Meridiansälen wurde eine Eisenkonstruktion mit Wellblechabdeckung und äußerer Holz-Jalousie-Umblendung gewählt, die wegen der guten Wärmeleitfähigkeit zu einem raschen Temperaturausgleich führt. Die Pfeiler in den seitlich angebauten Kuppeln, die als Fundamente für die Instrumente dienen, gehen erschütterungsfrei mitten durch den Turm bis in die Erde, was damals auch sehr innovativ war. Die Wirkung der Straßburger Sternwarte war bedeutend.

9.3 Architektur der Remeis-Sternwarte

Die Straßburger Sternwarte wurde architektonisch unmittelbares Vorbild für die Remeis-Sternwarte in Bamberg.[16] Bis heute werden die Observatorien nach den beiden modernen Ideen dieser Sternwarte gebaut: Trennung von Arbeits- und Wohnbereich von den Beobachtungsgebäuden sowie getrennte Fundamentierung der Instrumente in den Kuppeln. Ein Nachteil war die Lage in der Stadt.[17]

Bereits 1886 wurde Ernst Hartwig (1851–1923) berufen, um den Bau der Sternwarte zu planen. Als Modell diente die damals modernste Sternwarte in Straßburg. Die Sternwarte in Bamberg sollte nach Wunsch von Remeis von einem bekannten auswärtigen Architekten entworfen werden. Daher wandte man sich an Hermann Eggert (1844–1920), der – außer dem Kaiserpalast – die „deutsche Mustersternwarte“ in Straßburg gebaut hatte. Er erklärte sich bereit, beratend mitzuwirken; die Pläne arbeitete sein Nachfolger an der Straßburger Universität Max Ißleiber aus. Die Ausführung oblag schließlich dem Bamberger Baumeister Georg Hufbauer.[18] Den Bauplatz hatten die beiden Direktoren der Sternwarten Leipzig und München ausgesucht.

Die Remeis-Sternwarte wurde auf einem der sieben Hügel Bambergs, dem Stephansberg, in 288 m Höhe am Rand der Stadt im Nordosten errichtet.[19] Der Bau der Sternwarte kostete knapp 161.000.- Mark. Die feierliche Eröffnung fand am 24. Oktober 1889 statt, wobei Vertreter des Kultusministeriums und der Universitäten Erlangen, Würzburg und München anwesend waren.

Das Hauptgebäude, eine typische Villa der Gründerzeit, als Backsteinbau mit Sandsteinrahmen errichtet, hatte im Erdgeschoß Arbeitszimmer, die Bibliothek und die Wohnung des Kustos. Im Keller befanden sich die Werkstatt und ein Laboratorium, im ersten Stock die Direktorenwohnung (bis 1978), im zweiten Stock die Assistentenwohnung, darüber eine Beobachtungsplattform für meteorologische Beobachtungen.

Ein gedeckter Gang stellt die Verbindung zum unbeheizbaren Beobachtungsgebäude dar. In Ost-West-Richtung sind zwei Türme (12 m hoch mit Drehkuppel von 6 m

16 Eggert (1887), S. 353–354. Hartwig 1887, S. 277 und S. 329–335.

17 Dies wurde erst im nächsten Entwicklungsschritt der Architektur von Sternwarten aufgehoben, beispielsweise realisiert bei den kurz darauf erbauten Berg-Observatorien Nizza (1882) oder Lick, Mt. Hamilton (1888).

18 Eggert (1887).

19 Hartwig (1887), S. 277 und 329–335.

Abbildung 9.5:
Luftbild und Grundriß der Remeis-Sternwarte Bamberg, 1889 eingeweiht
Dr. Remeis-Sternwarte Bamberg

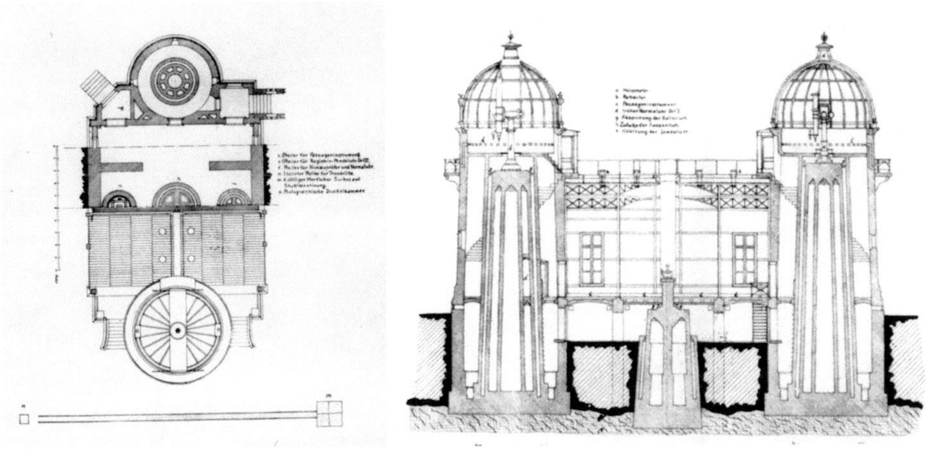

Abbildung 9.6:
Grund- und Aufriß der Dr. Remeis-Sternwarte Bamberg
Dr. Remeis-Sternwarte Bamberg

Durchmesser) mit einem Meridiansaal dazwischen angeordnet; die Eisenkonstruktion mit Wellblechabdeckung führte wegen der guten Wärmeleitfähigkeit zu einem raschen Temperaturausgleich. Die Instrumentenpfeiler von 15 m Höhe gehen erschütterungsfrei mitten durch den Turm und endeten auf einer 1 m starken auf dem Felsen liegenden Betonplatte. Das war zwar auch in Straßburg verwirklicht, aber stellte damals durchaus noch keine Selbstverständlichkeit in der Sternwartenarchitektur dar.

9.4 Instrumentelle Ausstattung der Remeis-Sternwarte

Karl Remeis wollte die Sternwarte sehr gut instrumentell ausstatten; er hatte sogar 1881 das erste Instrument, den großen Refraktor, selbst ausgesucht. Dann plante der erste Direktor Ernst Hartwig nach Besichtigung von 40 Sternwarten die Instrumentierung der Remeis-Sternwarte.[20] Allerdings reichte das Geld für die vorgesehene Ausstattung nicht aus; so wurde der 6″-Meridiankreis (Preis 25.000.- Mark) und das Fadenmikrometer für den Refraktor gestrichen.[21]

- In der Westkuppel fand der 26,4 cm-Refraktor aus dem Besitz von Karl Remeis Platz, der zur Beobachtung schwacher Veränderlicher Sterne genutzt wurde und *„hat auf diesem in der Neuzeit sehr wichtig gewordenen Forschungsgebiet wertvolle Dienste geleistet“*.[22] Hergestellt wurde dieser 10″-Refraktor (f=3,87 m, Preis

20 Hartwig (1887). Thorbecke (1890).
21 Zur gesamten Instrumentierung vgl. Zinner 1939, S. 19–20.
22 Zitiert nach Hartwig, Ernst: Besuch der Sternwarte.

Abbildung 9.7:
26 cm-Refraktor aus dem Besitz von Karl Remeis,
Dr. Hugo Schröder (1834–1902), Hamburg, 1881

Dr. Remeis-Sternwarte Bamberg

Abbildung 9.8:
Dr. Remeis-Sternwarte Bamberg:
Hauptgebäude und Kuppeln mit Meridiansaal

Dr. Remeis-Sternwarte Bamberg

50.000.- Mark) von Dr. Hugo Schröder (1834–1902), Hamburg, und war der sechstgrößte in Deutschland. 1881 war er auf der Patent- und Musterschutz-Ausstellung in Frankfurt ausgestellt. 1894 wurde noch der 4″-Refraktor von Remeis als Sucher montiert. 1901 wurde noch ein Positionslamellenmikrometer von R. Fuess, Berlin, angeschafft.

- Hartwig legte die ersten Grundlagen für astrophysikalische Forschungen: er schaffte ein Sternspektroskop von Toepfer, Potsdam, an.[23] Außerdem kaufte Hartwig 1894 ein Glas-Keilphotometer mit Registriereinrichtung von Toepfer, Potsdam, und 1895 ein Zöllnersches Photometer, das bis 1907 von Toepfer, Potsdam, mehrfach verbessert wurde.

- In der Ostkuppel wurde ein 7″-Heliometer (Ø 18,4 cm, f=2,6 m, Optik Merz, München, Montierung Repsold & Söhne, Hamburg, Preis 36.500.- Mark) – wie es Hartwig von Dorpat und Straßburg her kannte – aufgestellt (Abb. 14.1, S. 276).[24] Es war das größte Heliometer der Nordhalbkugel; in Zusammenarbeit mit David Gill

23 Krueger 1895, 1896.
24 Es befindet sich heute im Deutschen Museum in München, Inv.-Nr. 75214, Inv.-Nr. 76545.

(1843–1914) an der Kapsternwarte, der ein baugleiches Instrument besaß, wurden damit Fixsternparallaxen gemessen.

- Der Meridiansaal bekam mangels Geld keinen Meridiankreis, sondern nur ein 3″-Passageinstrument (Ø 6,77 cm, f=77 cm, Preis 4710.- Mark) von Repsold, Hamburg, mit einer Optik von Jakob Merz, München. Bei der Messung waren eine Sternzeit-Pendeluhr von Max Ort, Nürnberg, und ein elektrischer Chronograph von Matthias Hipp (1813–1893), Neuchâtel, im Einsatz.
- Auf der Terrasse vor dem Ostturm – in der sog. Kometenvilla – befand sich ein 6″-Kometensucher (Ø 16,2 cm, f=1,3 m, Preis 2350.- Mark), hergestellt von Merz, München; er besaß eine azimutale Stuhlmontierung (Repsold, Hamburg). Der Kometensucher war verschiebbar auf einer Schiene zwischen zwei Gebäuden im Garten montiert. Der Bamberger Kometensucher wurde aber weniger zum Auffinden von Kometen benutzt, sondern vielmehr zur Beobachtung heller Veränderlicher Sterne, denn ein Kometensucher bietet durch seine kürzere Brennweite als bei einem Refraktor ein größeres Gesichtsfeld zur Durchmusterung des Himmels.
- 1911/13 wurde im Garten in einer Hütte mit abrollbarem Dach ein Astrograph auf einer Montierung von Eduard Nusser, Bamberg, installiert.[25] Der Astrograph besteht aus zwei photographischen Objektiven (ein 5″-Hermagis-Portraitobjektiv, Brennweite 750 mm, und ein 5″-Steinheil UV-Objektiv, Brennweite 1350 mm), einem Refraktor (Öffnung 13 cm, Brennweite 1,35 m) und einem 4″-Merz-Leitrohr (Öffnung 10 cm).[26]
- 1899 wurde noch ein 10 cm-Heliograph gekauft, der von der deutschen Venusexpedition auf der Auklandinsel 1874 stammte. Er besteht aus einer Steinheil-Linse, horizontal gelagert, und einem Heliostaten (Spiegel von Steinheil, München, und Mechanik von Val. Linhof, München). Er diente zur photographischen Erfassung der Sonnenflecken und wurde dem Kometensucher gegenüber montiert. Zinner nannte 1950 die stattliche Zahl von 1350 Sonnenaufnahmen. Zur Auswertung stand ein Plattenmeßapparat von Rudolf Fuess (1838–1917), Berlin, zur Verfügung.
- Als Übungsgeräte wurden 1906 noch ein Spiegelsextant von Julius Wanschaff, Berlin, ein Spiegel-Prismenkreis von Pistor und Martins, Berlin, 1918 ein Prismenkreis von H. Haecke, Berlin, und ferner ein künstlicher Horizont mit Libelle, ein Quecksilberhorizont und 1936 ein kleiner Reisetheodolit von Max Hildebrandt, Freiburg, angeschafft.

Der Meridiansaal des Beobachtungsgebäudes wurde 1961 zur Bibliothek umgebaut;[27] dort sind historische Instrumente, Bücher und Graphiken ausgestellt.

25 Im *Bamberger Tagblatt* vom 9.12.1911 wird berichtet unter der Überschrift *„Ein Meisterwerk der einheimischen Industrie“*: Die Rohre sowie die Stunden- und Deklinationsachse sind aus Kruppschem Stahl. Das Uhrwerk ist nach der Kruppschen Art mit einem Kugelregulator gebaut und wird mit einem Gewicht bewegt, das bei nur 20 cm Fallhöhe von einem Elektromotor von 0,1 PS stets auf gleicher Höhe gehalten wird.

26 $4^\circ \times 5^\circ$, Größe der Photoplatten 13,5 cm × 13,5 cm.

27 Hier finden sich internationale Fachzeitschriften, Publikationen von 263 Sternwarten aus aller Welt und mehr als 2000 Fachbücher.

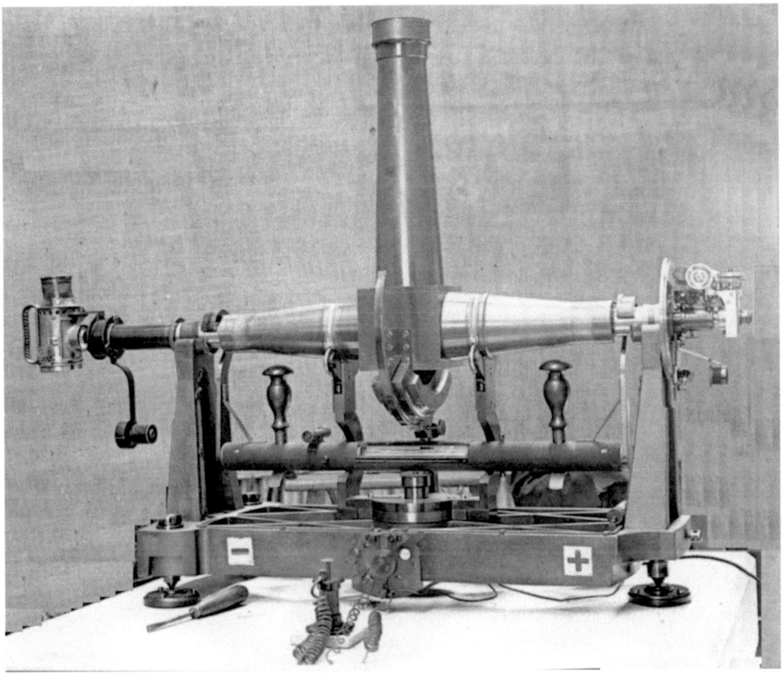

Abbildung 9.9:
Meridiansaal mit dem 3″-Passageinstrument
(Ø 7 cm, f=77 cm) von Repsold, Hamburg
und mit der Optik von Jakob Merz, München
Sternzeit-Pendeluhr von Max Ort, Nürnberg

Dr. Remeis-Sternwarte Bamberg

Die instrumentelle Ausstattung hat sich im Laufe der Zeit verändert: 1946 wurde die Ostkuppel mit einem 60 cm-Spiegelteleskop ausgerüstet.[28] Es kann in Zusammenhang mit einer CCD-Kamera oder mit einen Spektrographen benutzt werden.

Die Bamberger Sternwarte beschaffte sich ein 36 cm-Schmidt-Teleskop,[29] bestehend aus einem 44 cm-Original-Spiegel von Bernhard Schmidt, Hamburg, 1930er Jahre, und einer Korrektionsplatte, 1950er Jahre. Ende 1985 wurde in der Westkuppel ein 40 cm-Spiegelteleskop aufgestellt.[30]

9.5 Die Ära Hartwig – Geschichte und Literatur der Veränderlichen Sterne

Carl Ernst Albrecht Hartwig (1851–1923) war ein Astronom von internationalem Renommee.[31] Er stammte aus Frankfurt am Main, legte sein Abitur am Melanchthon-Gymnasium in Nürnberg ab und studierte in Erlangen, Leipzig, Göttingen und München; in Straßburg promovierte er über die physische Libration des Mondes. Seine astronomische Erfahrung bekam er bei Winnecke 1874 bis 1884 in Straßburg; insbesondere war er an der Beobachtung Veränderlicher Sterne interessiert. Als Observator wirkte Ernst Hartwig in Dorpat (Tartu), Estland, (1884/85). Neben verschiedenen Studienreisen leitete er die deutsche Venusexpedition 1882 nach Bahía Blanca, Argentinien. Aufgrund dieser Erfahrungen wurde er schon 1886 für die Planungsarbeiten der neuen Bamberger Sternwarte berufen. Das kleine Teleskop, das beim Venustransit in Südamerika verwendet worden ist, konnte Hartwig für die Sternwarte Bamberg ankaufen. 1916 wurde er zum Honorarprofessor in Erlangen ernannt.

Ernst Hartwig hatte zwei Arbeitsgebiete:[32] Einerseits führte er astrometrische Beobachtungen durch und bestimmte neben Fixsternparallaxen auch Planetendurchmesser und besonders die physische Libration des Mondes.[33] Zur Beobachtung verwendete für hauptsächlich das Heliometer in der Ostkuppel. Das war günstig wegen der Blickrichtung entgegengesetzt zur Stadt Bamberg, die damals mit Beleuchtung gerade zu stören anfing. Daneben entdeckte er zwei Kometen (1879 IV und 1888 III) und besonders 1885 einen „Neuen Stern“ (S Andromedae), der sich später als erste extragalaktische Supernova herausstellte.

Andererseits begann Hartwig die astrophysikalische Forschung und legte damit für lange Zeit den Arbeitsschwerpunkt der Remeis-Sternwarte fest. Seit 1894 experimentierte er mit Himmelsphotographie, 1911 bestellte er einen Astrographen für Himmelsüberwachungsaufnahmen.

---

28 Es steht heute Studenten für das astronomische Praktikum zur Verfügung.

29 Es befindet sich heute im Deutschen Museum in München, Inv.-Nr. 1990-920.

30 Es wurde vorher in Südafrika verwendet.

31 Hoffmeister (1923). Heise 1923.

32 Die Beobachtungsbücher von Hartwig und einige Bücher von Hartwig existieren noch in der Sternwarte.

33 Hartwig (1881).

Abbildung 9.10:
Oben: Bamberger Sternwarte mit Beobachtungskuppeln und „Kometen-Villa“: 6″-Kometensucher (Ø 16,2 cm, f=1,3 m), Merz, München
Unten: Objektiv des Astrographen, Nusser, Bamberg 1911

Dr. Remeis-Sternwarte Bamberg

Abbildung 9.11:
Ernst Hartwig (1851–1923) – Hartwig am Heliometer

Dr. Remeis-Sternwarte Bamberg

Das Hauptprogramm, das Hartwig für Bamberg vorgeschlagen hat und die ersten 80 Jahre der Forschung der Sternwarte bestimmte, waren die Veränderlichen Sterne. Diese wurden systematisch gesucht, katalogisiert und die Änderung der Helligkeit wurde in Lichtkurven aufgetragen. Beim Studium des Lichtwechsels der Veränderlichen Sterne beobachtete Hartwig neben Algol- und ß Lyrae-Bedeckungssystemen auch langperiodische Veränderliche und U Geminorum-Sterne – zunächst visuell (nach der Argelander-Stufenschätzmethode), dann ab 1913 photographisch. Ab der Jahrhundertwende stiegen die Neuentdeckungen Veränderlicher Sterne steil an – einmal durch die Einführung der photographischen Technik, zum anderen durch die Erfindung des Stereokomparators (Zeiss, Jena). Hartwig gründete eine Kommission für Veränderliche Sterne in der Astronomischen Gesellschaft und gab schon ab 1891 bis 1922 jährlich einen Katalog mit Ephemeriden Veränderlicher Sterne heraus. Gustav Müller (1851–1925) vom Astrophysikalischen Observatorium Potsdam regte um 1900 an, einen neuen Veränderlichen-Katalog zu erstellen. In Zusammenarbeit von Müller und Hartwig entstand das Standardwerk *Geschichte und Literatur der Veränderlichen Sterne* (GuL),[34] das über 2000 Veränderliche enthielt. Die USA gewann Anfang des 20. Jahrhunderts immer größeren Einfluß auf

34 Hartwig/Müller (3 Bände) 1918, 1920, 1922.

die Entwicklung der Astronomie. Um 1930 hatte Edward Charles Pickering (1846–1919) in Harvard schon 3000 von 4000 bekannten Veränderlichen Sternen entdeckt.

1896 fand in Bamberg die internationale Tagung der Astronomischen Gesellschaft statt; eine Ausstellung astronomischer Einblattdrucke begleitete die Tagung. Ein großer Gewinn für die Forschung in Bamberg war der Ankauf der Bibliothek der Astronomischen Gesellschaft.

Hartwigs Arbeit fand allgemeine Anerkennung;[35] 1918 wurde ihm der Titel eines Geheimen Hofrats verliehen. Der Planetoid Nr. 324 wurde „Bamberga" getauft, entdeckt von Johann Palisa (1848–1925) (1892).

Die Jubiläumsgabe der Stadt Bamberg 1914 von 5000 Mark (ausbezahlt erst 1921) wollte Hartwig zum Kauf eines lichtelektrischen Photometers verwenden. Damit wäre er an der Spitze der Forschung gewesen, da die Einführung der Photozelle in die astronomische Meßtechnik durch Paul Guthnick (1879–1947) und Hans Rosenberg (1879–1940) erst zwei Jahre zurücklag; die Geldentwertung verhinderte jedoch die Pläne, weil finanzielle Mittel zur Deckung der Druckkosten für die Veröffentlichungen dringender gebraucht wurden. Geld fehlte auch zur Bezahlung fester Mitarbeiter; als Helfer zur Beobachtung wurden Schüler, Lehrer und Familienmitglieder herangezogen. Die Assistenten wechselten alle ein bis zwei Jahre wegen der schlechten Arbeitsbedingungen.

Als 1901 der Kronprinz Rupprecht (1869–1955) die Sternwarte besuchte, verwunderte er sich über die geringe Höhe des Staatszuschusses von 160 Mark und versprach „das muß anders werden" – doch nichts geschah. Juristische Schwierigkeiten, nämlich daß es sich um eine „öffentlich-lokale" (das heißt örtlich auf Bamberg begrenzt, nicht durch den Staat förderungswürdig), nicht um eine „allgemeine" Stiftung handelte, verhinderten den Anschluß an eine Universität oder an die 1911 gegründete Kaiser Wilhelm-Gesellschaft, wodurch die Finanzlage hätte gebessert werden können. Nur ein König, nicht einmal der Prinzregent Luitpold (1821–1912), konnte den Stiftungszweck in dieser Richtung ändern. Doch die Einladung von König Ludwig III. (1845–1921) verlief enttäuschend; teilnahmslos lief er durch die Sternwarte und freute sich auf seinen Besuch bei einem Schlachtenmaler. Eine in Auftrag gegebene Doktorarbeit „Die Rechtsnatur der Dr. Remeis-Sternwarte in Bamberg" (K. Scheick, 1922) brachte auch keinen Erfolg.

Als Hartwig nach erfolgreichen Arbeitsjahren in Ruhestand gehen wollte, trat ein ernstes Manko beim Testament von Remeis zu Tage; er hatte nicht an die Planung des Ruhestands der Astronomen gedacht und an die Versorgung der Witwe und der Nachkommen. Die Zinsen reichten nicht; die erhofften Zuspenden waren ausgeblieben. Hartwig verhandelte mit München, der Briefwechsel existiert noch; schließlich bekam er etwas Geld, ein Wohnhaus und den Titel eines Hofrats.[36]

Schließlich wurde die Stiftung infolge der schlechten wirtschaftlichen Situation der Nachkriegszeit endlich 1921 durch Landtagsbeschluß einer allgemeinen gleichgestellt: Der Bayerische Staat verpflichtete sich – allerdings nur in widerruflicher Weise – zur

35 Als Vorsitzender der Naturforschenden Gesellschaft seit 1892 bemühte sich Hartwig um Verbreitung astronomischer Kenntnisse in populären Vorträgen; seine Themen kamen aus der sehr aktuellen Forschung: Himmelsphotographie, Neue Sterne, kosmische Nebel und Veränderliche Sterne.

36 Nach dem Tod Hartwigs zog die Witwe zu ihren beiden Töchtern nach Augsburg, wo sie zusammen bis zum Zweiten Weltkrieg lebten. Von Ernst Hartwig gibt es keine Nachkommen mehr.

Erhaltung und zum Fortbetrieb der Sternwarte, für ein angemessenes Gehalt und Bauunterhaltskosten zu sorgen. Die Stadt Bamberg überlegte wegen der begrenzten Mittel, insbesondere in der Zeit der Inflation nach dem Ersten Weltkrieg, ob eigentlich ein Nachfolger als Direktor eingesetzt werden muß oder ob vielleicht ein Assistent für die astronomische Arbeit reichen könnte.

Zwischen 1923 und 1926 wurde die Sternwarte kommissarisch vom damaligen Assistenten Eduard Heise (1891–1965) verwaltet.[37] Dieser Assistent widmete sich – auch mangels Geld – mehr den öffentlichen Vorträgen als der Beobachtungstätigkeit, da sogar das Aufnehmen von Photoplatten, wegen der relativ hohen Materialkosten, die Finanzen der Sternwarte überforderte. Es folgte eine lange Diskussion um die Neubesetzung der Direktorenstelle. Heise wurde vom Bamberger Stadtrat und von der Kirche befürwortet, dagegen wurde Ernst Zinner von der naturwissenschaftlichen Fakultät der Universität München und insbesondere von Hugo von Seeliger (1849–1924), Direktor der Münchner Sternwarte, und von Paul Guthnick (1879–1947), Direktor der Berliner Sternwarte, vorgeschlagen.[38]

Die von Karl Remeis erhofften Zustiftungen gab es in gewissem Umfang, u.a. vom Elizabeth Science Found 2100.- Mark (1889), von Bamberger Bürgern insgesamt 3000.- Mark (1896, 1910), einige Male Zuwendungen von der Preußischen Akademie der Wissenschaften (1891/92, 1895, 1907, 1930), von der Stadt Bamberg (1914, 1939), vom bayerischen Kultusministerium (1926), von der DFG (1927) und ferner von Industriefirmen, besonders von Schweinfurter Kugellagerfabriken (1936–1938).[39]

9.5.1 Anteil der Frauen an der Arbeit der Bamberger Sternwarte

Immer, wenn die finanzielle Situation schlecht war, waren Frauen als billige Arbeitskräfte willkommen. Aufgrund einer Analyse der Jahresberichte der astronomischen Institute in Deutschland konnte ich von 1895 bis 1921 immerhin 50 Frauen zählen, die hier wirkten.[40] Besonders viele waren in Berlin (13), Potsdam (11), Göttingen (7), Hamburg (5) und Kiel (5) tätig, allerdings meist nicht als Assistentinnen, sondern nur als Rechnerinnen oder als Hilfskräfte, zum Teil sogar unbezahlt. Beispiel für letzteren Fall sind die Töchter Emma und Lina von Ernst Hartwig, die den meteorologischen Dienst der Dr. Remeis-Sternwarte zu machen hatten.

Welche Ausbildung hatten die Frauen? Das ist sehr schwer feststellbar. Beispielsweise kam die Hilfskraft Frau Lau in Berlin als Sekretärin und wurde Rechnerin. In Bamberg blieb Frau Gretel Mattfeld, ursprünglich Buchverkäuferin und Madrigalchorsängerin, von 1928 bis 1932 als „„„nützliche““ Rechnerin, finanziert von der *Notgemeinschaft der deutschen Wissenschaft*. Sie war beauftragt mit der Bearbeitung und Veröffentlichung von Winneckes und Hartwigs Beobachtungen Veränderlicher Sterne.

Die Tätigkeitsfelder der Frauen sind besser zu erfassen. Ein Teil war die Astrophysik: die photographische Himmelskarte, Photometrie von Standardsternen, Auswertung von

37 Heise (1927).

38 Litten 1990. Die Liste der Mitarbeiter der Sternwarte findet sich bei Zinner (1939), S. 28–29.

39 Zinner (1939), S. 29–30.

40 Vgl. Jahresberichte in: Vierteljahrsschrift der Astronomischen Gesellschaft 1895 bis 1921.

Abbildung 9.12:
Dr. Remeis-Sternwarte Bamberg mit der Ost- und Westkuppel, dem Meridianbau und davor die meteorologische Meßstation

Dr. Remeis-Sternwarte Bamberg

Spektren oder Ausmessung von Doppelsternen. Ein anderer Teil betraf die klassische Astronomie mit der Reduktion von Koordinaten von Meridiankreis- oder Passageinstrument-Beobachtungen, Berechnungen von Ephemeriden und von Bahnen von Kometen oder Planetoiden. Bemerkenswert ist, daß sie sich – im Gegensatz zu den USA – nicht nur der Laborarbeit wie der Auswertung und Berechnung widmen, sondern auch in der Nacht beobachten durften: Ablesung des Meridiankreises und anderer Instrumente sowie Uhren- oder meteorologischer Dienst.

Während des Ersten Weltkrieges stieg die Zahl der Frauen in allen Sternwarten an, nahm aber danach in Folge der Inflation und Wirtschaftskrise wieder stark ab. Jedoch war 1921 ein Jahr des hoffnungsvollen Neuanfangs, weil sich die „Astronomische Gesellschaft“ durch Satzungsänderung für Frauen öffnete.[41]

41 *„§6 Die Mitgliedschaft ist an kein Nationalität gebunden. Frauen können als Mitglieder aufgenommen werden. Die Zahl der Mitglieder ist unbeschränkt.“*
(Vierteljahrsschrift der Astronomischen Gesellschaft 56 (1921), S. 3.)
In diesem Jahr wurden die ersten zwei weiblichen Mitglieder bei insgesamt 416 Mitgliedern aufgenommen: Frau Kempf, Ehefrau von Paul Kempf (1856–1920) vom Potsdamer Astrophysikalischen

9.6 Die Ära Zinner – Himmels-Überwachung und Astronomiegeschichte

1926 entschied man sich für den Schlesier Ernst Zinner (1886–1970),[42] der in Jena und München bis 1907 studiert hatte. Nach Forschungsaufenthalten in Lund und Paris kam er 1909 als Assistent zu Karl Wilhelm Valentiner (1845–1931) nach Heidelberg auf die Königstuhl-Sternwarte für Messungen an Doppelsternen; schon ein Jahr später begann er als Assistent in Bamberg zu arbeiten.

1913 entdeckte er einen Kometen („Giacobini-Zinner“), der sich als periodisch herausstellte; er war aber bereits 1900 von Michel Giacobini (1873–1938), Nizza, entdeckt worden. 1985 war es der erste Komet, an dem Weltraummessungen durch die „International Explorer Mission“ (ICE) vorgenommen wurden; dies bildete einen Probelauf für die Beobachtung des Halleyschen Kometen.

1919 verließ Zinner Bamberg, um eine Observatorenstelle bei der Bayerischen Erdmessungskommission in München anzutreten, wo er 1924 außerplanmäßiger Professor wurde. Hier entstanden seine ersten historischen Arbeiten.

Zinner wurde 1926 mit der Leitung der Remeis-Sternwarte betraut,[43] nachdem er Angebote aus Königsberg und Potsdam ausgeschlagen hatte. Die Zeit nach dem Ersten Weltkrieg war beherrscht von den Spannungen zwischen den deutschen Astronomen und den Alliierten. Es gab zwar einige Initiativen, um den Ausschluß der Mittelmächte von der *International Astronomical Union* (IAU) aufzuheben, doch die Aufnahme Deutschlands in die IAU dauerte bis 1928.[44]

Durch seine Doktorarbeit in Jena über Messungen mit dem Stereokomparator hatte Zinner gute Grundlagen für die Beschäftigung mit Veränderlichen Sternen.[45] Daher setzte Zinner nach seiner Berufung an die Bamberger Sternwarte die Tradition der Erforschung Veränderlicher Sterne fort.[46] Seit den 1920er Jahren ist die Zahl der Neuentdeckungen Veränderlicher Sterne durch den Einsatz der photographischen Methode im Wachsen begriffen. Mit Hilfe der photographischen Photometrie lassen sich mit längerer Belichtung schwächere Sterne erreichen, außerdem ist eine große Materialsammlung wichtig für stellarstatistische Zwecke. Während um 1930 nur etwa 300 Bedeckungssyste-

---

Observatorium, und die Dänin Julie Marie Vinter-Hansen (1896–1960), die damals in Potsdam als Gast gearbeitet hatte. 1935 hatte die „Astronomische Gesellschaft“ 3% Frauen. Selbst in den 1980er Jahren war der Anteil von Frauen in der Astronomischen Gesellschaft auf nur knapp 6% angewachsen. So sind Frauen in deutschen Astronomenkreisen bis heute unterrepräsentiert im Vergleich zu England oder USA.

„Heute [1949] sind auch in Deutschland Frauen mit astronomischen Forschungsaufgaben betraut. Noch vor zwanzig Jahren war dieser Frauenberuf bei uns so ungewöhnlich, daß die einzige deutsche Astronomin, eine Assistentin an der Berliner Sternwarte, in Presse, Film und Funk als ein Kuriosum der Öffentlichkeit vorgestellt wurde.“ (Sandig (1949), S. 265.)

42 Wattenberg (1971).

43 Zinner 1954.

44 Zinner (1929), hier S. 70–71. In diesem etwas polemisch geschriebenen Artikel ist die Stimmung der 20er Jahre zu spüren.

45 Aitken 1935. Hoffmeister 1970.

46 Zinner 1939.

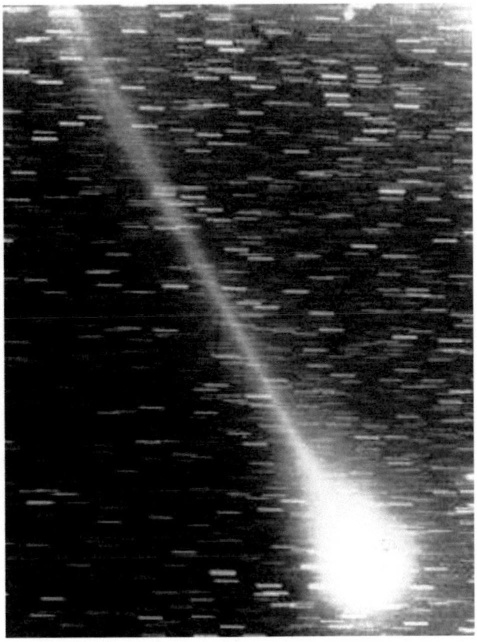

Abbildung 9.13:
Ernst Zinner (1886–1970) und Komet „Giacobini-Zinner“ (1913)

Dr. Remeis-Sternwarte Bamberg

me bekannt waren, enthielt der Katalog von Richard Prager (1883–1945) 1932 insgesamt 5826 Veränderliche Sterne.[47] Um die gleiche Zeit waren bereits 900 Veränderliche in Kugelhaufen gefunden, im wesentlichen von Solon Irving Bailey (1854–1931).[48]

Besonders ab 1926 begann in Sonneberg[49] und Bamberg eine systematische Überwachung mit den gleichen Himmels-Überwachungskameras (vgl. den Beitrag von Björn Kunzmann in diesem Buch, Kapitel 11). Die Auswertung erfolgte in Sonneberg mittels des Stereoverfahrens, in Bamberg mit Hilfe eines Blinkkomparators. 1930 wurde die Sonneberger Sternwarte der Berliner Universitäts-Sternwarte Babelsberg als Bergstation

47 Prager (1932).

48 Bailey 1931.

49 Die Sonneberger Höhensternwarte wurde 1925 von Cuno Hoffmeister (1892–1968), einem gebürtigen Sonneberger, auf dem 640 m hohen Erbisbühl am Stadtrand als höchstgelegene Sternwarte Deutschlands gegründet. Durch das Zusammenwirken der Stadt Sonneberg, des Landes Thüringen, der Carl-Zeiss-Stiftung und der Notgemeinschaft wurde der Bau der Sternwarte ermöglicht. Trotz der anfangs relativ bescheidenen instrumentellen Ausstattung (ein 13.5 cm Refraktor und zwei Astrokameras hoher Lichtstärke) konnten auch durch die Aktivität des Leiters innerhalb von zehn Jahren etwa 2000 Veränderliche, die sogenannten Sonneberger Veränderlichen, gefunden werden. Vgl. Brandt (1935). Hoffmeister/Richter/Wenzel 1984.

angegliedert. Babelsberg war durch Paul Guthnick auf dem Gebiet der (lichtelektrischen) Photometrie bekannt; dieses gemeinsame Interesse war auch maßgebend für den Beginn eines photographischen Himmels-Überwachungsprogramms, das Guthnick bereits 1926 angeregt hatte und die Sternwarten von Babelsberg, Sonneberg und Bamberg verband. Die großen Photoplatten-Sammlungen der Sternwarten Bamberg und Sonneberg wurden nur vom Harvard-Observatorium, Cambridge, Mass.,[50] übertroffen.

Zinner führte die Himmelsüberwachung in Bamberg durch soweit es die Helligkeit des Nachthimmels in Bamberg erlaubte.[51] Von den Platten her kann man sehen, daß Belichtungen im September, sowie im Januar und im Februar besonders gut gingen, aber im Frühjahr und Sommer war es sehr schwierig; man konnte praktisch nichts auf diesem Gebiet machen. Zinner beklagte z. B. im Jahresbericht für 1934, daß ihm aufgrund der schlechten klimatischen Bedingungen in Bamberg wie in vielen mitteleuropäischen Sternwarten nur wenige exzellente Beobachtungsnächte im Jahr zur Verfügung standen.[52] Zinner nannte in einer Statistik 145 Nächte pro Jahr mit mindestens einer Stunde Beobachtungszeit; abzüglich der durch Wolken gestörten blieben 66 Nächte – im Vergleich zu etwa 300 Nächten in den USA auf Mt. Wilson. Es existieren nur wenige Photoplatten ab den 1940er Jahren; diese wurden wohl ab 1945 meist von Zinners Assistenten Dr. Hans-Ullrich Sandig (1909—1979) gemacht.[53]

Zudem beteiligte man sich – nach längeren Diskussionen – am Zonenunternehmen der *Astronomischen Gesellschaft*. Die *Notgemeinschaft der deutschen Wissenschaft* (NdW), die spätere *Deutsche Forschungsgemeinschaft*, finanzierte 1926 einen neuen Astrographen mit einer kurzbrennweitigen Ernostarlinse (Ø 13,5 cm, f=24 cm, 1:1,8), dazu einen Blinkkomparator von Zeiss, ein Graffsches Keilphotometer und ein thermoelektrisches Sternphotometer von Zeiss, Jena. Zur Bearbeitung des reichen Beobachtungsmaterials wurde von der NdW noch ein Stipendiat bewilligt.[54]

Aufgrund seiner Mitarbeit an der *Geschichte und Literatur* analysierte Zinner schon in seiner Assistentenzeit ältere Beobachtungen des Lichtwechsels[55] bis zu Aufzeichnungen in Handschriften[56] und in der astronomischen Literatur der Renaissance.[57] Zur Beurteilung der historischen Beobachtungen war es andererseits nötig, sich mit älteren astronomischen Instrumenten zu befassen.[58] Zinner wandte sich intensiv einem neuen Forschungsgebiet zu, er wurde Astronomiehistoriker. Mit seiner Frau Susi, die ziemlich vermögend war, unternahm er im eigenen Auto ausgedehnte Reisen, um Archivmaterial und Instrumente zu studieren. Auf diesem Gebiet – es war damals völliges Neuland in der Forschung – war er sehr erfolgreich. Sein historisches Interesse verstärkte sich; die

50 Bailey 1931. Jones/Boyd 1971. Plotkin 1984, S. 122–124.

51 13,5 cm-Ernostar, 11 cm-Goerz, 3 cm-Tessar und 13,5 cm-Steinheil UV-Objektiv, vgl. Zinner (1939), S. 21.

52 Zinner: Jahresberichte für die Sternwarten für 1934. In: Kopff / Prager (1935), hier S. 92.

53 Sandig wurde 1956 Professor für Geodätische Astronomie an der Technischen Hochschule Dresden.

54 Arthur Arno Wachmann (1902–1990), Konradin Graf Ferrari d'Occhieppo (1907–2007).

55 Zinner, Ernst: Helligkeitsverzeichnis von 2373 Sternen bis zur Größe 5.50. (1926).

56 Zinner 1925.

57 Zinner 1941, 1964.

58 Zinner 1967.

Wissenschaftsgeschichte blieb sein späteres Hauptarbeitsgebiet.[59] Große Resonanz fand die Präsentation seiner astronomiehistorischen Ergebnisse während der Tagung der International Astronomical Union 1964 in Hamburg. Auch nach seiner Emeritierung 1953 widmete sich Zinner weiter der historischen Forschung; eine vollständige Bibliographie seiner Schriften stellte er für den 41. *Bericht der Naturforschenden Gesellschaft in Bamberg* (1967) zusammen.

Im Vergleich zu den anderen Direktoren der Bamberger Sternwarte hat insgesamt bei weitem am meisten veröffentlicht (fast 400 Publikationen, 9000 Druckseiten). Allerdings erwarb er damit kein großes Ansehen in der Scientific Community der deutschen Astronomen. Zinner bekam, als er 1970 in Bamberg starb, keinen Nachruf in den *Mitteilungen der Astronomischen Gesellschaft*, aber einen eindrucksvollen Nachruf in den *Astronomischen Nachrichten*[60] und viele Ehrungen und Mitgliedschaften in Akademien und wissenschaftlichen Gesellschaften. Zinner hatte keine Kinder, trotzdem verblieb sein Nachlaß nicht in Bamberg. Nur ein einziges Foto existiert von ihm an der Bamberger Sternwarte; es zeigt ihn bei der Beobachtung am 60 cm-Teleskop. Die Universität Frankfurt hatte ihm einen Ehrendoktor für Geschichte, also den Dr. phil. h.c., verliehen. Daher vermachte er seinen wissenschaftlichen Nachlaß der Universität Frankfurt am Main; seiner angeheirateten Verwandtschaft hat er seine wertvolle naturwissenschaftliche Bibliothek vererbt, die dann an die Universität San Diego in den USA verkauft worden ist.

9.7 Die Ära Strohmeier – Veränderliche Sterne als Hauptarbeitsgebiet

1954 trat Wolfgang Strohmeier (1913–2005), geboren in Kassel, die Nachfolge an. Nach einem Studium in Berlin hatte er 1938 mit einer Arbeit über Spektral-photometrie promoviert[61] – und zwar bei Paul Guthnick in Berlin-Babelsberg. Nach zwei Jahren DFG-Stipendium mit sonnenphysikalischen Arbeiten[62] am Astrophysikalischen Observatorium Potsdam erhielt er von 1944 bis 1948 eine Assistentenstelle an der Universitätssternwarte Göttingen bei Paul ten Bruggencate (1901–1961). Wie Zinner hatte auch er eine Observatorenstelle bei der Bayerischen Erdmessungskommission in München 1949 bis 1953, bevor er Direktor der Remeis-Sternwarte wurde.[63]

Da Zinner mehr wissenschaftshistorisch als fachastronomisch gearbeitet hatte, war die Bamberger Sternwarte instrumentell veraltet und sogar von der Schließung bedroht. Strohmeier erneuerte und modernisierte die Sternwarte gründlich mit Geldmitteln der Stadt, des Staates und der DFG. Als Ersatz für das Ernostar wurde 1954 ein 11 cm Dogmar gewählt. Der ehemalige Meridiansaal wurde 1961 zur Bibliothek umgebaut. Schon 1946 konnte ein 60 cm-Parabolspiegel (f=3,6 m, 1939 von Zeiss/Jena hergestellt) vom Physikinstitut der Universität Erlangen erworben werden, der bisher zu terrestrischen

59 Zinner 1931. Zinner 1951.
60 Wattenberg (1971).
61 Strohmeier (1938).
62 Bruggencate / Gollnow / Günther / Strohmeier (1948).
63 Strohmeier: 70 Jahre Remeis-Sternwarte (1959). Strohmeier (1967).

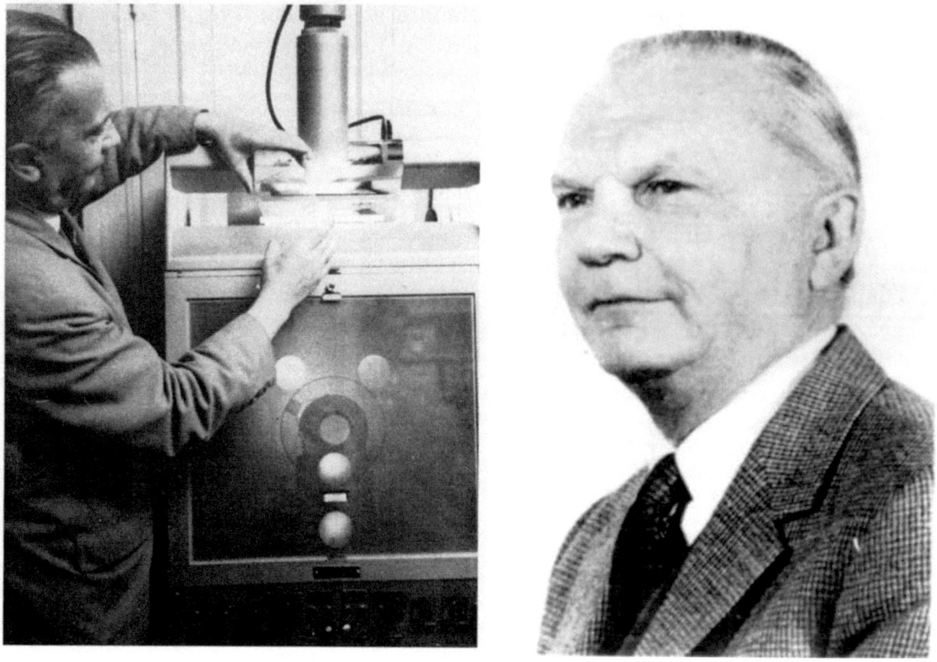

Abbildung 9.14:
Wolfgang Strohmeier (1913–2005) am Askania Irisblendenphotometer

Dr. Remeis-Sternwarte Bamberg

Messungen in militärischem Auftrag verwendet worden war. Der Spiegel wurde zu einem Cassegrain-Spiegelteleskop[64] mit einer Brennweite von 10,8 m umgestaltet, befestigt auf der Heliometer-Montierung.

Gleich 1954 bekam dieses neue Teleskop infolge fehlender photographischer Qualität ein lichtelektrisches Photometer mit einer 1P21-Röhre (Dr. M. Sauer, München).[65] Da bei einem Photomultiplier Helligkeitsunterschiede sofort als Galvanometerausschläge registriert werden, konnten im Gegensatz zur photographischen Platte erstmals kurzperiodische Veränderliche in großer Genauigkeit und mit objektiven Meßverfahren studiert werden. Damit sollten detaillierte Untersuchungen einzelner interessanter Veränderlicher vorgenommen werden. Ein weiteres neues Photometer wurde 1964 von Eldorado Electronics gekauft.

Zum anderen wurde für photographische Zwecke 1954 ein 36 cm-Schmidt-Spiegelteleskop (36 cm/44 cm, f=1,25 m, 1:1,75) angeschafft. Der sphärische 44 cm-Spiegel stammt aus Hamburg, die 36 cm-Korrektionsplatte von F. Ohlmüller, Berlin; als Montierung

64 Sandig 1950.
65 Strohmeier / Geyer 1954.

Abbildung 9.15:
Refraktor und 36 cm-Schmidt-Spiegel der Bamberger Sternwarte (ein 44 cm-Original-Spiegel von Bernhard Schmidt, Hamburg, 1930er Jahre, und eine Korrektionsplatte, 1950er Jahre)

Dr. Remeis-Sternwarte Bamberg

diente diejenige des 26 cm-Refraktors. Zur Auswertung der Photoplatten kamen um 1960 ein Irisblendenphotometer nach Wilhelm Becker (1907–1997), hergestellt von Askania, Berlin, und 1964 ein Meßmikroskop von Leitz, Wetzlar, hinzu. Mit einem 7° Objektivprisma (1961) sollte das Beobachtungsprogramm auf Spektroskopie ausgedehnt werden. Dazu wurde schließlich noch von der VW-Stiftung 1970 ein Registriermikrophotometer von Jarell Ash zur Bearbeitung von Sternspektren bewilligt.

Ziel der Forschung war und blieb die systematische Suche nach Veränderlichen Sternen.[66] Mit einem f/6 Tessar von 4″ Öffnung war bei einer Stunde Belichtungszeit die 14. Größe erreichbar.[67] Nachdem die Bedingungen am Nordhimmel immer schlechter wurden, unter anderem wegen der Beleuchtung der Stadt Bamberg, faßte Strohmeier den Beschluss, das Sky Survey-Programm auf den Südhimmel zu verlagern.[68] Mit finanzieller Unterstützung der *Deutschen Forschungsgemeinschaft* (DFG) von 1963 bis 1974 entstanden drei Außenstationen auf der Südhalbkugel (Boyden Observatory, Bloemfontein, Südafrika, dann Mount John University Observatory, Lake Tekapo, Neuseeland und La Plata, Argentinien) zur photographischen Photometrie des Südhimmels.[69] Diese Himmelsüberwachung wurde aufgenommen mit 22 Kameras (jede mit d=10 cm), eine Zeiss Kamera (d=7 cm) und die Harvard-Teleskope – Metcalf (10″) und Ross B (3″).

Daraus resultierte die große Photoplattensammlung von etwa 15.000 Photoplatten, die die Sammlung aus den 1930er Jahren (etwa 6000 Tessar-Nordhimmelplatten und weitere 12.000 Überwachungsaufnahmen vom Astrographen) fast verdoppelte. Die in Bamberg entdeckten Sterne gingen als „Bamberger Veränderliche“ (BV) in die Literatur ein; in den 1970er Jahren gab es etwa 2000 genau katalogisierte BV-Sterne.

Die Sammlung von insgesamt etwa 40.000 Photoplatten ist vollständig erhalten und an der Bamberger Sternwarte archiviert; sie steht für Interessenten bereit. Eine Digitalsierung dieses wertvollen Materials hat begonnen. In den Jahren von 1996 bis 2002 bereitete das Team der *Wide-Field Plate Database* (WFPDB),[70] Bulgarische Akademie der Wissenschaften, das Projekt vor.[71] Die Scans der Southern Photographic Patrol Survey (22.000 Photoplatten) wurden in die Wide-Field Plate Database (WFPDB) integriert. So stehen im WFPDB digitale CCD Vorschau-Bilder der Photoplatten, sortiert nach Koordinaten, erstmals der weltweiten astronomischen Scientific Community zur Verfügung. Von besonders großer Bedeutung sind die Bamberger Südhimmel Platten

66 Hogg 1984, S. 73–89. Strohmeier 1974. Strohmeier (1977).

67 Strohmeier/Mauder (1969).

68 Strohmeier (1965).

69 Erfahrungen gab es schon aus den 1930er Jahren mit der Außenstation in Windhuk in Südwestafrika, die von Berlin-Babelsberg und Breslau gemeinsam betrieben wurde. Der erste Assistent der Nachkriegszeit Sandig hatte dort schon beobachtet. Bzgl. Planung einer Südsternwarte siehe auch Wolfschmidt (2002).

70 `http://www.skyarchive.org` (Nov. 2008).

71 Finanzielle Unterstützung wurde gewährt von der Alexander von Humboldt Stiftung (2001–2003), von der DFG (2003), vom Bulgarian National Science Fund grant (NFS I-1103/2001), von der IAU Commission 9 „Instruments“ Working Group on Sky Surveys. Am Ende wurde die Arbeit koordiniert von der COST Action 283 „Computational and Information Infrastructure in the Astronomical DataGrid“.

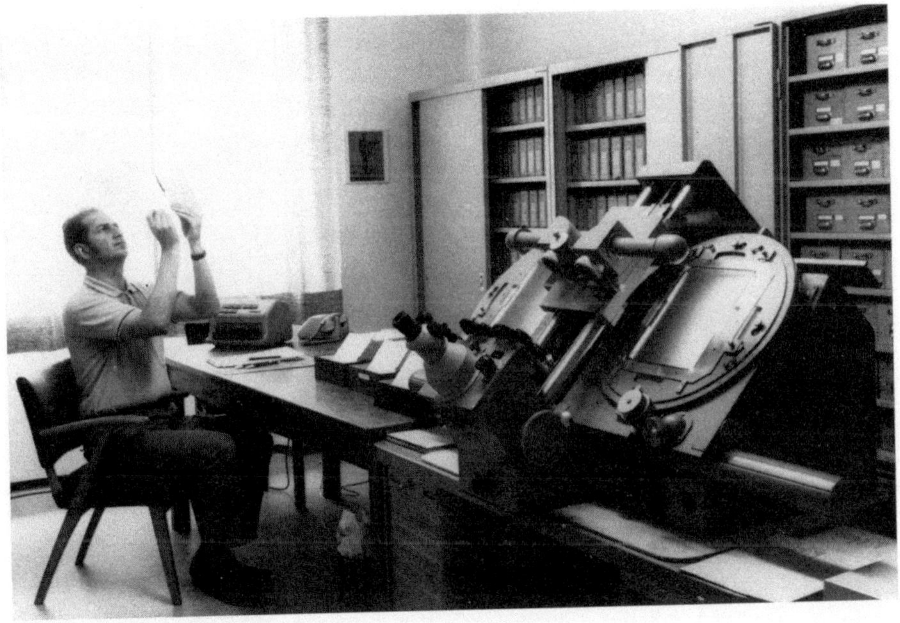

Abbildung 9.16:
Photoplattenarchiv und Blinkkomparator von Zeiss, Jena
Dr. Remeis-Sternwarte Bamberg

(Bamberg Southern Survey, BSS), weil gerade damals die Harvard Sky Patrol in Südafrika die Arbeit einstellte.

9.7.1 Von der Forschungsinstitution zur Universitäts-Sternwarte

Die Sternwarte war ein Forschungsinstitut. Allerdings gab es Probleme mit der Einwerbung von Drittmitteln für wissenschaftliche Forschungsvorhaben bereits in den 1920er Jahren bei der *Notgemeinschaft der deutschen Wissenschaft.* Zinner bekam Reisekosten und ein Auswertegerät für Photoplatten. Darüber hinaus gab es keine Investitionen in die Sternwarte.

Nach dem Zweiten Weltkrieg gab es ab 1949 die *Deutsche Forschungsgemeinschaft* (DFG), die aber nur Mittel an Institutionen des Öffentlichen Rechts gab. Da die Sternwarte hierunter nicht fiel, gab es Bestrebungen, die Sternwarte an die Universität zu bringen. Zur Auswahl standen in Bayern die Universität Würzburg, Erlangen und München. Die Zugverbindung nach Erlangen war sehr gut und bereits Prof. Hartwig als auch Prof. Zinner hielten einmal pro Woche eine Vorlesung; dadurch kamen auch einige Studenten für Beobachtungen auf die Sternwarte. Seit Prof. Strohmeier 1954 im Amt

Abbildung 9.17:
Rechts: Der Bamberg Astrograph auf der Boyden Station,
womit hauptsächlich Rüdiger Knigge die Himmelsüberwachung machte.

Dr. Remeis-Sternwarte Bamberg

war, intensivierten sich diese Bemühungen, Anschluß an die Universität zu bekommen. Insbesondere interessierte sich von den Erlanger Physikprofessoren Prof. Erich Mollwo (1909–1993)[72] für Astronomie. Während seiner Göttinger Zeit hatte er als kleiner Junge bei Karl Schwarzschild mitgearbeitet.

Nach ausdauernden Verhandlungen erreichte Strohmeier 1962 schließlich durch einen Staatsvertrag die langersehnte Anbindung der Sternwarte an die Universität Erlangen-Nürnberg als Astronomisches Institut in der Naturwissenschaftlichen Fakultät I für Mathematik und Physik. Die Stiftung wurde entsprechend angepaßt.[73] Die Stiftung blieb nur Eigentümerin von Grundstück, Gebäuden und Einrichtung; jährlich stehen noch etwa 2.000 bis 6.000 Euro zur Verfügung.

Ferner stand – statt der bisherigen Diehl-Rechenmaschine – in der Erlanger Universität eine Zuse 23 zur Verfügung. 1965 konnte für die umfangreichen astronomischen Rechnungen ein eigener Röhrencomputer Eurocomp LGP 21 angeschafft werden.

Einige heute bekannte Astronomen haben als Assistenten an der Remeis-Sternwarte angefangen: zum Beispiel Rudolf Kippenhahn, Edward Heinrich Geyer, Willi Deinzer, Manfred Schneider und Horst Mauder.

Zahlreiche wissenschaftliche Tagungen machten die Remeis-Sternwarte bekannt. Strohmeier gelang es zweimal, Bamberg als Tagungsort der Astronomischen Gesellschaft (1957 und 1967) vorzuschlagen, die 1896 zum letzten Mal hier getagt hatte. Erst 1976 – nicht schon unter Zinner – fand auf der Sternwarte eine wissenschaftshistorische Tagung statt: „Mathematik und Astronomie im 15. Jahrhundert“ anläßlich des 500. Todestages von Johannes Regiomontan (1436–1476).[74] Zudem organisierte Strohmeier fünf Kolloquien der *International Astronomical Union* (IAU) über Veränderliche Sterne (1959, 1962, 1965, 1971, 1977) und verband dadurch den Namen Remeis-Sternwarte mit diesem Forschungsgebiet. Als Strohmeier 1978 in Ruhestand trat, hatte er die Remeis-Sternwarte zu einem modernen, international anerkannten Forschungsinstitut entwickelt. 1980 wurde ihm dafür das Bundesverdienstkreuz verliehen.

9.8 Die Remeis-Sternwarte ab den 1970er Jahren

Seit 1979 wurde die Remeis-Sternwarte in kollegialer Leitung von Jürgen Rahe (1939–1997) – bis 1990[75] – und Irmela Bues – bis 2005 – geführt (C3-Stellen). Mit dem Wechsel in der Leitung hat sich das Forschungsgebiet erweitert: Von den Kometen im Sonnensystem über junge heiße Sterne in Doppelsternen zu den ältesten Sternen in unserer Milchstraße (Kugelsternhaufen) und den späten Stadien der Sternentwicklung (Weiße Zwerge). Auch die Überreste stellarer Explosionen (Novahüllen) und die Hüllen „ster-

72 1948 bis 1976 ord. Professor für angewandte Physik in Erlangen.

73 Satzung der Dr.-Karl-Remeis-Sternwarte-Stiftung Bamberg (1.10.1962): `http://www.stadt.bamberg.de/media/custom/332_3424_1.PDF` (21.11.2008).

74 Strohmeier / Wolfschmidt 1976.

75 1990–1997 Science Program Director for Exploration of the Solar System at NASA Headquarters, Washington, D.C.

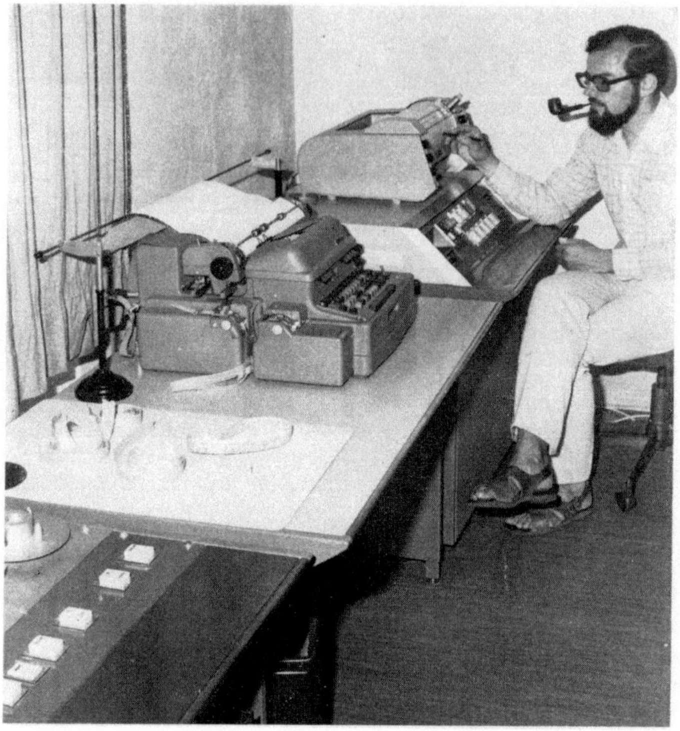

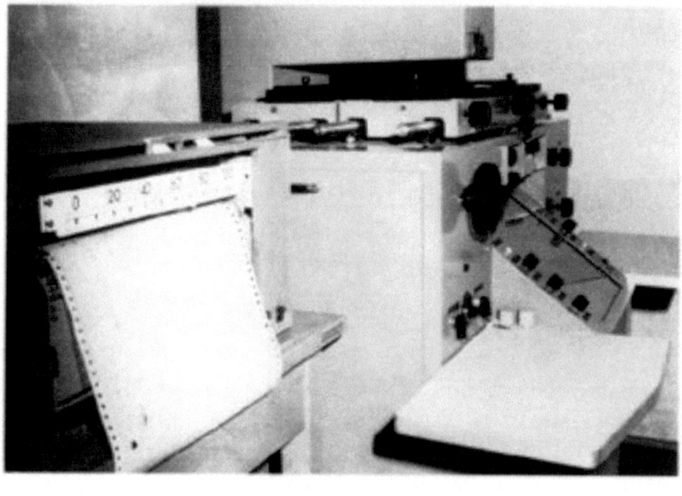

Abbildung 9.18:
Oben: Röhren-Computer Compucorp
Unten: Registriermikrophotometer, Jarell Ash, zur Bearbeitung von Sternspektren, 1970

Dr. Remeis-Sternwarte Bamberg

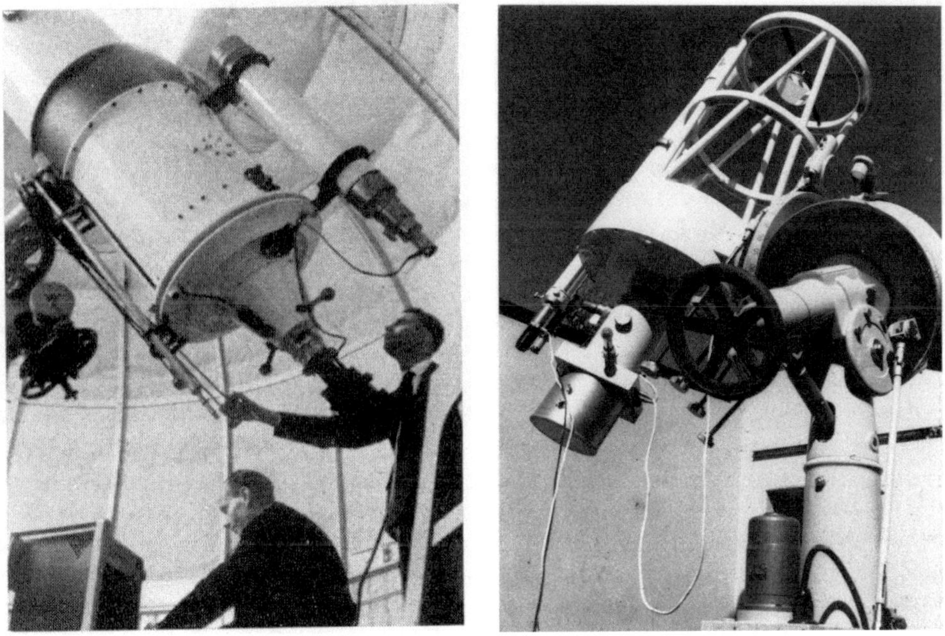

Abbildung 9.19:
Links: 60 cm Spiegelteleskop in der Ostkuppel (1946)
Rechts: 40 cm Spiegelteleskop in der Westkuppel (1985)

Dr. Remeis-Sternwarte Bamberg

bender Sterne“ (Planetarische Nebel) stehen im Mittelpunkt des Bamberger Forschungsinteresses.

Inzwischen gibt es eine akademische Direktorstelle und zwei C3-Stellen, d. h. also drei hauptamtliche Wissenschaftler, dazu mehrere promovierte Wissenschaftler auf zeitlich befristeten Projektstellen, zahlreiche Doktoranden und Diplomanden und einen EDV-Techniker.[76]

Als die Kometen im Mittelpunkt des Interesses standen, gab es drei Kometentagungen (1979, 1983, 1986) und Bamberg war als westliches Zentrum zur Koordinierung der Halley-Beobachtungen (*International Halley Watch*) ausgewählt worden.[77]

Fünf Kolloquien über enge Doppelsternsysteme, Veränderliche Sterne, kataklysmische Variable und Weiße Zwerge fanden von 1981 bis 1989 statt. Die wissenschaftlichen Beobachtungen werden heute allerdings nicht mehr auf der Remeis-Sternwarte wegen der zunehmenden Lichtfülle und Luftverschmutzung der Stadt durchgeführt, sondern

76 Dr. Remeis-Sternwarte, Astronomisches Institut der Universität Erlangen-Nürnberg: `http://www.sternwarte.uni-erlangen.de/d_index.html` (Nov. 2008).

77 Rahe (1981).

meist in Chile auf der Europäischen Südsternwarte (ESO). Die lichtelektrische Photometrie wird ergänzt durch Spektren im UV-, IR- und Röntgen-Bereich von Satelliten (International Ultraviolet Explorer IUE, Exosat, Einstein, Röntgensatellit ROSAT und Fernultraviolett-Teleskop ORFEUS bis zum Hubble Space Telescope).

Die Auswertung erfordert immer größere Computer: Seit 1981 besteht eine direkte Verbindung zum Regionalen Rechenzentrum Erlangen, seit 1989 besitzt die Remeis-Sternwarte eine eigene Bildverarbeitungsanlage. Mit diesen Hilfsmitteln lassen sich die Beobachtungen physikalisch interpretieren und Aussagen machen über die Stuktur der Atmosphäre bezüglich Temperatur, chemischer Zusammensetzung, Massenverlustraten und eventuell Magnetfeldstärken. Bei Doppelsternen können die Massen, Leuchtkräfte und Dimensionen des Systems ermitteln werden – wichtige Daten für Sternaufbau und Sternentwicklung.

Die instrumentelle Ausstattung der Sternwarte wurde weiter ausgebaut und wird auch heute noch genutzt.[78] Zum 1846 errichteten 60 cm-Spiegel in der Ostkuppel gibt es seit 1976 einen Gitterspektrographen; der Schmidt-Spiegel in der Westkuppel (heute im Deutschen Museum München) wurde 1985 durch den 1967 in Südafrika verwendeten 40 cm-Spiegel ersetzt. Diese Ausrüstung dient sowohl zur Ausbildung von Studenten als auch zur Volksbildung.[79] Für wissenschaftliche Beobachtungen stehen andere, besser gelegene Observatorien zur Verfügung. Seit 1974, nachdem das Sky Patrol-Unternehmen aufgehört hatte, konnten die Bamberger wie andere europäische Astronomen Beobachtungszeit beantragen bei ESO in Chile.

Heute noch gibt es bedeutende Zeugnisse der astronomischen Tradition Bambergs und der nahegelegenen Klöster Banz und Langheim: einmal Instrumente im Historischen Museum der Stadt und auf der Remeis-Sternwarte, ausgestellt 2008 in Erlangen.[80] Außerdem besitzt die Bamberger Staatsbibliothek wertvolle Handschriften und Bücher astronomischen Inhalts[81] sowie die Schloßbibliothek Pommersfelden.[82]

78 Für Praktikumszwecke steht schon seit 1973 ein 2 m-Radiospiegel von der Bundespost und Telefunken zur Verfügung.

79 Neben der Remeis-Sternwarte bemüht sich auch die 1834 gegründete Naturforschende Gesellschaft Bamberg um die Verbreitung astronomischer Kenntnisse in populärwissenschaftlicher Form, wie es Hartwig (1892 bis 1922) dreißig Jahre lang und Zinner (1935 bis 1955) zwanzig Jahre lang als Vorsitzende getan hatten. Vgl. Thorbecke 1934.

80 Andraschke/Engelhardt/Ruisinger 2008. Vgl. Universitätsmuseen und Sammlungen in Deutschland – Hermann von Helmholtz-Zentrum für Kulturgeschichte: `http://publicus.culture.hu-berlin.de/sammlungen/detail.php?dsn=782&view=2` (29.11.2008).

81 Schemmel/Wolfschmidt 1977.

82 Wolfschmidt 1989, S. 34–102.

Abbildung 9.20:
Beobachtungskuppeln der Dr. Remeis-Sternwarte Bamberg
Dr. Remeis-Sternwarte Bamberg

9.9 Literatur

Für Literatur-Recherchen bin ich Frau Anke Vollersen, Bibliothek Hamburger Sternwarte, sehr dankbar.

Aitken, Robert Grant: *The Binary Stars.* New York: McGraw-Hill 1935.

Andraschke, Udo; Engelhardt, Thomas und Marion Maria Ruisinger (Hrsg.): *Ausgepackt. Die Sammlungen der Universität Erlangen-Nürnberg.* Dokumentation zur Ausstellung, 20. Mai bis 29. Juli 2007, Stadtmuseum Erlangen. Erlangen 2008.

Bailey, Solon Irving: *The History and Work of Harvard Observatory, 1839–1927.* New York, London: McGraw-Hill 1931.

Bruggencate, Pau ten; Gollnow, Heinz; Günther, Siegmund und Wolfgang Strohmeier: Mitte-Rand-Variation der Balmerlinien $H_\alpha - H_\delta$ auf der Sonnenscheibe. In: *Die Naturwissenschaften* **35** (1948), S. 312–313.

Bues, Irmela und Gudrun Wolfschmidt (Hrsg.): 100 Jahre Dr. Remeis-Sternwarte Bamberg – Festschrift. In: *Veröffentlichungen der Dr. Remeis-Sternwarte Bamberg, Astronomisches Institut der Universität Erlangen-Nürnberg* **XIII** (1989), Nr. 134.

Brandt, Rudolf: Die Sonneberger Sternwarte. In: *Die Himmelswelt* **46** (1935), S. 16–20.

Die Dr.-Karl-Remeis-Sternwarte. Ein Rückblick auf 90 Jahre astronomische Forschung in Bamberg. In: *Bericht der Naturforschenden Gesellschaft Bamberg* **54** (1959), S. 147–158.

Eggert, Hermann: Die Sternwarte in Bamberg. In: *Zentralblatt der Bauverwaltung* **7**, 1887, S. 353–354. Vgl. *Schweizerische Bauzeitung* **10** (1887), S. 80.

Gingerich, Owen (Hrsg.): *Astrophysics and Twentieth-Century Astronomy to 1950.* Cambridge, UK: Cambridge University Press (The General History of Astronomy; Vol. IV, Part A) 1984.

Hartwig, Ernst: Physical Libration of the Moon. In: *Monthly Notices of the Royal Astronomical Society* **41** (1881), S. 375–376.

Heise, Eduard: Hartwig, Ernst. In: *Deutsches Bibliographisches Jahrbuch* 1923, 154–157.

Heise, Eduard: Die Bamberger Dr.-Remeis-Sternwarte. In: *Das Bayernland* **38** (1927), S. 512–517.

Hartwig, Ernst: Über die Bamberger Sternwarte. In: *Vierteljahrsschrift der Astronomischen Gesellschaft* **22** (1887), S. 277 und 329–335.

Hoffmeister, Cuno: Ernst Hartwig. In: *Astronomische Nachrichten* **219** (1923), S. 185. Vgl. *Vierteljahrsschrift der Astronomischen Gesellschaft* **59** (1924), S. 19–24.

Hoffmeister, Cuno: *Veränderliche Sterne.* Leipzig: J. Ambrosius Barth 1970.

Hoffmeister, Cuno; Richter, Gerold und Wolfgang Wenzel: *Veränderliche Sterne.* Leipzig: J. Ambrosius Barth (2. Auflage) 1984, Berlin, Heidelberg, New York: Springer 1984.

Hogg, Helen Sawyer: *Variable Stars.* In: Gingerich 1984, S. 73–89.

Jahresberichte der Remeis-Sternwarte. In: *Vierteljahresschrift der Astronomischen Gesellschaft*, 1891–1949.

Jahresberichte der Remeis-Sternwarte. In: *Mitteilungen der Astronomischen Gesellschaft* seit 1959.

JONES, B. UND L. BOYD: *The Harvard College Observatory, 1839–1919.* Cambridge, Mass.: Harvard University Press 1971.

KRUEGER, FR.: Spektroskopische Beobachtungen farbiger Sterne. In: *Astronomische Nachrichten* **138** (1895), S. 239–244 und **139** (1896), S. 243–248.

LITTEN, FREDDY: *Astronomie in Bayern 1914–1945.* (Dissertation Universität München 1990). Stuttgart: Steiner 1992.

LÜBBEKE, HANS-WOLFRAM: Dr.-Karl-Remeis-Sternwarte. In: BREUER, TILMANN; GUTBIER, REINHARD UND CHRISTINE KIPPES-BÖSCHE (Hrsg.): *Die Kunstdenkmäler von Oberfranken. Stadt Bamberg 3-Immunitäten der Bergstadt, Band I, Stephansberg.* München/Berlin/Bamberg 2003, S. 258–286.

MÜLLER, GUSTAV UND ERNST HARTWIG: *Geschichte und Literatur des Lichtwechsels der bis Ende 1915 als sicher veränderlich anerkannten Sterne nebst einem Katalog der Elemente ihres Lichtwechsels.* (3 Bände) Berlin, Leipzig 1918, 1920, 1922.

MÜLLER, PETER: *Sternwarten in Bildern. Architektur und Geschichte der Sternwarten von den Anfängen bis ca. 1950.* Berlin, Heidelberg: Springer 1992.

PLOTKIN, HOWARD: *Harvard College Observatory* In: GINGERICH 1984, S. 122–124.

PRAGER, RICHARD: Katalog und Ephemeriden Veränderlicher Sterne für 1931, 1932 und 1933. In: *Kleine Veröffentlichung der Universitäts-Sternwarte Berlin-Babelsberg* **3** (1932), Nr. 9, S. 1–133, Nr. 10, S. 1–163 und Nr. 11, S. 1–176.

RAHE, JÜRGEN: Dr.-Remeis-Sternwarte. In: *Bamberg Heute* (1981), Heft 1, S. 35–39.

SANDIG, HANS-ULLRICH: Der 60 cm-Spiegel der Remeis-Sternwarte. In: *Sternenwelt* **2** (1950), Heft 9.

SANDIG, HANS-ULLRICH: Frauen am Fernrohr. In: *Sternenwelt* **1** (1949), Heft 12, S. 265.

SCHEMMEL, BERNHARD; WOLFSCHMIDT, GUDRUN: Astronomie im frühen Buchdruck. In: *Veröffentlichung der Remeis-Sternwarte Bamberg, Astronomisches Institut der Universität Erlangen-Nürnberg* **XII**, Nr. 128, Bamberg 1977.

SPIEKER, PAUL: Sternwarten und andere Observatorien. In: *Handbuch der Architektur, 4. Teil, 6. Halb-Band, 2. Heft: Hochschulen, zugehörige und verwandte wissenschaftliche Instiute.* Darmstadt: Arnold Bergsträsser 1888, S. 515–567.

SPIEKER, PAUL: Die Bauausführung des Königlichen astrophysikalischen Observatoriums auf dem Telegraphenberge bei Potsdam. In: *Zeitschrift für Bauwesen* **29** (1879), S. 33–48.

STROHMEIER, WOLFGANG: Spektralphotometrische Untersuchungen an rotverfärbten Sternen. (Dissertation) In: *Zeitschrift für Astrophysik* **17** (1938), S. 83–128.

STROHMEIER, WOLFGANG UND EDWARD GEYER: Lichtelektrische Photometrie auf der Remeis-Sternwarte Bamberg. In: *Kleine Veröffentlichungen der Remeis-Sternwarte Bamberg* **II**, Nr. 13, S. 1–8.

STROHMEIER, WOLFGANG: *70 Jahre Remeis-Sternwarte Bamberg.* Bamberg St. Otto-Verlag 1959.

STROHMEIER, WOLFGANG: Erste vorläufige Ergebnisse der Suche nach hellen Veränderlichen auf der Bamberger Südafrika-Station. In: *Kleine Veröffentlichungen der Remeis Sternwarte* **IV** (1965), Nr. 40, S. 302–304.

STROHMEIER, WOLFGANG UND HORST MAUDER: Discovery and Study of Bright Variable Stars. In: *Sky and Telescope* **37** (1969), S. 10–12.

STROHMEIER, WOLFGANG: Die Dr.-Remeis-Sternwarte Bamberg. In: *Sterne und Weltraum* **6** (1967), S. 61–63.

STROHMEIER, WOLFGANG: *Die Doktor-Remeis-Sternwarte Bamberg und die „Veränderlichen Sterne" als die Objekte ihrer Forschung.* Bamberg 1972.

STROHMEIER, WOLFGANG: *Veränderliche Sterne I.* Düsseldorf: Treugesell-Verlag 1974.

STROHMEIER, WOLFGANG UND GUDRUN WOLFSCHMIDT: *Schriften und Instrumente aus der Zeit Regiomontans.* Katalog zur Ausstellung. Bamberg: Remeis-Sternwarte 1976.

STROHMEIER, WOLFGANG: Variable stars, their discoverers and first compilers from 1006 to 1975. In: *Veröffentlichungen der Remeis-Sternwarte Bamberg* (1977), Nr. 129.

STRUVE, FRIEDRICH GEORG WILHELM: *Description de l'observatoire astronomique central de Poulkova.* Petersburg 1845.

THORBECKE, FRANZ: Dr. Karl Remeis, der Stifter einer großen Sternwarte in Bamberg. In: *Sirius* **15** (1882), Juli.

THORBECKE, FRANZ: Die Remeis-Sternwarte zu Bamberg. In: *Sirius* **23** (1890), Heft 359–360, S. 57–66, 82–84.

THORBECKE, FRANZ H.: 100 Jahre Bestehen und Wirken der Naturforschenden Gesellschaft in Bamberg (1834–1934). In: *Bericht der Naturforschenden Gesellschaft Bamberg* **27** (1934).

WATTENBERG, DIEDRICH: Ernst Zinner (2.2.1886–30.8.1970). In: *Astronomische Nachrichten* **293** (1971), S. 79–80.

WILMS, JÖRN; BUES, IRMELA; HEBER, ULRICH UND HORST DRECHSEL: Astronomische Sammlung. In: ANDRASCHKE ET AL. 2007, S. 91–96.

WOLFSCHMIDT, GUDRUN: *Astronomische Werke in der Schloßbibliothek Pommersfelden.* In: BUES/WOLFSCHMIDT 1989, S. 34–102.

WOLFSCHMIDT, GUDRUN: Astronomie in Bamberg – 100 Jahre Remeis-Sternwarte. In: *Bericht Naturforschende Gesellschaft Bamberg* **64** (1990), S. 61–78.

WOLFSCHMIDT, GUDRUN: Development of the Bamberg Observatory. From Private Donation to University Observatory. In: KLARE, GERHARD (Hrsg.): *Astronomische Gesellschaft Abstract Series* **No. 6**. Hamburg 1991, S. 124.

WOLFSCHMIDT, GUDRUN: Early German Plans for a Southern Observatory. JENAM 2001 Munich special colloquium „Astronomy in Europe in the 20th century". Hrsg. von HILMAR W. DUERBECK ET AL. In: *Astronomische Nachrichten* **323** (2002), 6, S. 546–552.

WOLFSCHMIDT, GUDRUN (2005a): Un observatoire modèle. In: CRAWFORD, ELISABETH ET JOSIANE OLFF-NATHAN (Hrsg.): *La Science sous influence. L'Université de Strasbourg enjeu des conflits franco-allemands 1872–1945.* Strasbourg: Université Louis Pasteur et La Nuée Bleue 2005, S. 91–102.

Wolfschmidt, Gudrun (2005b): Strasbourg Observatory in German Times. In: *The Multinational History of Strasbourg Astronomical Observatory.* Ed. by André Heck. Dordrecht: Springer (Astrophysics and Space Science Library; Vol. 330) 2005, S. 63–87.

Zinner, Ernst: *Verzeichnis der astronomischen Handschriften des deutschen Kulturgebietes.* München: C. H. Beck 1925.

Zinner, Ernst: Internationale wissenschaftliche Zusammenarbeit vor und nach dem Kriege. In: *Bericht der Naturforschenden Gesellschaft Bamberg* **25** (1929), S. 63–74.

Zinner, Ernst: Remeis, Karl – Förderer der Astronomie 1837–1882. In: *Lebensläufe aus Franken.* Hrsg. im Auftrag der Gesellschaft für Fränkische Geschichte von Anton Chroust. Würzburg: Becker Universitäts-Druckerei 1930, S. 313–319.

Zinner, Ernst: *Die Geschichte der Sternkunde von den ersten Anfängen bis zur Gegenwart.* Berlin: Springer 1931.

Zinner, Ernst: Die Remeis-Sternwarte zu Bamberg 1889–1939. In: *Veröffentlichungen der Remeis-Sternwarte zu Bamberg* **IV** (1939), S. 1–95.

Zinner, Ernst: Jahresberichte für die Sternwarten für 1934, Bamberg. In: Kopff, August und Richard Prager (Hrsg.): *Vierteljahrsschrift der Astronomischen Gesellschaft* **70** (1935), S. 89–92.

Zinner, Ernst: Die Remeis-Sternwarte zu Bamberg in den Jahren 1940–49. In: *Bericht der Naturforschenden Gesellschaft Bamberg* **32** (1950), S. 1–12.

Zinner, Ernst: *Astronomie. Geschichte ihrer Probleme.* Freiburg, München: Alber 1951.

Zinner, Ernst: Die Remeis-Sternwarte von 1889–1953. In: *Bericht der Naturforschenden Gesellschaft Bamberg* **34** (1954), S. 1–8.

Zinner, Ernst: *Geschichte und Bibliographie der astronomischen Literatur in Deutschland zur Zeit der Renaissance.* Leipzig: A. Hiersemann 1941; (2. vermehrte Auflage) Stuttgart: A. Hiersemann 1964.

Zinner, Ernst: *Deutsche und niederländische astronomische Instrumente des 11.–18. Jahrhunderts.* München: C. H. Beck 1956 (2. Auflage) 1967.

Abbildung 10.1:
Der längste Refraktor der Welt – Holzbau

Archenhold-Sternwarte, Berlin-Treptow

Das Riesenfernrohr von Treptow Wie der längste Refraktor der Welt finanziert wurde

Dieter B. Herrmann (Berlin)

Gegen Ende des 19. Jahrhunderts übte die neue deutsche Reichshauptstadt Berlin eine magischen Anziehungkraft auf Künstler, Wissenschaftler, Bankiers und Industrielle aus. Der große Nachholbedarf Deutschlands auf allen Gebieten – eine Folge der lang anhaltenden Zersplitterung in zahlreiche Kleinstaaten – löste eine allgemeine Aufbruchstimmung aus, die kreative Persönlichkeiten aus allen Bereichen der Gesellschaft ergriff. So kam damals auch ein junger Mann namens Friedrich Simon Archenhold nach Berlin, um sich dort dem Studium der Astronomie und Naturwissenschaften zu widmen.

Die beherrschende Persönlichkeit auf diesem Gebiet an der damaligen Friedrich-Wilhelms-Universität (heute: Humboldt-Universität) war der Direktor der Universitätssternwarte Wilhelm Foerster. Dieser Mann verfügte über großen Weitblick und pflegte nicht nur die Astronomie im engeren Sinne, sondern wirkte auch als einflussreicher Wissenschaftsorganisator und Vorkämpfer für die Verbreitung von Wissen unter der Bevölkerung. Dabei folgte er einer bereits von Alexander von Humboldt mit dessen „Kosmos-Vorlesungen" in Berlin begründeten Tradition. Über den Einfluss, den Foerster auf Archenhold ausgeübt hat, schreibt dieser:

> *„Nicht nur förderte er meine Studien auf astronomischem Gebiet, er legte auch den Keim zu meinen volksbildenden Bestrebungen … in seinen Vorträgen verflocht er fachmännisches Wissen mit allgemein ästhetischen und philosophischen Ansichten. Er gab nicht nur positives Wissen, sondern erweiterte auch den Gesichtskreis seiner Hörer."*[1]

Foerster ermöglichte es Archenhold auch, eine kleine Außenstelle der Berliner Sternwarte im Grunewald vor den Toren der Stadt einzurichten, wo er sich dem damals noch jungen Gebiet der Himelsfotografie mit Porträtobjektiven widmete. Foerster berichtete

1 Archenhold, Friedrich Simon: Zum hundertsten Geburtstag von W. Foerster. In: *Das Weltall* **32** (1932), S. 18.

regelmäßig in der *Vierteljahrsschrift der Astronomischen Gesellschaft* von den Aktivitäten dieser Außenstelle.

Am 27. Oktober 1891 gelang Archenhold dort eine Entdeckung, die für seinen weiteren Lebensweg bestimmend werden sollte: er fand einen „ausgedehnten" Nebel im Sternbild Perseus auf einer 32 Minuten belichteten Aufnahme, was er durch 18 weitere Fotografien bestätigen konnte. Der damalige Herausgeber der *Astronomischen Nachrichten*, A. Krueger, wollte den Nebel jedoch nicht als „neu" gelten lassen und so entschloss sich Archenhold, den Direktor der Lick-Sternwarte in den USA, E. S. Holden, zu bitten, visuell mit dem lichtstarken 91 cm-Refraktor der Lick-Sternwarte nach dem Nebel zu suchen. Aus einem Schreiben von Archenhold an Holden[2] vom Juni 1892 wissen wir, dass Holden diesem Wunsch nachgekommen ist. Krueger war aber immer noch nicht überzeugt, so dass Archenhold schließlich in seiner Publikation von einem „ausgedehnten" Nebel statt von einem „neuen" sprechen musste.[3]

Bei dieser Gelegenheit wurde Archenhold schmerzlich bewusst, dass es in Deutschland, ungeachtet seiner großen Traditionen auf den Gebieten der optischen Industrie und Feinmechanik, an einem leistungsfähigen Teleskop mangelte, mit dem man zeitgemäße Fragen der Astronomie beantworten konnte. Diesem Übelstand wollte Archenhold entgegen wirken.

Dem Jahresbericht der Berliner Sternwarte für 1893 können wir entnehmen, dass sich Archenhold seit dieser Zeit mit dem Projekt eines „größeren Fernrohres mit kurzer Bennweite" beschäftigte.[4]

Damals plante man in Berlin gerade eine große Gewerbeausstellung, die anlässlich des 25jährigen Bestehens Berlins als Reichshauptstadt 1896 stattfinden sollte. Im Aufruf des Ausstellungskomitees aus Vertretern der Berliner Industrie- und Geschäftswelt vom Jahre 1893 heißt es dazu:

> *„Berlin muss darthun, dass es nicht nur die grösste Stadt des deutschen Reiches ist, sie muss auch Zeugnis von ihrem Fleiss und ihren Fortschritten auf allen Gebieten ihres rastlosen Schaffens ablegen."*[5]

Archenhold muss schon damals die Idee entwickelt haben, seine Idee eines großen Fernrohrs mit dieser Gewerbeausstellung zu verbinden. So finden wir ihn bereits 1893 in Jena bei Ernst Abbe und Otto Schott, wo er die Herstellung eines 125 cm-Objektivs erörtert, – des größten Objektivs der Welt. Doch er muss erfahren, dass dafür rd. 1000 kg Flintglas und 530 kg Kronglas benötigt würden, wofür die in Jena vorhandenen Anlagen nicht hinreichten. Das schreckte ihn jedoch nicht. Auch an die Frage der Finanzierung ging er unbekümmert heran. Er hoffte, sowohl beim Berliner Magistrat, als auch beim Vorstand der Gewerbeausstellung und womöglich sogar beim Kaiser offene Ohren zu

2 Archenhold, Friedrich Simon: Brief an E. S. Holden, Juni 1892. Archiv des Lick-Observatoriums, USA.

3 Archenhold, Friedrich Simon: Ein ausgedehnter Nebel bei ξ Persei. In: *Astronomische Nachrichten* **129** (1892), S. 153 ff.

4 Vgl. *Vierteljahrsschrift der Astronomischen Gesellschaft* **29** (1894), S. 101.

5 Kühnemann, Fritz; Felisch, Bernhard und Ludwig Max Goldberger (Hrsg.): *Berlin und seine Arbeit. Amtlicher Bericht der Berliner Gewerbeausstellung 1896.* Berlin 1898, S. 884.

Abbildung 10.2:
Friedrich Simon Archenhold (1861–1939)

Archenhold-Sternwarte, Berlin-Treptow

finden. Sein Gedanke war, das Instrument als attraktives Ausstellungsstück in die Gewerbeausstellung einzugliedern und auf diese Weise einen Teil der Kosten oder sogar mehr als die Kosten wieder einzunehmen.[6]

Von den technischen Problemen des Vorhabens abgesehen, waren die Aussichten für eine staatliche Finanzierung allerdings von Anbeginn ungünstig, weil das bereits weltberühmte Astrophysikalische Observatorium Potsdam unweit Berlins unter seinem Direktor H. C. Vogel ebenfalls den Bau eines großen Refraktors anstrebte. Selbst die Mittel dafür waren jedoch für 1891 und für 1892 abgelehnt worden. Daran hatte auch ein Besuch der Potsdamer Einrichtungen durch den Kaiser im Jahre 1891 nichts geändert.

Um seinem Ziel näher zu kommen, arbeitete Archenhold eine Denkschrift aus, die er zuvor mit dem Physiker Otto Lummer abgesprochen hatte, einem engen Mitarbeiter von H. v. Helmholtz, dem Präsidenten der Physikalisch-Technischen Reichsanstalt. Außerdem diskutierte er sein Vorhaben mit dem Berliner Akademie-Astronomen A. v. Auwers und natürlich mit W. Foerster. Letzterer – bis zur Berufung Vogels Mitglied eines Dreier-Direktoriums des Potsdamer Astrophysikalischen Observatoriums – riet ihm dringend, sich mit Vogel abzustimmen. Gerade das jedoch lag weniger in Archenholds Absicht, sah er doch hier bereits erste Probleme auf sich zukommen.

Foerster setzte sich auch direkt für das Vorhaben seines Schülers ein, indem er es dem Preußischen Kultusministerium erläuterte. Von dort kam jedoch nur die Nachricht zurück, man wünsche dem Unterfangen Gelingen. Von Finanzierungshilfen war mit dem Hinweis auf das Potsdamer Teleskop keine Rede.

Archenholds Denkschrift war inzwischen dank Lummers Unterstützung von Helmholtz gegen gezeichnet worden. Dieses Papier leitete Archenhold bedenkenlos an die Firma Steinheil, mit der er bereits seit längerem wegen der Herstellung des Objektivs aus den Jenenser Rohlingen in Verbindung stand. Einige Rohlinge hatte Schott ohne offiziellen Auftrag und Klärung der Kostenfrage bereits hergestellt. Offenbar hatte es Archenhold mit seiner begeisternden Art verstanden, Schott davon zu überzeugen, dass er die Finanzierung schon klären würde.

Wegen der immer noch diskutierten technischen Probleme keimte bei Archenhold nun die Idee auf, vielleicht auch ein ganz anderes Fernrohr bauen zu lassen als ursprünglich gedacht. Neben dem kurzbrennweitigen Teleskop mit einer 125 cm-Linse kam nun auch ein extrem langbrennweitiges Instrument ins Gespräch. Es sollte mit einem kleineren, dafür aber technisch einfacher machbare Objektiv versehen werden.

Am 27. September 1894 hielt Archenhold in Wien auf der Jahrestagung der Gesellschaft Deutscher Naturforscher und Ärzte einen Vortrag über die beiden Varianten seines geplanten Fernrohrs mit den extrem unterschiedlichen Öffnungsverhältnissen 1:4 und 1:70. Auf der Rückreise über München nahm er dann Steinheil mit nach Jena, wo sie gemeinsam aus einer größerer Zahl anpolierter Scheiben zwei geeignete aussuchten.

Die Finanzierung blieb weiter unklar. Helmholtz war am 8. September gestorben. An staatliche Mittel war nicht zu denken. Bis zur Eröffnung der Gewerbeausstellung verblieben nur noch 21 Monate!

6 Wattenberg, Diedrich: Beiträge zur Geschichte der Archenhold-Sternwarte. *Veröffentlichungen der Archenhold-Sternwarte* **Nr. 1**, Berlin-Treptow 1966, S. 9.

Im November zerschlug schließlich H. C. Vogel alle Finanzierungshoffnungen aus öffentlichen Mitteln endgültig durch eine Eingabe an den Chef des Geheimen Zivilkabinetts des Kaisers. Darin beklagte er nicht nur den schleppenden Fortgang der Arbeiten am Potsdamer Refraktor, er kam auch auf Archenholds Projekt zu sprechen und erteilte ihm eine drastische Absage:

> *„Nach dem, was bisher über die Konstruktion des Instruments bekannt geworden ist, würde dasselbe wohl geeignet sein, ein interessantes Ausstellungsobjekt abzugeben und dem Laien durch seine Größe und eigenartige Einrichtung zu imponieren, wissenschaftlich würde es ohne Bedeutung bleiben."*[7]

Dann folgt auch noch ein persönlicher Seitenhieb der anerkannten Autorität auf Archenhold: an der Spitze des Unternehmens, schreibt Vogel, stünde ein junger Mann, der einige Semester Astronomie gehört habe und seither sich an einer kleinen Sternwarte mit Forschungen völlig untergeordneter Art beschäftige. Man könne ihm zwar Begeisterung nicht absprechen, er verfüge aber weder über Erfahrungen in astronomischer Technik, noch besitze er zureichende Kenntnis von den astronomischen Aufgaben der Gegenwart und der Zukunft. Abgesehen von der Konkurrenzsituation zwischen Vogel und Archenhold im Kampf um Finanzmittel ist die Einschätzung des Potsdamer Astrophysikers nicht ganz unzutreffend gewesen. Die Vogelsche Eingabe verhallte nicht ungehört. Ein neuer Vorstoß des von Archenhold gegründeten „Komitees für das Treptower Riesenfernrohr" führte am 17. Januar 1895 zu einem negativen Gutachten der „Preußischen Akademie der Wissenschaften"[8] Das Potsdamer Teleskop hingegen erhielt 870.000 Mark – allerdings auch nur in fünf Jahresraten.

Inzwischen hatte der Ausschuss der Gewerbeausstellung erklärt, er könne sich nicht nennenswert an den Kosten für das Fernrohr beteiligen. Doch immerhin erhielt Archenhold folgende Zusagen:

1. Der Platz für das Fernrohr auf dem Ausstellungsgelände wird kostenlos zur Verfügung gestellt.
2. Dem Betreiber-Komitee wird gestattet Einstrittsgelder zu erheben.
3. Die Gewerbeausstellung trägt finanziell zu den Kosten für die Unterbringung des Fernrohrs bei.
4. Der Ausschuss für die Ausstellung tritt dem Fernrohr-Komitee bei und unterstützt es durch Empfehlungen.

Inzwischen wusste Archenhold, dass er mit insgesamt 500.000 Mark an Gesamtkosten zu rechnen hatte. Dieser Beitrag sollte nun – wenigstens zur Hälfte – durch Spenden aufgebracht werden. Zu diesem Zweck hatte das Komitee im November 1894 einen „Aufruf zur Finanzierung des Archenholdschen Riesenfernrohrs" veröffentlicht. Darin wird von einem „patriotischen Werk" gesprochen, das der Wissenschaft diene und der Berliner

7 Wattenberg, Diedrich: Beiträge zur Geschichte der Archenhold-Sternwarte. *Veröffentlichungen der Archenhold-Sternwarte* **Nr. 1**, Berlin-Treptow 1966, S. 15.

8 o.A.: *Treptower Sternwarte* 1937. Berlin 1937, S. 6 f.

Gewerbeausstellung zusätzliche Anziehungskraft verleihen könne. Die gespendete Summe solle durch die „Eintrittsgelder der belehrungseifrigen Ausstellungsbesucher“ wieder eingenommen werden, wahrscheinlich sogar *„mit einem der Riskoprämie angemessenen Zuschlag“*[9] Die andere Hälfte der Summe erwartete man weiterhin von der Regierung.

Zu diesem Zeitpunkt war nicht nur Schott, sondern auch die optisch-astronomische Anstalt C. A. Steinheil & Söhne bereits in die Arbeiten eingetreten, ohne dass auch nur ein Pfennig geflossen war. Deshalb schreibt Rudolph von Steinheil auch im November 1894 an Archenhold: *„Jetzt ist aber der Zeitpunkt gekommen, daß ich nur nach Abschluß eines bindenden Vertrages weitere Schritte tun kann.“* Archenhold wirft nun sogar seine persönliche Integrität in die Waagschale, um den Fortgang der Arbeiten zu sichern und schreibt an Steinheil: *„... unter keinen Umständen soll jemand durch mich geschädigt werden, und wenn ich mein ganzes Leben daran zu tragen hätte, wenn ich auch erst in vielen Jahren Ihnen Ihren Verlust bezahlen könnte.“*[10]

Tatsächlich erteilte Archenhold am 15. Juli 1895 sowohl an Schott als auch an die Firma Steinheil verbindliche Aufträge, letzterer in Höhe von 36.000 Mark. Bis zur Eröffnung der Gewerbeausstellung verblieben jetzt nur noch 10 Monate!

Die Sicherheiten wurden von Archenhold mit dem Hinweis auf die Einnahmen während der Ausstellung umrissen. Mit dem Konstrukteur und Erbauer der Montierung, dem Maschinenbauer Paul Hoppe in Berlin, war gerade ein ähnlicher Vertrag abgeschlossen und sogar eine erste Rate gezahlt worden, wahrscheinlich aus den bereits eingegangenen Spenden.

Es ist fast selbstverständlich, dass man mit dem Bau des Fernrohrs noch inmitten der Arbeit steckte, als die Gewerbeausstellung am 1. Mai 1896 eröffnet wurde. Erst als die Ausstellung ihre Tore wieder schloss, konnte im Herbst 1896 die Fertigstellung des Treptower Riesenfernrohr vermeldet werden. Somit war auch ein wesentlicher Teil des Finanzierungsplanes reine Makkulatur geblieben. Wieviel an Spendenmitteln bis dahin zusammengetragen worden war, verschweigen die Quellen. In einem Protokoll der Sitzung der Interessenten und Zeichner zum Garantiefonds vom 27. Oktober 1896 heißt es dazu lediglich: *„daß das Unternehmen ... in pekuniärer Hinsicht bis jetzt allerdings nicht die Erfolge gezeitigt habe, welche man erwartet und zwar infolge der verspäteten Fertigstellung der Anlage; im übrigen habe dasselbe, was den wissenschaftlichen Wert und die Bedeutung anbetreffe, alle Erwartungen übertroffen.“*[11] Letzteres wird man getrost bezweifeln dürfen. Im übrigen wird den Zeichnern und den beteiligten Firmen ausdrücklich gedankt, diese hätten sich „hochherzig“ verhalten und jede ihrer Arbeiten unter „Hintansetzung“ eigener Interessen ausgeführt, – ein deutlicher Hinweis auf die noch vorhandenen Außenstände.

Die Berliner Gewerbeausstellung sollte nun aus ihren Rechten und Pflichten entlassen werden. Von den 30.000 Mark, die sie beigesteuert hatte, erhielt sie 10.000 Mark zurück. Die Restsummen des Garantiefonds sollten von den Zeichnern sofort voll eingezogen wer-

9 Wattenberg, Diedrich: Beiträge zur Geschichte der Archenhold-Sternwarte. *Veröffentlichungen der Archenhold-Sternwarte* **Nr. 1**, Berlin-Treptow 1966, S. 57.
10 Ebd., S. 34.
11 Ebd., S. 95.

den. „Voll"? Doch bestimmt weniger statt – wie in Aussicht gestellt – mehr als eingezahlt worden war.

30 Jahre später kam Archenhold in einem Jubiläumsartikel noch einmal auf die Finanzprobleme von damals zurück und erklärte, die Summe von 250.000 Mark sei durch „Vorträge, Gönner und einen Beitrag der Berliner Gewerbeausstellung" aufgebracht worden.[12] Und die restlichen 250.000 Mark? Von ihnen ist in keinem Dokument jemals wieder die Rede. Das Riesenfernrohr – eine Gaunerposse? Wahrscheinlich ja. Vermutlich hat zum Schluss angesichts der Begeisterung Archenholds für sein Projekt niemand mehr Anklage erheben gemocht, dass er unter falschen Versprechungen zu „Dumpingpreisen" gearbeitet hatte.

Ursprünglich sollte das Fernrohr nach Beendigung der Gewerbeausstellung wieder abgetragen und im Grunewald neu aufgestellt werden. Jetzt aber ging es darum, die erwarteten Einnahmen zu sichern, auch wenn die Ausstellung bereits geschlossen war. Zu diesem Zweck bedurfte es einer Genehmigung der Stadtverordnetenversammlung des Berliner Magistrats. Deshalb wendete sich der „Arbeitsausschuss der Berliner Gewerbeausstellung"mit einer Eingabe an den Magistrat, in der das Verbleiben des Fernrohrs „auch nach Schluß der Ausstellung bis auf Weiteres" als wünschenswert bezeichnet wurde. Am 21. November leitete der Magistrat der Stadtverordnetenversammlung einen entsprechenden Beschluss zu, dem die Versammlung zustimmte. Das Komitee hatte einen geringen Pachtzins zu zahlen und musste sich bereit erklären, das Teleskop bei Widerruf zu beseitigen und den Park auf eigene Kosten wieder herzustellen.[13]

Das war praktisch die Geburtsurkunde der heutigen Archenhold-Sternwarte. Allerdings nur aus retrospektiver Sicht. Ende Mai 1898 bot das Komitee der Stadt Berlin das Fernrohr zu einem Selbstkostenpreis von insgesamt 289.575,88 Mark an. Doch die Stadt lehnte ab.

Damit allerdings aus dem Fernrohr eine Sternwarte werden konnte, erwies sich der für den Sommer der Gewerbeausstellung errichtete Holzbau, der das Fernrohr umgab, nach einigen Jahren als ungeeignet. So entstand die Idee, das Teleskop mit einem großzügig angelegten Steingebäude zu umgeben, woraus sich neue Finanzierungsprobleme ergaben. Allerdings war die Sternwarte inzwischen eine über die Stadt Berlin hinaus bekannte Einrichtung, die bereits in den ersten fünf Jahren ihres Bestehens 200.000 Besucher verzeichnet hatte. Betreiber des Instituts war ein Verein mit Archenhold als Vorsitzendem. So hoffte Archenhold diesmal auf größere öffentliche Unterstützung bei der Finanzierung eines Neubaus. Da jedoch die Stadt Berlin keinerlei Interesse an der Übernahme der Einrichtung zeigte, rief Archenhold 1906 einen „Ausschuß für den Baufonds der Treptow-Sternwarte" ins Leben, der sich mit einem Aufruf an die Öffentlichkeit wendete. Darin heißt es u. a.: *„Somit ergeht unser Ruf an alle, denen das Wort Aufklärung nicht bloßer Schall ist, und die ein diesem Ziel geweihtes Unternehmen in Deutschland nicht verkommen lassen wollen. Mögen sie ihre ideale Gesinnung durch tatkräftige Hilfe beweisen."*[14]

12 *Das Weltall* **25** (1925/26), S. 139.

13 o.A.: *Treptower Sternwarte* 1937. Berlin 1937, S. 7 f.

14 Staatsbibliothek Preußischer Kulturbesitz, Berlin, Handschriftenabteilung, Sammlung Darmstaedter, Y/896 (15) Archenhold, Blatt 2.

Abbildung 10.3:
Zeitschrift *Das Weltall*,
gegründet 1900 von Archenhold

Inzwischen hatte Archenhold im Jahre 1900 die Zeitschrift *Das Weltall* gegründet. Dort führte er nun auch öffentlich Buch über die eingegangenen Spenden. Obschon die meisten Geber nur kleine Beträge zeichneten – ein Fabrikbesitzer mit 1000 Mark ist die Ausnahme[15] – kam doch mit der Zeit einiges Geld zusammen. Ungewöhnliche Ideen führten auch zu größeren Einnahmen: so trat z. B. am 4. November 1906 die weltberühmte Sängerin der Königlichen Hofoper (heute: Deutsche Staatsoper Unter den Linden) Emmy Destinn in einer Matinee zugunsten des Sternwarten-Neubaus auf. Diese Veranstaltung brachte einen Erlös von 3263,90 Mark.[16]

Um die Öffentlichkeit zu ermuntern (und vielleicht auch zu beschämen), veröffentlichte Archenhold im *Weltall* unablässig Nachrichten über das Mäzenatentum in den USA, besonders über die Aktivitäten von Andrew Carnegie auf diesem Gebiet. Jede einzelne Summe wird mit Zweck und Höhe in langen Listen aufgeführt.[17] Besonderes Interesse verdienst in diesem Zusammenhang auch die Besprechung zweier Aufsätze von Carnegie, die 1901 unter dem Titel „Die Pflichten des Reichtums" in deutscher Sprache erschienen waren. Archenhold hebt in seiner Rezension hervor, dass Carnegie in der *„zweckmäßigen Verwendung der Reichtümer die vornehmste Aufgabe unserer Zeit"* erblicke. Drastisch formuliert Carnegie, es wäre besser, die Millionen der Reichen ins Meer zu werfen, *„als dass sie verspendet werden, um Faulenzer, Trunkenbolde und Unwürdige noch zu bestärken."* Hingegen lobt er die Unterstützung wissenschaftlicher Bibliotheken und Institutionen, weil diese dazu beitrügen, Bildung zu verbreiten und Aufstiegschancen zu eröffnen. Archenhold schließt seine Besprechung mit den Worten: *„Möge das Buch dazu beitragen, auch bei uns in Deutschland das Gewissen all derer zu wecken, die Vermögen besitzen, auf dass sie es zum Segen der Menschheit richtig verwenden."*[18] Ob er glaubte, dies würde kurzfristig geschehen, sei dahin gestellt. Sicherer schien es Archenhold, sich direkt an Carnegie zu wenden. Das hatte immerhin zur Folge, dass Archenhold 1907 zur Eröffnung des Carnegie-Instituts in die USA eingeladen wurde[19] und den amerikanischen Industriellen später sogar in der Treptower Sternwarte begrüßen konnte.

Was nun die Finanzierung des Neubaus anlangt, so konnte Archenhold schließlich im September 1907 immerhin auf eine Summe von fast 100.000 Mark verweisen. Zwischenzeitlich hatte die Stadt Berlin den Verein mit einer jährlichen Subvention von 12.000 Mark unterstützt und ihm das Gelände für die Dauer von 30 Jahren zu einem symbolischen Mietzins von jährlich 20 Mark zur Verfügung gestellt. Außerdem hatte sich die Preußische Pfandbriefbank bereit erklärt, ein Darlehen in Höhe von 100.000 Mark zu gewähren, falls der Magistrat bereit wäre, den jährlichen Zinssatz von 4,5% aufzubringen.

So geriet die Stadt mehr und mehr in den Sog des Unternehmens. Bei der Grundsteinlegung für den Neubau am 12. Mai 1908 war der Berliner Oberbürgermeister zugegen! Auch wurde die Anlage eines Zufahrtsweges auf städtische Kosten genehmigt.

Durch die Abnahme von 100.000 Eintrittskarten im Voraus hatten die Berliner Gewerkschaften zudem einen bedeutenden Beitrag zur finanziellen Absicherung der Bau-

15 Vgl. *Das Weltall* **6** (1905/06), S. 84.
16 *Das Weltall* **7** (1906/07), S. 64.
17 Ebd.
18 *Das Weltall* **2** (1901/02), S. 255.
19 *Das Weltall* **7** (1906/07), S. 174.

Abbildung 10.4:
Archenhold-Sternwarte, Berlin-Treptow

Archenhold-Sternwarte, Berlin-Treptow

kosten getragen. hatte. Der Vertreter der Gewerkschaft sprach gar von einem „innigen Band“ zwischen Sternwarte und Berliner Arbeiterschaft, das er auch künftig erhalten wolle.

Damit war die Geschichte der Finanzierung einer großen Volksbildungseinrichtung, die mit der Idee eines Einzelnen begonnen hatte, vorläufig zu einem erfolgreichen Abschluss gekommen. Archenhold hatte sich zwar letztlich durchgesetzt, aber auch viel gelernt über das fehlende deutsche Mäzenatentum. Und so sprach er bei der Einweihung des Neubaus auch unumwunden aus, was er nun kommen sah: *„Die Epoche der Hindernisse ist ... überwunden, jetzt beginnt die Periode der Schwierigkeiten“*,[20] womit er Recht behalten sollte.

20 *Das Weltall* **9** (1908/09), S. 325.

10.1 Archivmaterial und Literatur

Staatsbibliothek Preußischer Kulturbesitz, Berlin, Handschriftenabteilung, Sammlung Darmstaedter, Y/896 (15) Archenhold.

ARCHENHOLD, FRIEDRICH SIMON: Brief an E. S. Holden, Juni 1892. Archiv des Lick-Observatoriums, USA.

ARCHENHOLD, FRIEDRICH SIMON: Ein ausgedehnter Nebel bei ξ Persei. In: *Astronomische Nachrichten* **129** (1892), S. 153.

ARCHENHOLD, FRIEDRICH SIMON: Zum hundertsten Geburtstag von W. Foerster. In: *Das Weltall* **32** (1932), S. 18.

KÜHNEMANN, FRITZ; FELISCH, BERNHARD UND LUDWIG MAX GOLDBERGER (Hrsg.): *Berlin und seine Arbeit. Amtlicher Bericht der Berliner Gewerbeausstellung 1896.* Berlin 1898.

WATTENBERG, DIEDRICH: Beiträge zur Geschichte der Archenhold-Sternwarte. *Veröffentlichungen der Archenhold-Sternwarte* **Nr. 1**, Berlin-Treptow 1966.

o.A.: *Treptower Sternwarte* 1937. Berlin 1937.

Abbildung 11.1:
Hoffmeister in der Hofsternwarte

Foto: Sternwarte Sonneberg

Cuno Hoffmeister und die Sternwarte Sonneberg

Björn Kunzmann (Hamburg)

„Letzten Endes ist nicht die Grösse der Hilfsmittel, sondern der treibende Geist entscheidend für den Erfolg.“[1]

Einführung

Die Geschichte der Sternwarte Sonneberg ist auf das Engste mit dem Namen ihres Gründers und lebenslangen Mäzens Cuno Hoffmeister verknüpft. Es soll nachfolgend der Versuch unternommen werden, die Entwicklung der Sternwarte Sonneberg von ihren beiden Gründungen in den Jahren 1920 und 1925 bis in die heutige Zeit zu beschreiben. Das Hauptgewicht liegt dabei auf der Darstellung des Einflusses Cuno Hoffmeisters auf die Genese der Sternwarte; insbesondere soll hierbei seine Rolle als Förderer und Mäzen betrachtet werden. Der Umfang des Lebenswerks Cuno Hoffmeisters wie auch die zu behandelnde Zeitspanne von über einhundert Jahren Astronomie- und Wissenschaftsgeschichte schließen von vorneherein eine auch nur ansatzweise erschöpfende Darstellung des Themas aus – es soll lediglich eine Einführung in die vorab dargelegten Aspekte gegeben werden.

11.1 Cuno Hoffmeister – Kindheit und Jugend (1892 bis 1914)

Cuno Friedrich Ludwig Hoffmeister wird am 2. Februar 1892 im thüringischen Sonneberg (Herzogtum Sachsen-Meinungen) als erstes Kind von Carl Hoffmeister (geb. in St. Louis/USA) und Marie Ostermann geboren. Die Mutter ist Lehrerin, Carl Hoffmeister Eigentümer einer mittelständischen Spielzeugfabrik. 1894 wird der Bruder Wilhelm Hoffmeister geboren, der in der Zukunft als zeitweiliger astronomischer Assistent wie auch als späterer Biograph Cuno Hoffmeisters[2] in Erscheinung tritt. Sonneberg – am

1 Akademiearchiv Berlin-Brandenburgische Akademie der Wissenschaften, Splitternachlass Wilhelm Hoffmeister, Signatur 12/73. Denkschrift S. 6.

2 Hoffmeister, Wilhelm 1969.

Südrand des Thüringer Waldes gelegen – ist im kaiserlichen Deutschland ein wesentliches Zentrum der Spielzeug-Produktion, wie beispielsweise das bedeutende Sonneberger Spielzeugmuseum noch heute eindrucksvoll bezeugt. Mit der ausgeprägten Export-Orientierung dieses Wirtschaftszweiges einhergehend ist eine gewisse – für Städte der Größe Sonnebergs (1905: 15.003 Einwohner) in der damaligen Zeit eher seltene – Internationalisierung der Stadt. Die väterlichen Geschäftsbeziehungen betreffen in größerem Umfang die Vereinigten Staaten, infolgedessen im Elternhaus Hoffmeisters englischsprachige Gäste die Regel sind – für die weitere Entwicklung Cuno Hoffmeisters soll sich dieses Umfeld als durchaus prägend erweisen.

Die elterliche Erziehung führt beide Kinder frühzeitig an den Umgang mit Literatur und fördert das Naturinteresse, insbesondere für Botanik, Meteorologie und Astronomie, wobei dem Großvater mütterlicherseits eine größere Rolle zukommt.[3] Erste ernsthafte astronomische Beobachtungen Hoffmeisters sind aus dem Jahre 1903 überliefert – Weihnachten 1905 markiert ein heute im Sonneberger Astronomiemuseum ausgestellter Refraktor (D = 52 mm, f = 78 cm), ein Geschenk des Vaters, den Beginn der aktiven astronomischen Beobachtungstätigkeit. Ab 1906 existieren ausführliche handschriftliche Beobachtungsbücher, die nach einer kurzen Phase der Himmelsorientierung bald systematische Beobachtungen erkennen lassen. Das Interesse Hoffmeisters gilt neben atmosphärischen Phänomenen insbesondere der Beobachtung von Kometen und Meteoren, beides blieb – neben seinem wohl hauptsächlichen, noch einzuführenden Arbeitsgebiet – zeitlebens Gegenstand seiner Forschungen.

Das Jahr 1906 zeitigt einen ersten Einschnitt in der Biographie Cuno Hoffmeisters: nicht selbstverschuldete wirtschaftliche Schwierigkeiten des väterlichen Betriebs erzwingen schließlich 1908 den Abbruch des Schulbesuchs mit der mittleren Reife und den Eintritt Hoffmeisters in die Buchhaltung der Spielzeugfabrik. Der Besuch einer weiterführenden Schule mit der Möglichkeit eines anschließenden naturwissenschaftlichen Universitätsstudiums erscheinen ausgeschlossen.

Am 13. April 1909 entsteht ein durch seinen Vater initiierter Kontakt zu Franz Harres, zeitgleich mit Ernst Zinner Doktorand bei Otto Knopf, dem damaligen Direktor der Universitätssternwarte Jena. Harres eröffnet dem jungen Amateurastronomen Perspektiven wissenschaftlicher Arbeit jenseits einer akademischen Laufbahn. Hoffmeister beschreibt das Treffen später mit den Worten: *„Ich ahnte, dass dieser Nachmittag für meine Arbeit und mein weiteres Leben entscheidende Bedeutung haben würde.“*[4]

Harres erweist sich in der Folge als wissenschaftlicher Förderer: Hoffmeister wird Mitglied der *Vereinigung von Freunden der Astronomie und kosmischen Physik* in Berlin und Mitarbeiter an einem von Ernst Anding (Direktor der Herzöglichen Sternwarte Gotha) initiierten Projekt, dessen Inhalt die synchrone Beobachtung von Lyriden-Meteoren an mehreren thüringischen Standorten ist. Die Beobachtungsergebnisse aus Sonneberg werden ebenfalls an die damalige *Sammelstelle für Meteormeldungen* in Kronstadt (später Wien) weitergeleitet, auch hier wird Hoffmeister ständiger Mitarbeiter. Die erfolgreichen

3 Hoffmeister, Wilhelm 1969, S. 6.

4 Hoffmeister, Cuno 1954, S. 11.

Beobachtungstätigkeiten resultieren im Juni 1912 in der Ernennung zum 2. Direktor des *Bureau Central Méteorique* in Belgien.

Auf Anregung zunächst von Philipp Fauth, später durch Rudolf Lehnert (Sternwarte Gotha, dann Bamberg)[5] zurückzuführen ist eine erste Beschäftigung mit veränderlichen Sternen, eines noch relativ jungen Forschungsgebiets der Astronomie – etabliert als unmittelbare Folge des 1844 von Friedrich Wilhelm Argelander publizierten Beobachtungsaufrufs. Obgleich ein wesentliches Interesse Hoffmeisters zunächst den Meteoren und der Beobachtung atmosphärischer Erscheinungen gilt – so behandelt 1911 die erste Publikation in der renommierten Fachzeitschrift *Astronomische Nachrichten* das Zodiakallicht [6] finden sich in den Beobachtungsbüchern bereits am 17. August 1909 die ersten Meßergebnisse des Lichtwechsels veränderlicher Sterne. Hoffmeisters Beobachtungen finden vom Dachboden des elterlichen Hauses statt; hierbei betätigen sich der Bruder Wilhelm oder auch Mitschüler insbesondere bei Meteorbeobachtungen als Assistenten.

Eine Auslandsreise auf väterlichen Wunsch führt 1911 für vierzehn Monate zu einer Partnerfirma (Wm. Koch Importing Co.) nach Baltimore in die USA. Hoffmeisters Aufgaben umfassen die Tätigkeit eines *stock clerk* (Lagerhalter) und lassen sich am ehesten durch täglich mehr als zwölfstündige Lagerarbeiten in der dortigen Importfirma beschreiben.[7] Nach Feierabend setzt Hoffmeister auf dem Hausdach, später in einer eigens eingerichteten Beobachtungsstation in seiner Wohnung die astronomischen Arbeiten fort. Verschiedene dort gewonnene Resultate (u. a. Untersuchungen zu Wechselwirkungen von Mai-Aquariden und Halleyschen Kometen, Nova Geminorum) sind in den *Astronomischen Nachrichten*[8] und weiteren Fachzeitschriften publiziert. Aus der Baltimorer Zeit entstammt umfangreichere Korrespondenz mit europäischen Sternwarten und astronomischen Instituten. Von besonderer Bedeutung ist hierbei Ende 1911 ein Briefwechsel mit Ernst Hartwig, Direktor der Sternwarte Bamberg – seinerzeit europäische Zentralstelle für Veränderlichenbeobachtung. Eine schwere Erkrankung des Vaters erzwingt im September 1912 Hoffmeisters ungeplante Rückkehr in die Sonneberger Spielzeugfabrik. Hoffmeister bewertet später seinen USA-Aufenthalt durchaus kritisch.[9] Rückblickend bleibt festzuhalten, daß diese Zeit – neben der Fortführung astronomischer Beobachtungen und der Intensivierung der englischen Sprachkenntnisse – in besonderem Maße dem Aufbau wissenschaftlicher Kontakte dient. Möglicherweise findet auch eine erst später attestierte Herzerkrankung ihre Ursache in den körperlichen Tätigkeiten Hoffmeisters als *stock clerk*.

Weil die Rückkehr in die noch verbleibende dreijährige Regelschule ausgeschlossen ist, sind die nachfolgenden zwei Jahre bis zum Beginn des Ersten Weltkriegs im August 1914 ausgefüllt mit privater Weiterbildung, insbesondere autodidaktischen Arbeiten in Mathematik und Physik. Nebeneinkünfte aus Privatunterricht dienen der Beschaffung astronomischer Literatur und der – bescheidenen – Erweiterung des Instrumentariums. Im Zentrum astronomischer Beobachtung stehen weiterhin die Arbeiten über Meteo-

5 Hoffmeister, Cuno 1970, S. 7.
6 *Astronomische Nachrichten* **187** (1911), S. 397.
7 Hoffmeister, Wilhelm 1969, S. 25 f.
8 *Astronomische Nachrichten* **194** (1913), S. 165; **195** (1913), S. 15 und **196** (1914), S. 313.
9 Hoffmeister, Cuno 1954, S. 11

re; hervorzuheben ist die Zusammenarbeit mit der Universitätssternwarte Jena unter Leitung von Otto Knopf. Inhalt ist wiederum die synchrone Beobachtung von Sternschnuppen.

Verstärkt wendet sich Hoffmeister nun auch seinem anderen Interessengebiet zu, den veränderlichen Sternen. In den *Astronomischen Nachrichten* werden sowohl Beobachtungsergebnisse, als auch Berechnungen von Lichtwechselelementen publiziert. Zweieinhalb Jahre nach seinem ersten brieflichen Kontakt unternimmt Hoffmeister im Juni 1914 mit dem Fahrrad einen Besuch der knapp achtzig Kilometer entfernten Bamberger Sternwarte. Ernst Hartwig und dessen Assistent Ernst Zinner unterrichten den Amateurastronomen über wissenschaftlich sinnvolle Beobachtungen neuentdeckter, nicht sicher klassifizierter veränderlicher Sterne.

Dieser Besuch markiert nach Hoffmeisters Aussage die entscheidende Hinwendung zur Arbeit an veränderlichen Sternen:

> „... *Ein Besuch in Bamberg im Juni 1914 wurde richtungsweisend ....*“[10]
> „... *Es handelte sich um Sterne, über die außer der Tatsache ihrer Veränderlichkeit noch nichts bekannt war. Es galt also, diese Objekte zu beobachten und die Lichtkurve zu bestimmen. Dies war die entscheidende Wendung für meine Arbeit auf dem Gebiete der Veränderlichen Sterne ....*“[11]

Bereits im August erfolgt die erste Entdeckung eines Veränderlichen: 3.1915 Coronae[12] bzw. R CrB, ein kurzperiodischer Bedeckungsveränderlicher. Innerhalb weniger Monate gelingt durch erfolgreiche Beobachtung mehrerer Minima die Bestimmung der Elemente, die später an der Bamberger Sternwarte bestätigt werden. Nahezu zehntausend weitere Neuentdeckungen sollen in den kommenden Jahrzehnten folgen.

Der Ausbruch des Ersten Weltkriegs am 3. August 1914 führt zum baldigen Stillstand des exportorientierten väterlichen Geschäfts. Hoffmeisters Mitarbeit in der Firma wird entbehrlich; ein anlässlich seiner Musterung diagnostizierter Herzfehler bewahrt ihn – anders als seinen Bruder Wilhelm und auch Ernst Zinner in Bamberg – vor einem Stellungsbefehl. Die Umstände der Zeit finden folgende Kommentierung: „... *Das Exportgeschäft erlag, und ich stand finanziell vor dem Nichts, hatte aber das köstliche Geschenk des Schicksals erhalten: Die Freiheit des Handelns ....*“[13]

Hoffmeister sucht nach Möglichkeiten zur Fortführung seiner astronomischen Arbeiten, ist anderseits aber nunmehr auf eine zumindest anteilige Finanzierung seines Lebensunterhalts angewiesen. Überlegungen hinsichtlich einer akademischen Laufbahn gewinnen an Bedeutung: Ratsuchend wendet sich Hoffmeister an die Direktoren der Sternwarten in Jena und Bamberg, Otto Knopf und Ernst Hartwig. Während Knopf Ausnahmeregelungen in Erwägung zieht, unterstreicht Hartwig den Erwerb von Mittelschulabsolutorium (dem heutigen Abitur vergleichbar) und Doktorgrad als notwendige Voraussetzungen einer astronomischen Laufbahn.

10 Hoffmeister, Cuno 1970, S. 8
11 Hoffmeister, Wilhelm 1969, S. 37.
12 *Astronomische Nachrichten* **201** (1915), S. 497.
13 Hoffmeister 1954, S. 11.

11.2 Astronomische Lehrjahre – die Bamberger Zeit und ihre Folgen (1915 bis 1918)

Die auf eigenen Wunsch noch 1914 erfolgte Einberufung des Bamberger Assistenten Ernst Zinner eröffnet eine neue Perspektive. Teile der Aufgabenbereiche Zinners, insbesondere die Zeitbestimmung und meteorologische Beobachtungen müssen auch während des Krieges fortgeführt werden. Hoffmeister nutzt die von ihm beschriebene *Freiheit des Handelns* – in einem Brief an Ernst Hartwig vom 18. März 1915 findet sich eine konkrete Anfrage:

> „... *Können Sie mich für die Dauer des Krieges als Assistenten gebrauchen? Da Sie ja jeder anderen Hilfe entbehren, so rechne ich immerhin mit der Möglichkeit, dass Ihnen mein Angebot nicht unwillkommen ist. Allerdings könnte ich nicht auf eine geringe Geldentschädigung verzichten, welche ausreichen würde, meine Unkosten für Wohnung und Essen zu decken .... Ich stelle keinerlei besondere Ansprüche .... Wenn ich auch Herrn Dr. Zinner bei weitem nicht ersetzen kann, so hoffe ich doch, in der Lage zu sein, eine ganz wesentliche Entlastung Ihrer Person herbeiführen zu können. Neben den Beobachtungen veränderlicher Sterne könnte ich nach kurzer Einweisung übernehmen die meteorologischen Arbeiten und die Zeitbestimmung ....*“[14]

Hartwig äußert sich in Briefen vom 21. und 30. März 1915 wohlwollend:

> „... *Ihre Hülfe für meteorologischen und den Zeitdienst wäre mir ja sehr willkommen, aber gerade Ihr Eifer für die Benützung der späten Nachtstunden zur Beobachtung macht den meteorologischen Dienst, der das Aufstehen um halbsieben verlangt, unangenehm, eine Beschwerlichkeit, die ich in Ihrem Alter zwar auch durchgemacht und überwunden habe. Auch würde es mir eine Freude sein, Sie in die Handhabung des Durchgangsrohres und in die Zeitbestimmung lehrend einzuführen. Dem Allen steht für den Moment die Unmöglichkeit zu einer ausreichenden Entschädigung gegenüber ....*“[15]

Im April 1915 tritt Hoffmeister die Stelle des stellvertretenden Assistenten an der Bamberger Sternwarte an, mit, wie er schreibt, „... *mehr Zuversicht und ehrlichem Willen als Fähigkeiten und Kenntnissen ....*“[16] Neben den primär finanzierten Arbeiten des Wetter- und Zeitdienstes sind Beobachtungen und Neuentdeckungen veränderlicher Sterne, Berechnungen von Lichtwechselelementen, Beobachtungen von Kometen und Meteoren und öffentliche Führungen auf der Bamberger Sternwarte weitere Tätigkeitsfelder. Hervorzuheben ist insbesondere jedoch die Mitarbeit an dem im Auftrag der Astronomischen Gesellschaft seit 1904 von Gustav Müller und Ernst Hartwig erarbeiteten Kataloges veränderlicher Sterne *GuL* (Geschichte und Literatur des Lichtwechsels der bis Ende 1915 als sicher veränderlich anerkannten Sterne: nebst einem Katalog der Elemente ihres Lichtwechsels, erschienen 1918–22).

14 Geyer/Eichorn 1992, S. 121 Brief-Reprint.
15 Geyer/Eichorn 1992, S. 125, Brief-Reprint.
16 Hoffmeister, Cuno 1970, S. 8.

„... Meine Hauptaufgabe in Bamberg war die Mitarbeit an der Geschichte und Literatur der Veränderlichen Sterne (GuL). Die Ausarbeitungen waren von G. Müller in Potsdam gemacht worden, und ich hatte die Literaturnachweise mit dem in Bamberg unabhängig gemachten Zettelkatalog zu vergleichen, Fehlendes nachzutragen und Unstimmigkeiten aufzuklären. Ferner übergab mir HARTWIG die Original-Beobachtungsbücher von WINNECKE mit der Aufgabe, Epochen zu bestimmen und diese in die GuL aufzunehmen....“[17]

Der letztlich erfolgreiche Abschluß dieses – neben dem *Zonenunternehmen* (unter Beteiligung der Kuffner-Sternwarte in Wien-Ottakring) – zweiten wissenschaftlichen Großprojektes der Astronomischen Gesellschaft zum Ende des Ersten Weltkriegs ist sicherlich auch dem Arbeitseinsatz des damaligen stellvertretenden Assistenten in Bamberg zu verdanken.

Vor allem jedoch das erhebliche Arbeitspensum an der Sternwarte, verbunden mit unzureichender Ernährung in Kriegszeiten, führt im Juni 1916 zum körperlichen Zusammenbruch Hoffmeisters und erzwingt einen mehrwöchigen Erholungsurlaub im Elternhaus in Sonneberg.

Bemerkenswert, weil gewissermaßen bereits ein erster Grundstein der späteren Sternwarte Sonneberg, ist eine Aussage Hoffmeisters über die Sichtverhältnisse an der nahe an Main und Stadtzentrum gelegenen Dr. Remeis-Sternwarte Bamberg in einem Brief vom 14. August 1915:

„... Überhaupt ist das hiesige Klima für astronomische Beobachtungen außerordentlich ungünstig. Meist herrscht eine solche Luftunruhe, dass Messungen einfach unmöglich wären .... In Sonneberg ist es in dieser Beziehung ganz bedeutend besser ....“[18]

Diese Einschätzung der Beobachtungsbedingungen in Bamberg wird übrigens viel später (1939) vom späteren Direktor der Sternwarte (Ernst Zinner) erneuert. Wenige Monate später trifft Hoffmeister die Entscheidung für den Bau einer eigenen Sternwarte im klimatisch günstigeren Sonneberg. Verschiedene Faktoren bilden den Hintergrund seiner Überlegungen: die Unmöglichkeit einer Fortsetzung der Schulausbildung als zwingender Voraussetzung für eine akademische Laufbahn und die Gewißheit, nach Kriegsende und der dann zu erwartenden Rückkehr Zinners auf dessen Planstelle in Bamberg in eine wirtschaftlich desolate Spielzeugfabrik zurückkehren zu müssen. Weitere Ursachen der Entscheidung sind in der Bamberger Situation begründet: Hoffmeister erlebt, daß Hartwig einen nicht unerheblichen Anteil seiner Tätigkeit als Berufsastronom für forschungsfremde, administrative Tätigkeiten verwenden muß. Auch die dadurch bedingte – wie er meint – unzureichende Nutzung des in Bamberg vorhandenen, prinzipiell guten astronomischen Instrumentariums in allerdings klimatisch ungünstiger Lage dient als Begründung. Hoffmeister schreibt hierzu später (1954):

„... Als es sich zeigte, daß der Krieg lange dauern würde, begann ich auf lange Frist zu planen. Der Eintritt in die wissenschaftliche Laufbahn schien für

17 Hoffmeister, Wilhelm: Die Anfänge der Sternwarte Sonneberg. Sonneberg 1969, S. 39.
18 Hoffmeister, Wilhelm 1969, S. 39.

Abbildung 11.2:
Hoffmeister auf der Carl-Remeis-Sternwarte in Bamberg

Foto: Sternwarte Sonneberg

> *dauernd versperrt wegen unzureichender Schulbildung. Also schaffte man sich eine andere Basis. Als Ziel setzte ich mir: wirtschaftliche Unabhängigkeit, wissenschaftliche Arbeit mit eigenem Instrumentarium. Das war im März 1916 ....*“[19]

Die Umsetzung seiner Pläne bedingt vorrangig die Beschaffung entsprechender Finanzmittel. Es beginnt eine rege Publikationstätigkeit, u. a. populärwissenschaftliche astronomische Artikel erscheinen in Lokalzeitungen, aber auch überregionalen Zeitschriften. Bereits im Sommer 1916 ist eine kleinere Monographie fertiggestellt, mit einem den Kriegszeiten geschuldeten Titel („*Kurze Einführung in die Wunder am Sternen-Himmel – Für nächtliche Wanderer, unsere Jugend und unsere Soldaten mit Rücksicht auf den Gebrauch des Feldstechers*“). Vorträge und Nachhilfeunterricht bieten weitere Verdienstgrundlagen. Eine Gehaltsaufstockung, von Ernst Hartwig bei der Bayerischen Akademie der Wissenschaften in München nach von Hoffmeister angedrohter Kündigung erwirkt, verbessert im April 1917 die Situation. Das erarbeitete Geld dient zur Beschaffung astronomischer Literatur, von Hilfsmitteln und Instrumenten. Die Intensität, mit der das eigene Ziel verfolgt wird, offenbart sich in einem Brief an seine Eltern (31. März 1917):

19 Hoffmeister, Cuno 1954, S. 11.

„... und auch für meine weiteren wissenschaftlichen Arbeiten tritt der Geldpunkt mehr und mehr in den Vordergrund. Wenn ich wirklich nach dem Krieg in beobachterischer Beziehung auf der Höhe bleiben will, so muß jetzt mein ganzes Bestreben rücksichtslos darauf gerichtet sein, die Mittel zur Beschaffung der nötigen Instrumente und Einrichtungen zu erwerben ....“[20]

Mit dem Ende des Ersten Weltkriegs kehrt Ernst Zinner zunächst nach Bamberg zurück. Hoffmeister verlässt die Sternwarte am 30. Dezember 1918, begleitet von ausgezeichneten Empfehlungen ihres Direktors Ernst Hartwig; dieser erhofft sich *„... aus seiner mit eigenen Instrumenten wieder in Sonneberg aufgenommenen Tätigkeit viele schöne Früchte für unsere Wissenschaft ....“*[21]

In der Rückschau ist die Bamberger Zeit wegweisend hinsichtlich der nachfolgenden Gründung der Sternwarte Sonneberg als auch der weiteren astronomischen Laufbahn. Fast ein halbes Jahrhundert später, Ende 1967, kurz vor seinem Tod, unterstreicht er noch einmal deren Bedeutung:

„... Die fast 4 Jahre in Bamberg bis Ende 1918 sind meine eigentliche Lehrzeit geworden. HARTWIG hatte einige Jahre bei WINNECKE in Straßburg gearbeitet, und WINNECKE war 1856 bis 1858 bei ARGELANDER in Bonn gewesen. ...“[22]

11.3 Anfänge der Sternwarte Sonneberg (1919 bis 1925)

Die Situation in Sonneberg erweist sich, wie von Hoffmeister bereits 1916 prognostiziert. Die gesellschaftliche Ordnung ist zerbrochen, die wesentlich exportabhängige elterliche Lederpuppenfabrik auftragslos. Das Herzogtum Sachsen-Meinungen, zu dem Sonneberg bislang gehört, ist nach Abdankung des deutschen Adels im November 1918 nicht länger existent. Die Stadt wird 1920 Bestandteil des neu gegründeten Landes Thüringen. Hoffmeister scheint die veränderte gesellschaftliche Ordnung zunächst nicht problemlos zu akzeptieren: in mehreren Artikeln Anfang der 20er Jahre findet sich noch der veraltete Eintrag *„Sonneberg, S.-M.“*.

Es erfolgt die Rückkehr in die ungeliebte kaufmännische Tätigkeit im elterlichen Betrieb; diese ist infolge des deutlich verschlechterten Gesundheitszustandes des Vaters notwendig. Später, nach Heimkehr seines Bruders Wilhelm aus französischer Kriegsgefangenschaft Mitte 1920, werden gemeinsam Versuche zur Wiederbelebung der Spielzeug-Produktion unternommen. Hoffmeister beschreibt die auch von ihm nicht erwartete Situation in einem Brief vom 12. Mai 1919:

„Wenn ich daran denke, dass ich nun vielleicht wieder ein paar Jahre umsonst gearbeitet haben soll, und dass mir durch äussere Umstände, auf die ich keinen Einfluss habe, zerstört werden soll, was ich unter schwierigsten

20 Hoffmeister, Wilhelm 1969, S. 42.
21 Hoffmeister, Wilhelm 1969, S. 44.
22 Hoffmeister, Cuno 1970, S. 8.

Verhältnissen mit grösster Mühe aufgebaut habe, dann packt mich eine grenzenlose Wut!"[23]

Mit gegenüber der Bamberger Zeit nochmals verstärktem Arbeitseinsatz wird der Aufbau einer eigenen Sternwarte vorangetrieben. Die bereits in Bamberg aufgenommenen Publikationstätigkeiten für verschiedenste Zeitungen und wissenschaftliche Zeitschriften (u. a. *Fränkischer Kurier*, *Naturwissenschaftliche Wochenschrift* und *Die Naturwissenschaften*), verschiedene Rechenarbeiten für die Sternwarte Bamberg, öffentliche Vorträge, Nachhilfeunterricht, als auch Lehraufträge an der neu gegründeten Volkshochschule in Sonneberg dienen der Grundfinanzierung der geplanten eigenen Sternwarte. Die in den vorangehenden Jahren noch ablehnende Haltung seines Vaters gegenüber den wissenschaftlichen Plänen seines Sohnes ist – wohl auch angesichts der allgemeinen Lage – einer deutlichen Zustimmung gewichen.

Die in den Jahren 1916 bis 1918 in Bamberg beschaffte astronomische Ausrüstung besteht hauptsächlich aus Literatur (u. a. *Bonner Durchmusterung*), einem Schiffschronometer und einer parallaktischen Montierung samt Refraktortubus. Ein geeignetes Objektiv (D = 135 mm, f = 2010 mm) wird für 400 Mark im Mai 1919 von der Jenaer Firma Carl Zeiß gekauft, für 200 Mark ein Kreuzstabmikrometer zur Vermessung von Kometenpositionen.

Noch im Sommer 1919 wird mit bescheidenen Mitteln eine erste provisorische Sternwarte auf dem elterlichen Grundstück errichtet. Die sogenannte „*Hofsternwarte*" besteht aus einer Holzhütte im Hinterhof und enthält den neu erworbenen Refraktor. In der Hofsternwarte werden die Beobachtungen veränderlicher Sterne und Meteore fortgeführt. Insbesondere letzteren kommt – nach einer zeitweiligen Zurücksetzung in Bamberg – innerhalb des Programms der kleinen Privat-Sternwarte wieder eine größere Bedeutung zu. So werden die bereits zwischen August 1914 und März 1915, im Zeitraum zwischen Kriegsbeginn und Antritt der Assistentenstelle in Bamberg, begonnenen umfangreichen Arbeiten über die Radiantenbestimmung von Meteorströmen fortgesetzt. Im diesem Zusammenhang bestehen enge Beziehungen nach Wien, dort vornehmlich zu Gustav Niessl von Mayendorf, jenem bedeutenden Meteorspezialisten, zu dem bereits seit der Baltimorer Zeit Kontakte bestehen. Die engen Beziehungen können auch durch die Tatsache belegt werden, dass Hoffmeister 1926 an der *Akademie der Wissenschaften in Wien* als Herausgeber der letzten Arbeiten des im September 1919 verstorbenen Niessl fungiert.[24] Die Verbindung nach Wien bleibt auch nach Niessls Tod unter anderem über Thomas Oswald, den Gründer der bereits erwähnten *Sammelstelle für Meteormeldungen* in Kronstadt und seinerzeitigen Direktor der Wiener Urania-Sternwarte bestehen.

Mit der im Sommer 1919 tatsächlich vollzogenen Errichtung einer – zugegebenermaßen – noch provisorischen, eigenen Sternwarte in Sonneberg scheint im Nachhinein eine Wende zum Positiven einzutreten. Im August 1919 bietet Ernst Hartwig Hoffmeister die Nachfolge Ernst Zinners in Bamberg an, der zum 1. Oktober infolge seines Wechsels nach München dort ausscheiden soll. Er lehnt – nach längeren Überlegungen – ab. Die

23 Hoffmeister, Wilhelm 1969, S. 46.

24 Bestimmungsgrößen für 611 Bahnen großer Meteore (n. d. Tode v. Niessl hrsg. & ergänzt). Wien (Denkschrift Akademie der Wissenschaften Wien; 100) 1926.

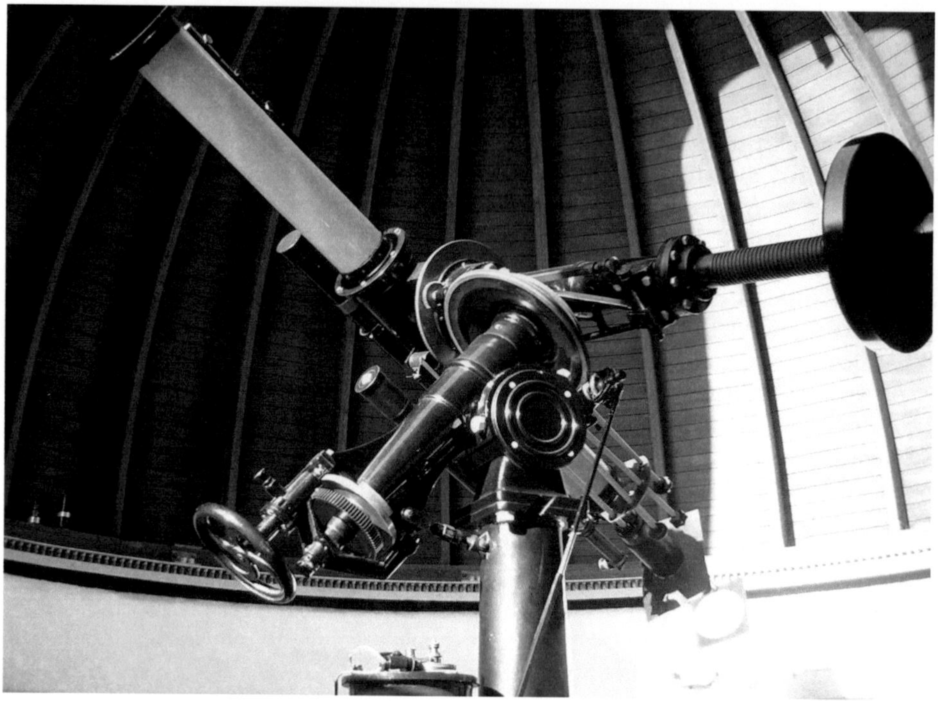

Abbildung 11.3:
135 mm-Refraktor der Hofsternwarte

Foto: Björn Kunzmann

Entscheidung hat vielfältige Ursachen, so spielt auch der bereits in Bamberger Zeiten wiederholt geäußerte Hinweis auf die dortigen, für astronomische Beobachtungen eher unzulänglichen klimatischen Verhältnisse eine gewisse Rolle. Auch die wenig aussichtsreichen mittelfristigen Perspektiven in Bamberg sind von Bedeutung: sein Förderer Ernst Hartwig steht 1919 bereits im 69. Lebensjahr, Hoffmeister ist unverändert ohne akademische Ausbildung. Ganz wesentlich entscheidend ist vermutlich das Drängen seines Vaters – dies sicher auch angesichts der desolaten Situation der Fabrik –, die Laufbahn eines Berufastronomen einzuschlagen, um sich somit zumindest die Möglichkeit einer kontinuierlichen externen Finanzierung zu eröffnen. Mit dem Ende des Kaiserreichs und der Gründung der Weimarer Republik erfährt auch das deutsche Schulsystem grundlegende Änderungen, diese betreffen auch den veränderten Zugang zur Abiturprüfung. In einem Brief an seinen Bruder vom 12. August 1919 schreibt Hoffmeister:

> *„... Zinner verlässt nämlich Bamberg am 1. Oktober, und ich bin von Hartwig zu seinem Nachfolger ausersehen. Ob ich diesem Ruf Folge leisten werde, ist noch sehr zweifelhaft. Daß ich auf dieDauer nicht hier in Sonneberg bleibe, ist*

> *wohl heute schon ziemlich sicher.... Mein Streben geht jetzt dahin, mich von allem, was Geschäft heißt, loszumachen, und die wissenschaftliche Laufbahn zu ergreifen.*“[25]

27jährig wird Hoffmeister am 13. Oktober 1919 Schüler der Oberprima an der Oberrealschule in Sonneberg und erwirbt im Februar 1920 das fehlende Abitur. Im April 1920 folgt der Beginn des Studiums der Astronomie, Mathematik und Physik an der *Thüringischen Landesuniversität* in Jena; der Universitätsbesuch endet 1924, der formale Abschluß erfolgt 1927 mit einer „*summa cum laude*“-Promotion bei Otto Knopf mit dem Thema „*Untersuchungen zur astronomischen Theorie der Sternschnuppen*“.

1926 beschreibt Hoffmeister seine insbesondere hinsichtlich der Sternwartengründung veränderte Situation:

> „*Also schon während meiner Bamberger Tätigkeit musste ich auf die Errichtung meiner Sternwarte hinarbeiten. Damals schien dies noch der e i n z i g e Weg, auf dem überhaupt die aussichtsreiche Fortsetzung meiner wissenschaftlichen Arbeit möglich sein würde; später war es nur der bessere von mehreren Wegen ....*“[26]

Die bereits erwähnte positive Wende findet auch in finanzieller Hinsicht ihre Fortsetzung. An der Sternwarte in Jena ist die Assistentenstelle bei Otto Knopf unbesetzt; Hoffmeister tritt diese für ein Jahresentgelt von 400 Mark am 1. Mai 1920 an. Die astronomischen Arbeiten an seiner Sonneberger „*Hofsternwarte*“ werden im Rahmen seiner Semesterferien fortgeführt. Das im Hinterhof stark eingeschränkte Gesichtsfeld, insbesondere aber der unzureichende Schutz des Refraktors vor Feuchtigkeit führen nach wenigen Monaten zur Aufgabe der provisorischen Sternwarte.

Nach erheblichen Umbauarbeiten wird im Dachstuhl des Elternhauses im Herbst 1920 die „*Dachsternwarte*“ eröffnet. Neben deutlich verbessertem Gesichtfeld (Südosten und Nordwesten), und der wettergeschützten Instrumentenaufstellung bietet die neue Beobachtungsstation zunächst ausreichend Räumlichkeit zur Unterbringung des Instrumentariums wie auch des allmählich anwachsenden Bibliotheksbestands. Die Konstruktion der neuen Sternwarte wird von Hoffmeister später detailliert beschrieben.[27]

Mit der Inbetriebnahme der „*Dachsternwarte*“ ist die Gründung der *Sternwarte Sonneberg* vollzogen, die neugegründete wissenschaftliche Einrichtung erscheint in den astronomischen Publikationen der Zeit ganz offiziell unter diesem Namen. Die Arbeitsgebiete der Sternwarte definieren sich folgendermaßen:

- Erforschung der Sternschnuppen und Feuerkugeln
- Untersuchung des Lichtwechsels Veränderlicher Sterne
- Sammlung und Bearbeitung der Beobachtungen grosser Meteore
- Untersuchung über die kosmische Stellung der Sternschnuppen

25 Hoffmeister, Wilhelm 1969, S. 54.
26 *Die Sterne* **6** (1926), S. 124.
27 *Die Sterne* **6** (1926), S. 124 f.

Abbildung 11.4:
Sternwarte Sonneberg als Dachsternwarte

Foto: Sternwarte Sonneberg

Hoffmeister gibt dies der internationalen Fachwelt zu Kenntnis. In der 1877 in Greenwich begründeten britischen Zeitschrift „*The Observatory*" findet sich 1922 eine Vorstellung der Sternwarte:

> „*Sonneberg. — Herr Cuno Hoffmeister makes the first report of a new Observatory which he has founded at Sonneberg. He has a 13,5 cm-Zeiss refractor, and, as he has parts of the sky cut off by gables of a roof, he is using for these with success plane mirrors placed in front of the object-glass. He intends to continue to work at the paths of meteors, also on variable stars and cometary orbits. Herr Hoffmeister has been collecting and working up the observations of brilliant meteors and fireballs.*"[28]

Die neue Sternwarte etabliert sich bald als europäische Zentralstelle für die Sammlung von Sternschnuppenbeobachtungen.

Am 1. August 1921 gibt Hoffmeister seine Jenaer Assistentenstelle vorzeitig auf, um sich neben seinem Studium vorrangig dem Ausbau der Sonneberger Sternwarte zu widmen. Durch Zukäufe und Stiftungen erfährt die Ausstattung Sternwarte ein kontinuierliches Wachstum. Zu erwähnen ist in diesem Zusammenhang beispielsweise der umfangreiche Nachlaß des bereits 1917 verstorbenen Amateurastronomen Max Blum aus

28 *Observatory* **45** (1922), S. 398.

Meiningen, bestehend aus einer umfangreichen Bibliothek und einer Anzahl astronomischer Instrumente. Letztere werden, soweit ihre Verwendung in Sonneberg geeignet erscheint, in das Inventar der Sternwarte überführt, ansonsten aber weiterverkauft. Nach dem Tode Ernst Hartwigs 1923 gelangt ein Teil seines Nachlasses durch Ankauf nach Sonneberg in die Sternwartenbibliothek. Hinzu kommen zahlreiche Einzelerwerbungen verschiedenster Instrumente, darunter auch eine *Brunsviga*-Rechenmaschine, die unmittelbar zum Einsatz kommt. Der Ausbau der Sternwarte erfolgt mittels privater Finanzmittel, die aus den verschiedenen, bereits erwähnten Tätigkeiten Hoffmeisters stammen. Von wesentlicher Bedeutung jedoch sind mehrere Stiftungen der 1920 als Reaktion auf die prekäre Finanzsituation der wissenschaftlichen Einrichtungen im Nachkriegsdeutschland gegründeten *Notgemeinschaft der Deutschen Wissenschaft e. V.*. In den Jahren 1922/24 gelangen eine neue parallaktische Montierung, ein fotografisches Triplet (D = 1700 mm, f= 1200 mm) aus Zeiss-Produktion und weitere Instrumente in den Besitz der Sternwarte. Interessanterweise stammt das Triplet wohl aus den Beständen von Adolf Miethe, einem Wegbereiter der modernen Fotografie, der bereits 1909 an der Technischen Hochschule in Charlottenburg (1920 nach Berlin eingemeindet) eine Sternwarte für den vornehmlichen Einsatz der Astrogafie gründete. Im Rahmen des Aufbaus der Sternwarte entstehen enge geschäftliche Kontakte zur Fa. Carl Zeiss in Jena, die sich im Laufe der Jahre intensivieren.

Die neue Sternwarte Sonneberg erhält ab 1922 ein eigenes Publikationsorgan, die *Mitteilungen der Sternwarte zu Sonneberg.* Die Einführung erfolgt unter anderem, um dort erzielte Forschungsergebnisse zeitnah und unabhängig der Fachwelt zugänglich zu machen, wird aber auch - angesichts der beginnenden Hochinflation – aus Kostengründen gegründet. Zudem bietet sie als offizielles Publikationsorgan auch die Möglichkeit, über den zwischen den Sternwarten üblichen Schriftentausch Zugang zu den aktuellen Publikationen anderer Einrichtungen zu erhalten. Die Bibliothek der Sonneberger Sternwarte wächst bald auf einen Bestand von über 1500 Einheiten an und ist zudem bereits nach bibliothekarischen Gesichtspunkten sortiert. Sie bildet – unter stetiger Zunahme ihres Bestandes – eine wichtige Grundlage der erfolgreichen wissenschaftlichen Arbeiten der nachfolgenden Jahrzehnte.

1922 tritt Hoffmeister als potentieller Förderer der *Astronomischen Nachrichten* in Erscheinung. Der nach dem Krieg – u. a. – aus Mitteln der *Notgemeinschaft* und ausländischer Sponsoren finanzierte Zeitschrift erhält das Angebot einer privaten Zuwendung für den – nicht erfolgten – Druck von Hoffmeisters Arbeit *Untersuchungen zur theoretischen Natur der Sternschnuppen.*

Hoffmeister, selbst noch Student der Astronomie und Amateurastronom, andererseits in der Fachastronomie bereits anerkannter Wissenschaftler und Leiter einer bald erfolgreichen „Ein-Personen-Sternwarte“, wird in dieser Zeit zum zuverlässigen Ansprechpartner und Berater anderer Amateurastronomen. Diese Tradition der Sternwarte Sonneberg erhält sich über die Jahrzehnte und erfährt auch in der Zeit der deutschen Teilung keine Unterbrechung. In der von Robert Henseling ab 1921 herausgegebenen Zeitschrift *Die Sterne*, zugleich Mitteilungsblatt des *Bundes für Sternfreunde*, der Nachfolgeorganisation der *Vereinigung von Freunden der Astronomie und kosmischen Physik*, deren Mitglied Hoffmeister bereits seit 1909 ist, erscheinen zahlreiche – honorierte – Artikel, die letztlich der Förderung der Amateurastronomie dienen. Jahre später – von 1951 bis 1967 – wird Hoffmeister die Zeitschrift in Nachfolge Henselings herausgeben. Zudem unterstützt Hoffmeister die Arbeit des *Bundes für Sternfreunde* (BdS) durch verschiedene Vorträge und Kurse. Auch übernimmt er in Sonneberg Anfang 1925 in der Nachfolge von Kasimir Graff die Leitung der Beratungsstelle des BdS, einer Einrichtung, die die im BdS zusammengeschlossenen Amateurastronomen zu vielfältigen astronomischen Fragestellungen (z. B. Instrumentarium, Beobachtungsprogramm usf.) kompetent berät. Später finden Jahrestagungen des *Bundes* in der Sonneberger Sternwarte statt. Die Tradition, Sonneberg als Tagungsort für unterschiedliche amateurastronomische Vereinigungen anzubieten, hat sich bis heute unverändert erhalten. Die neue Sternwarte wird frühzeitig auch für die Öffentlichkeit, vornehmlich für Führungen von Schulklassen, geöffnet und erwirbt sich so von Beginn die wichtige Akzeptanz der Stadt Sonneberg,

Der Tod seines Vaters am 19. Oktober 1922 führt zu einer zeitweiligen Rückkehr in den elterlichen Betrieb und erklärt die Verlängerung des eigentlich auf drei Jahre angedachten Universitätsbesuchs in Jena. Nur wenige Monate später, am 3. Mai 1923, stirbt Ernst Hartwig. Cuno Hoffmeister wird später – im September 1924 – von Paul Guthnick, Direktor der Sternwarte Berlin-Babelsberg und einer der einflußreichsten Astronomen im damaligen Deutschland, als Nachfolger in Bamberg vorgeschlagen. Hoffmeister lehnt den Weggang aus Sonneberg ab, dies auch aus den bereits im Zusammenhang mit seiner Bamberger Zeit dargestellten Gründen.

1923/24 vollzieht sich eine grundlegende, letztlich zukunftsweisende Änderung in der Aufgabenstellung der Sternwarte Sonneberg. Resultierend aus den Erfahrungen seiner langjährigen Beschäftigung mit der visuellen Beobachtung veränderlicher Sterne beginnt Hoffmeister mit dem Einsatz der Astrofotografie in diesem Forschungsgebiet, hierbei stehen zunächst Untersuchungen von RR Lyrae-Sternen im Vordergrund. Hoffmeister beschreibt die neue Aufgabenstellung später folgendermaßen:

> „*... Ich hatte die Arbeiten an den veränderlichen Sternen auch während meiner Studienzeit an der Universität Jena (1920 bis 1924) mindestens in den Ferien fortgesetzt und allmählich erkannt, wo die Schwerpunkte dieser Tätigkeit in der Zukunft liegen würden. Hatte ich mich bis dahin auf die Bestimmung von Typen und Elementen beschränkt, so kam jetzt ein höherer Gesichtspunkt hinzu: die Probleme der Statistik. Welcher Anteil der Sterne ist veränderlich? Wie verteilt sich dieser Anteil auf die verschiedenen Typen? Wie ist die Verteilung an der Sphäre und im Raum? Durch die damalige Notgemeinschaft der deutschen Wissenschaft erhielt ich aus den Beständen von Miethe in Charlottenburg ein Zeiss-Triplet 170/1200 mm. Ich überzeugte mich durch Versuche, daß es die Aufnahmen sehr gut ermöglichen, neue Veränderliche zu entdecken. 1926 begann ich mit dieser Unternehmung, die sich in den darauffolgenden Jahren zum Sonneberger Felderplan, zur Statistik der Veränderliche Sterne, entwickelte.*“[29]

Die mit dem erwähnten Zeiss-Triplet ausgestattete Astrokamera wird innerhalb des Felderplans bis 1971 eingesetzt und erzielt fast 8000 Aufnahmen in Form von Foto-

29 Hoffmeister, Cuno 1970, S. 9.

platten. Die zukunftsweisende Entscheidung eines Methodenwechsels unter Verwendung des leistungsfähigen Instruments von Adolf Miethe markieren letztlich den Beginn einer Entwicklung, die die Sternwarte Sonneberg in den folgenden Jahrzehnten mindestens in der Veränderlichenforschung zu einer Forschungsstätte von internationaler Bedeutung machen soll. Der ab Ende 1923 systematisch betriebene Einsatz der Fotografie für die Erforschung der veränderlichen Sterne ist ferner die eigentliche Ursache einer bevorstehenden nochmaligen Verlagerung der Sternwarte.

Die fotografische Fotometrie veränderlicher Sterne ist – verglichen mit der visuellen Methode – in erheblich größerem Umfang von unterschiedlichen Faktoren abhängig. Diese Abhängigkeiten beziehen sich auf die Qualität von Optik, Montierung, Nachführung, Fotoplatte und fotochemischem Material für die Entwicklung. Neben diesen Aspekten ist die Anfälligkeit gegenüber störenden klimatischen und insbesondere anthropogenen Einflüssen bedeutsam.

Bald nach Beginn der fotografischen Beobachtung erweist sich die zentrale städtische Lage der Sternwarte als ungünstig. Hinzu kommen bauliche Mängel der *„Dachsternwarte“*, deren Behebung Hoffmeister zunächst in Erwägung zieht, dann aber auch wegen der Höhe der mit den Baumaßnahmen verbundenen Kosten verwirft.

Ein geschäftlich bedingter Besuch des etwa 240 Meter oberhalb der Stadt gelegenen, neu eingemeindeten Ortsteils Neufang am 11. September 1924 eröffnet eine konkrete Alternative.

> *„... Der Gang nach Neufang ließ einen Plan aufleben, den ich schon lange hege, gegen den ich aber immer wieder Bedenken hatte. Er betrifft die Verlegung der Sternwarte an eine Stelle mit bestmöglichen Lichtverhältnissen. Die neuerliche Überlegung scheint mir aber doch zu zeigen, dass der Plan durchführbar ist, wenn man sich hinsichtlich der Wohnräume und sonstigen Bequemlichkeiten auf das Mindestmaß beschränkt. Ich beschloß die Durchführung des Planes zu betreiben.“*[30]

Innerhalb von knapp zwei Wochen sondiert Hoffmeister das oberhalb von Neufang gelegene, unbebaute Gelände, erstellt detaillierte Vergleiche der für beide Modelle (Umbau vs. Verlegung der Sternwarte) zu erwartenden Kosten, dies unter teilweiser Einbeziehung der örtlichen Verwaltung. In die Finanzierungsplanungen finden auch die Überlegungen anderer Fachastronomen Eingang. Während Ernst Anding sich bereits früher gegen eine öffentliche Co-Finanzierung oder Verstaatlichung einer Sternwarte ausgesprochen hatte – und öffentliche Förderung ist im Falle der Verlagerung der Sternwarte Sonneberg angesichts des geringen Eigenkapitals erforderlich – stand Ernst Hartwig dieser Möglichkeit positiv gegenüber, ebenso wie jetzt auch Paul Guthnick in Babelsberg. Auch der positive Zuspruch von Max Wolf – auch seine astronomische Karriere begann mit einer Privatsternwarte – dem Direktor der seinerzeit höchstgelegenen Sternwarte Deutschlands auf dem Königsstuhl in Heidelberg, ist in diesem Zusammenhang von Bedeutung. Hoffmeister führt in dieser Angelegenheit mehrere Sondierungsgespräche. Neben Guthnick sind auch Otto Knopf, die Fa. Carl Zeiss in Jena und das thüringische Ministerium für

30 Hoffmeister, Wilhelm 1969, S. 70.

Volksbildung in Weimar (Oberregierungsrat Stier) involviert. Nur wenige Wochen nach Manifestierung des Verlegungsplans erfolgt am 13. Oktober 1924 ein Besuch des thüringischen Leitenden Staatsministers Richard Leutheußer, zugleich zuständig für Volksbildung, in der *„Dachsternwarte“*. Anläßlich dieses Besuchs wird die Stadt Sonneberg offiziell in die Verlegungspläne eingeweiht. Der Besuch der Sternwarte führt zu einer durchaus positiven Einstellung Leutheußers:

> *„... Man gewann durchaus den Eindruck, dass es sich schon bei den jetzigen zum Teil recht behelfsmäßigen Einrichtungen um eine wirklich wissenschaftliche Beobachtungsstätte handelt, die in uneigennütziger Weise arbeitet und zweifellos alle Unterstützung verdient. Herr Cuno Hoffmeister ist aufgefordert worden, seine Pläne und Unterlagen alsbald schriftlich hier einzureichen, damit versucht werden kann, für die Errichtung der besonderen Sternwarte die geldlichen Unterlagen sicherzustellen. Nachrichtlich: gez. Stier.“*[31]

Von signifikanter Bedeutung für die weitere Entwicklung der Sternwarte ist eine Denkschrift, die Hoffmeister am 22. Oktober 1924 fertigstellt; sie basiert auf seinen Erfahrungen aus Bamberg, Jena und Sonneberg und den USA. Die *„Denkschrift betreffend die Verlegung der Sternwarte zu Sonneberg“* enthält einen Überblick über die bisherige Entwicklung der Sternwarte, ihre Ausrüstung und Forschungsbereiche, und belegt die Notwendigkeit ihrer Verlegung unter anderem durch eine detaillierte Beschreibung der Situation an ihrem jetzigen Standort. Aufgeführt werden Raumnot, der eingeschränkte Himmelsauschnitt, insbesondere aber die zahlreichen anthropogenen Störungen, verursacht durch *„Rauch und irdisches Licht“*, den nahen Sonneberger Bahnhof, Industrie und Gewerbe, einen geplanten Woolworth-Neubau in unmittelbarer Nähe zur Sternwarte und schließlich den zunehmenden LKW-Verkehr.

> *„... Eine sehr lästige Einwirkung muss noch erwähnt werden: Immer häufiger, auch in späten Nachtstunden, werden photographische Platten dadurch geschädigt oder unbrauchbar gemacht, dass der grelle Lichtschein vorüberfahrender Kraftwagen auf das Objektiv des Instruments fällt. Dies geschieht oft so überraschend, dass es nicht gelingt, den Kassettenschieber rechtzeitig zu schliessen ....“*[32]

Es folgen Angaben über die Kosten des Umbaus der *„Dachsternwarte“* (8000 Mark), die denen eines Neubaus vergleichbar seien, sowie die Vorstellung zweier möglicher Alternativ-Standorte: Berg *„Wehd“* in 500 m Höhe und der Berg *„Erbisbühl“* in Neufang in 638 m Höhe. Die Vorzüge des *„Erbisbühl“* werden umfassend dargestellt: Nähe zum städtischen Versorgungsnetz, Straßenanbindung, 360 Grad-Sichtfeld, gute meteorologische Bedingungen und die Prognose sehr geringer anthropogener Störungen über Jahrzehnte. Hieran anschließend findet sich eine Beschreibung der in Neufang geplanten Einrichtung und Aussagen über deren Kosten. Die Gesamtkosten einer auf das Notwendigste beschränkten neuen Sternwarte unter Einbringung des überwiegend privaten

31 Hoffmeister, Wilhelm 1969, S. 71.

32 Akademiearchiv Berlin-Brandenburgische Akademie der Wissenschaften, Splitternachlass Wilhelm Hoffmeister, Signatur 12/73. Denkschrift S. 4.

Inventars beziffert Hoffmeister auf 20.000 Mark, einschließlich einer von Zeiss zu liefernden Fernrohrkuppel. Neben der Darstellung der geplanten Forschungsvorhaben finden sich Überlegungen zur Lage der astronomischen Forschung in Deutschland und ihrer Positionierung im internationalen Wettbewerb, insbesondere aber gegenüber den Vereinigten Staaten. So sei die Astronomie in Deutschland in instrumenteller, klimatischer, personeller und finanzieller Hinsicht mittlererweile in nahezu allen Bereichen unterlegen. Eine Möglichkeit, diesen Rückstand zu zumindest zu verringern, läge in der Gründung neuer, günstig gelegener Sternwarten, die auch mit vergleichsweise kleinen Instrumenten substantielle Resultate erzielen könnten.

> „... *Die örtlichen Verhältnisse der deutschen Sternwarten aber sind in den meisten Fällen so ungünstig, dass die Arbeiten auf das Empfindlichste darunter leiden müssen. Vor allem fehlen Beobachtungsstätten, die an wirklich bevorzugtem Orte stehen, fast vollkommen. Dies hat seinen Grund vorwiegend in der an sich notwendigen Verbindung mit den Universitäten, also darin, dass wir wohl viele Lehr-, aber nur wenige reine Forschungsinstitute haben. Die Gründung der letzteren ist in der Hauptsache eine finanzielle Angelegenheit, und darin haben die Amerikaner einen unbestrittenen Vorsprung, indem dort die private Opferwilligkeit ganz bedeutend grösser ist als bei uns.*“[33]

Die Methode der komparativen Argumentation findet sich in ähnlicher Weise in mehreren relevanten Papieren der nachfolgenden Dekaden. Der Hinweis auf das eigene Mäzenatentum, verbunden mit dem Vergleich der astronomischen Forschung zwischen Deutschland und den Vereinigten Staaten dient als ein gleichermaßen effektives wie legitimes Mittel zur – nicht nur finanziellen – Sicherung der Sternwarte Sonneberg. Es darf vermutet werden, das dies in erheblichem Maße zu einer positiven Finanzierungszusage durch die politische Führung des neu gegründeten Landes Thüringen beiträgt.

In den anschließenden Monaten sind die potentiellen Förderer Land Thüringen, Stadt Sonneberg, Fa. Carl Zeiss, die *„Notgemeinschaft“* und auch die Universität Jena intensiv mit der Thematik befasst. Bereits am 16. Dezember 1924 erhält Hoffmeister von Zeiss die Zusage über die Spende einer 4,5-Meter-Kuppel für die noch zu errichtende Sternwarte auf dem *Erbisbühl*. Positive Referenzen – unter anderem seitens der *„Notgemeinschaft“* und Paul Guthnicks – gehen ein. Das Thüringer Ministerium für Volksbildung und Justiz rückt im Februar 1925 von der Möglichkeit permanenter Finanzierung ab und bietet lediglich einen einmaligen Finanzierungsbeitrag an, unter der Bedingung, dass die Stadt Sonneberg den überwiegenden Teil der Baukosten übernimmt. Nach längeren Verhandlungen bewilligt der Sonneberger Gemeinderat am 28. April 1925 einstimmig die hälftige Übernahme der Gesamtkosten von 20.000 Mark, weitere Nachbewilligungen folgen bis Anfang 1926.

Im Mai führt Hoffmeister erfolgreiche Kaufverhandlungen mit den beiden Grundbesitzern des avisierten Geländes in Neufang, Marie Bauer und Karl Eichhorn. Die Tochter

33 Akademiearchiv Berlin-Brandenburgische Akademie der Wissenschaften, Splitternachlass Wilhelm Hoffmeister, Signatur 12/73. Denkschrift S. 6.

Marie Bauers, die verwitwete Adelheit Wenzel, führt im Auftrag ihrer Mutter die Verhandlungen. In der Zukunft erweist sie sich als Mäzenin der Sternwarte Sonneberg – Hoffmeister heiratet sie im September 1934. Am 28. Juli 1925 – nach Eingang einer Fördersumme in Höhe von 4000 Mark aus dem Weimarer Ministerium – erfolgt der Baubeginn der Sternwarte auf dem *Erbisbühl.*

11.4 Städtische Fachsternwarte (1925 bis 1930)

Nach verhältnissmäßig kurzer Bauzeit wird die Sternwarte Sonneberg nach ihrer Verlegung am 28. Dezember 1925 wiedereröffnet. Die Einweihung der nunmehr offiziell *„höchsten Sternwarte Deutschlands"* findet auch in der internationalen Fachastronomie erhebliche Beachtung. Hoffmeister entwirft in seiner Eröffnungsrede Perspektiven einer zukünftigen Finanzierung der neuen, nunmehr städtischen Einrichtung:

> *„... Die rein wissenschaftliche Seite bedinge die Warte auch zu einem rein wissenschaftlichen Institut zu machen, die Wissenschaft zu fördern und die Ergebnisse derselben zu verdeutlichen und dem Volke populär zu machen. Mein Arbeitsgebiet wird sich auf die Sternschnuppen und Feuerkugeln erstrecken, um so auf diesem Gebiete die Sternwarte zu einer internationalen wissenschaftlichen Zentrale zu machen. Die zweite Aufgabe ist die auf dem Gebiete der Volksbildung .... Das Kapital, das hier zum Zwecke der Kultur angelegt ist, ist kein totes Kapital. Die direkte Verzinsung ist eine gute zu nennen infolge der Einnahme von Eintrittsgeldern. Wesentlich größer ist die indirekte Verzinsung. Zweifellos ist die Sternwarte ein guter Anziehungspunkt für Sonneberg. Auswärtige Schulen und sonstige Interessenten werden Veranlassung nehmen, nach hier zu kommen. Durch die Sternwarte wird der Name Sonneberg hinausgetragen in alle Lande."*[34]

Mit der teilweisen Übernahme der Funktionen einer Volkssternwarte ist eine Finanzierungsbedingung der Stadt Sonneberg erfüllt. Gut drei Jahrzehnte später beurteilt Hoffmeister die städtische Rolle während der Gründungsphase:

> *„So wurde die Sternwarte ein städtisches Institut. Die naheliegende Frage, was die Stadtverwaltung zu ihrer entgegenkommenden Haltung veranlaßt hat, kann dahingehend beantwortet werden, daß neben kultureller Aufgeschlossenheit auch das Bestreben mitgewirkt hat, in der damaligen „Wiederaufbauzeit" nach Weltkrieg und Inflation einen neuen Anziehungspunkt für den Fremdenverkehr zu schaffen, denn Sonneberg hatte außer seiner schönen Umgebung und dem bemerkenswerten, wohl einzigartigen Deutschen Spielzeug-Museum wenig in dieser Hinsicht aufzuweisen. So versah das Institut zugleich die Funktion einer „Volkssternwarte". Jedoch bestand von Anbeginn kein Zweifel, daß der damalige Status nicht als endgültig angesehen werden konnte ...."*[35]

34 Sonneberger Zeitung, 29.12.1925.
35 Hoffmeister, Cuno 1956, hier S. 121.

Abbildung 11.5:
Die Sternwarte Sonneberg auf dem Erbisbühl

Foto: Sternwarte Sonneberg

Am 17. Januar 1926 wird die Sternwarte – in Erfüllung der ihr auch zugedachten Aufgaben als Einrichtung der Volksbildung – für Besuche durch die breite Öffentlichkeit freigegeben. Es werden Eintrittsgelder in Höhe von 50 Pfennig für Erwachsene, 10 Pfennig für Kinder und 1,50 Mark für Schulklassen erhoben; diese Gelder dienen anfänglich der Refinanzierung der städtischen Investitionen. Mit dem vollzogenen Umzug nach Neufang verbessert sich weder die finanzielle Situation Hoffmeisters, noch normalisiert sich seine ohnehin permanente Arbeitsbelastung. So verfügt die Sternwarte weder über einen Haushaltsplan noch einen eigenen Etat. Die öffentliche Förderung der Sternwarte bezieht sich zunächst lediglich auf die mit dem Bau verbundenen Kosten und umfasst weder ihren Unterhalt noch die Finanzierung von Mitarbeitern. Mit Kurt Glaß wird bereits seit Februar 1925 ein Mitarbeiter für Schreib- und Rechenarbeiten beschäftigt; dieser wird privat finanziert. Neben der Durchführung des wissenschaftlichen Programms mit nächtlichen Beobachtungen und den sich am Tage anschließenden Auswertungen, den obligatorischen öffentlichen Führungen, obliegt Hoffmeister die Administration der Sternwarte und die Verantwortlichkeit für das Einwerben von Finanzmitteln für ihren laufenden Betrieb. Zusätzlich muß Hoffmeister für die Finanzierung seines eigenen Unterhalts Sorge tragen. Ein Zusatzverdienst ergibt sich zeitweilig durch die Verlegung der Beratungsstelle des *Bundes der Sternfreunde* an die Sternwarte.

Die Kosten für den laufenden Betrieb der Sternwarte übersteigen schon bald Hoffmeisters finanzielle Möglichkeiten. Die schneereichen und kalten Winter auf dem *Erbisbühl* lassen die Heizkosten ansteigen, eine moderne Heizungsanlage ist zunächst nicht vorhanden, die Kosten für Holz und Briketts bewilligt schließlich die Stadt nach. Ab April 1926 darf Hoffmeister ein Drittel der eingenommenen Einrittsgelder für seinen eigenen Unterhalt einbehalten. Zur Finanzierung der Sternwarte werden Spendenaufrufe unternommen, die in der Sonneberger Bevölkerung und der ortsansässigen Wirtschaft auf sehr positive Resonanz treffen, das Problem der laufenden Finanzierung jedoch nicht lösen. Eine von der Stadtverwaltung ausgerufene Sammlung im Dezember 1926 erbringt eine Summe von 640 RM, die mit zur Finanzierung einer Gasheizung beitragen. Hoffmeister befördert über intensive Öffentlichkeitsarbeit, Vorträge, über enge Kontakte zu lokaler Presse und Politik das Interesse an der Sternwarte Sonneberg. Die Bemühungen der Stadt Sonneberg und Hoffmeisters, über das Land Thüringen, namentlich das zuständige Ministerium für Volksbildung und Justiz, eine dauerhafte öffentliche Finanzierung der Sternwarte zu erreichen, bleiben jedoch unter Hinweis auf die angespannte Haushaltslage des Landes über mehrere Jahre ohne nennenswerten Erfolg. Die Sternwarte auf dem *Erbisbühl* wird in ihren ersten Jahren durch die Stadt Sonneberg, ihre Bevölkerung und die privaten Einkünfte Hoffmeisters getragen. Für seine Arbeiten über veränderliche Sterne erhält Hoffmeister im Juni 1928 von der *„Notgemeinschaft“* ein einjähriges Forschungsstipendium in Höhe von insgesamt 3000 RM, im Juli den mit 5000 RM dotierten Akademischen Preis der Preußischen Akademie der Wissenschaften. Die Gelder kommen zum überwiegenden Teil der Sternwarte Sonneberg zugute.

Mit der Aufnahme des Beobachtungsbetriebs in Neufang wird eines der wissenschaftlichen Großprojekte der Sternwarte – der *„Sonneberger Felderplan“* – in vollem Umfang aufgenommen. Der *„Felderplan“* dient vorrangig der Gewinnung statistischen Materials über veränderliche Sterne hinsichtlich ihrer galaktischen Verteilung. Der *„Sonneberger Felderplan“* umfasst zunächst 41, später 81 ausgewählte Felder längs der nördlichen Galaxis und wird bis 1995 durchgeführt.

Mit der *„Photographischen Himmelsüberwachung“* wird ab August 1928 ein weiteres großes Projekt begonnen. Die „Himmelsüberwachung“ – von Paul Guthnick inititiert und im August 1926 auf der Jahrestagung der Astronomischen Gesellschaft in Kopenhagen von ihm vorgestellt – beinhaltet die kontinuierliche Überwachung des in Deutschland sichtbaren Himmels mit kurzbrennweitigen Kameras. Ziele dieses zunächst für die Dauer von drei Jahrzehnten angelegten Projektes sind die Entdeckung von Novae, Kometen und veränderlichen Sternen, die Überwachung bereits bekannter Veränderlicher und die Schaffung eines einheitlichen, konsistenten Archivs für veränderliche Sterne und Stellarstatistik. Die Himmelsüberwachung wird an mehreren Sternwarten durchgeführt, wobei jeder Einrichtung die Überwachung definierter Zonen von je 30 Grad zugeordnet ist. Projektteilnehmer sind die Sternwarten in Babelsberg, Bamberg, Sonneberg und Woltersdorf. [36] Die 1922 gegründete, in Wolfersdorf bei Jena gelegene Sternwarte ist eine private Stiftung des Herzogs Ernst II. von Sachsen-Altenburg. Beraten von Guthnick und Hoffmeister werden von 1926 bis etwa 1940 visuelle, fotografische und später lichtelektrische Beobachtungen veränderlicher Sterne durch einen angestellten Astronomen durchgeführt. Große Teile des Wolfersdorfer Instrumentariums stiftet Ernst von Sachsen-Altenburg, mit dem Hoffmeister bis zu dessen Tod 1955 freundschaftlich verbunden ist, später der Sternwarte Sonneberg. In seinem Nachruf schreibt Hoffmeister 1956:

> „... *Er war einer jener Förderer der Wissenschaft, die bei uns so selten sind, ein Mann, der in der Stille wirkte und eine tiefe Befriedigung darin fand, in der letzen Phase seines Lebens unterdrückten Jugendwünschen folgen zu können.*“[37]

Sonneberg erhält aufgrund seiner günstigen Höhenlage und der freien Horizontsicht die südliche Zone (-17.5 Grad).
Die von Guthnick ausdrücklich gewünschte Teilnahme Sonnebergs an der Himmelsüberwachung – Hoffmeister ist bereits seit Februar 1926 in die Planungen einbezogen – erfordert weitere bauliche Erweiterungen der Sternwarte. Im August 1927 wird das *„Beobachtungshaus 1“* in Betrieb genommen, in ihm werden ein 162 mm-Refraktor der Preußischen Akademie der Wissenschaften samt von der *Notgemeinschaft* finanzierter Kamera aufgestellt, wobei die *Notgemeinschaft* auch für die Finanzierung der nötigen Fotomaterialien aufkommt. Die neue Beobachtungsstation gilt als offizielle Außenstelle der Sternwarte Babelsberg, eine Tatsache, die für die weitere Entwicklung von Bedeutung ist. Eine von Babelsberg zur Verfügung gestellte Kamera mit Ernostar-Objektiv wird 1928 in Betrieb genommen. Die laufenden Kosten des *„Beobachtungshaus 1“* werden im wesentlichen aus Berlin finanziert, die Baukosten übernimmt abermals die Stadt Sonneberg nach wieder um vergeblichen Bemühungen um eine Landesfinanzierung. Der schließlich erfolgreichen Fertigstellung und Inbetriebnahme des neuen Gebäudes gehen langwierige politische Verhandlungen voran, auf die Hoffmeister im Rahmen seiner Möglichkeiten Einfluß nimmt. Auch bemüht er sich wiederholt, nunmehr Leiter einer staatlichen Sternwarte, aus Weimar zumindest eine jährliche Grundsicherung für die Sternwarte zu erhalten, wobei er seine eigenen Ansprüche in der bereits aus der Bamberger Zeit bekannten Art auf ein Minimum beschränkt. In einem Brief an Oberregierungsrat Stier vom 6. Januar 1927 schreibt Hoffmeister:

> „... *Obgleich ich, wie Sie wissen werden, nach meiner Vorbildung auch zur Leitung einer staatlichen Sternwarte qualifiziert bin, denke ich keineswegs an die Schaffung einer etatmässigen Stelle. Für eine Direktorenstelle nach Gruppe ii wird sich ja im Landtag doch keine Mehrheit gewinnen lassen, und obgleich mir ja mit einer Bezahlung nach einer der niedrigsten Gehaltsgruppen völlig gedient wäre, geht es doch wieder nicht gut an, den Leiter der Sternwarte auf dieselbe Stufe zu stellen wie Hausdiener und Strassenwärter. Für wesentlich besser halte ich die Bewilligung eines jährlichen Zuschusses*

36 *Astronomische Nachrichten* **228** (1926), S. 225.
37 *Die Sterne* **32** (1956), S. 18.

> *an die Sternwarte, wobei ich ermächtigt werde, einen begrenzten Anteil für persönliche Zwecke zu verwenden und verpflichtet bin, über die Verwendung des gesamten Betrages am Ende des Jahres Rechenschaft zu geben. Die Bearbeitung der Angelegenheit nach dieser Richtung bietet meines Erachtens die meiste Aussicht auf eine befriedigende Lösung. . . .“*[38]

Im selben Schreiben wird um eine Förderung durch die Carl-Zeiss-Stiftung in Höhe von 2500 M für das neu zu errichtende Beobachtungsgebäude gebeten. Massiv unterstützt werden diese Bemühungen durch die Stadt Sonneberg, die sich in gleicher Angelegenheit am 8. April 1927 an Weimar wendet:

> *„. . . Es wäre gleichbedeutend mit der Förderung eines Kulturrückschrittes, wollten wir heute ein derart wichtiges Institut sich selbst überlassen . . . .“*[39]

Nach mangelnder Unterstützung durch das Land Thüringen beschließt die Stadt Sonneberg am 10. Mai 1927 die Finanzierung des neuen Gebäudes unter Einbeziehung städtischer Arbeitskräfte.

Die unsichere Finanzierung der Sternwarte Sonneberg und ihres Leiters gefährden zunehmend ihren Fortbestand wie auch den Erfolg der von Guthnick initiierten Himmelsüberwachung. Diese Gefährdung wächst im Vorfeld der Weltwirtschaftskrise 1929, da auch die Stadt Sonneberg – bislang Garant der Sternwarte – infolge Zahlungsunfähigkeit unter Zwangsverwaltung gestellt wird. Weil zudem das Interesse Thüringens an einer dauerhaften Förderung der Sternwarte Sonneberg aus unterschiedlichen Gründen gering ist, wird der Plan einer Angliederung der Sternwarte an die preußische Sternwarte Babelsberg entworfen. Mit einer *„Denkschrift über Angliederung der Sonneberger städtischen Sternwarte an die Universitätssternwarte Neubabelsberg“*[40] wendet sich Paul Guthnick am 16. Januar 1929 an das Preußische Ministerium für Wissenschaft, Kunst und Weiterbildung in Berlin. Vorgestellt wird das Projekt der Himmelsüberwachung an den drei Standorten Babelsberg, Bamberg und Sonneberg und dessen – unter Bezugnahme auf die USA – Bedeutung für den Fortschritt der Astronomie in Deutschland. Zugleich werden die sich kontinuierlich verschlechternden Beobachtungsbedingungen in Babelsberg beschrieben, hier werden unter anderem die Lichtstörungen durch Flugverkehr und die Babelsberger Filmstudios des *„gefährlichsten Störenfriedes Universum Film A. G.“* angeführt. Aus vorgenannten Gründen wird die Notwendigkeit einer Höhensternwarte für Babelsberg hergeleitet, hierfür wird der Standort Sternwarte Sonneberg in 638 Metern Meereshöhe und deren Kauf vorgeschlagen. Der Wert der Sternwarte wird mit 30.000 RM beziffert (nur Grundstück und Gebäude), die jährlichen Betriebskosten mit 2500 RM. Der Kauf der Sternwarte wird an Bedingungen geknüpft. Erstens soll der Zugang des Publikums zur Sternwarte weiterhin gewährleistet sein und zweitens sollen, um

38 Akademiearchiv Berlin-Brandenburgische Akademie der Wissenschaften, Splitternachlass Wilhelm Hoffmeister, Signatur 12/73.

39 Akademiearchiv Berlin-Brandenburgische Akademie der Wissenschaften, Splitternachlass Wilhelm Hoffmeister, Signatur 12/73.

40 Akademiearchiv Berlin-Brandenburgische Akademie der Wissenschaften, Bestand Babelsberg, AZ 150.

C. Hoffmeisters Sternwarte, Sonneberg i. Th.

Abbildung 11.6:
Die Sternwarte Sonneberg, 1926
Die Sterne **6** (1926), S. 134.

die *„Gefahr schädlicher Anlagen"* (Bebauung) in Sternwartennähe zu vermindern, umliegende Grundstücke quasi als Sperrgrundstücke aufgekauft werden. Die vorhandenen Instrumente sind im Privatbesitz Hoffmeisters oder Leihgaben und werden nicht einbezogen. Des Weiteren werden sowohl die Vorzüge der Sternwarte Sonneberg als auch die Leistungen und persönlichen Eigenschaften ihres Leiters Cuno Hoffmeister ausführlich dargestellt. Die Denkschrift wird vom Direktor der Sternwarte Bamberg, Ernst Zinner, unterstützt und leitet eine erste, über zwei Jahre andauernde Entwicklung ein, die im wesentlichen durch Auseinandersetzungen zwischen den zuständigen Ministerien in Thüringen und Preußen geprägt ist.

Das preussische Ministerium lehnt den Antrag unter Hinweis auf die angespannte Haushaltslage noch im Frühjahr 1929 ab, verweist auf die Möglichkeit einer städtischen Finanzierung und unterstreicht darüber hinaus die Vorzüge, die mit einer Fortführung der Sternwarte Sonneberg als unabhängiger Einrichtung verbunden seien. Hoffmeister verhandelt daraufhin mit der Stadt und erreicht eine Stundung des von Preussen zu entrichtenden Betrags, die Zahlung soll verteilt über mehrere Jahre in Raten erfolgen. Im Verlauf der umfangreichen, bis zum Sommer 1930 dauernden Verhandlungen, erweist sich Hoffmeister erneut als Mäzen der Sternwarte Sonneberg. In einem Schreiben Paul Guthnicks an das preussische Ministerium für Wissenschaften, Kunst und Volksbildung vom 14. Mai 1930 findet sich folgende Aussage:

> *„... Dr. Hoffmeister hat mich ermächtigt zu erklären, dass, falls die Entscheidung für Ankauf davon abhängen würde, er bereit ist, das gesamte Inventar der Sternwarte, soweit es sein Eigentum ist, dem Preussischen Staate als Schenkung zu überweisen.“*[41]

Es folgt eine Auflistung des Inventars, dessen Wert mit 15.000 bis 18.000 RM beziffert wird. Das Angebot Hoffmeisters ist mitentscheidend. Zwar entschließt sich Preussen zunächst nicht zum Ankauf der Sternwarte – als Kaufpreis steht die Summe von 50.000 RM zur Diskussion – wohl aber zur Pacht der Sternwarte, unter der Voraussetzung gleichzeitiger Übernahme der Betriebskosten durch die Sternwarte Babelsberg. Das thüringische Ministerium für Volksbildung in Weimar unternimmt bei allen Verhandlungen bis zur erst Ende 1937 endgültig erfolgten Übernahme der Sternwarte Sonneberg durch Preussen wiederholte Versuche, den Kauf- und Pachtpreis durch eigene Gebote, letztlich aber selbst ohne ernsthaftes Interesse, künstlich zu erhöhen. Eine Erklärung dieses Verhaltens findet sich exemplarisch in einem Brief Hoffmeisters an Guthnick vom 21. Mai 1930:

> *„... Eine neue Wendung ist inzwischen dadurch eingetreten, dass nun anscheinend das Land Thüringen als ernsthafter Bewerber aufzutreten beabsichtigt. Zur Zeit unserer Besprechung war dies bestimmt noch nicht der Fall. Ich glaube, dass diese Wendung einen politischen Hintergrund hat, denn der Volksbildungsminister Dr. Frick ist Bayer und Nationalsozialist und damit sicher kein Freund der Preußen. ...“*[42]

Die sich über fast neun Jahre erstreckenden Verhandlungen um die Angliederung der Sternwarte Sonneberg an Babelsberg sind wesentlich – dies auch nach 1933 – durch politisch motivierte Auseinandersetzungen – in der Hauptsache zwischen den beteiligten Ministerien in Weimar und Berlin – geprägt. Der sich bereits zu Beginn der Verhandlungen ankündigende politische Rechtsrutsch erfolgt in Weimar früher als in Berlin. Thüringen wird ab Januar 1930 unter Beteiligung der NSDAP regiert – ab Januar 1930 untersteht das verhandlungsführende Ministerium für Volksbildung dem NSDAP-Mitglied Wilhelm Frick –, bereits im August 1932 werden bis auf eine Ausnahme alle Ministerien durch Minister der NSDAP geführt. Das für Babelsberg verantwortliche preussische Ministerium für Wissenschaften, Kunst und Volksbildung in Berlin hingegen steht noch bis 1933 unter Leitung des Sozialdemokraten Adolf Grimme.

---

41 Akademiearchiv Berlin-Brandenburgische Akademie der Wissenschaften, Bestand Babelsberg, AZ 150, Signatur J. Nr. 368.

42 Akademiearchiv Berlin-Brandenburgische Akademie der Wissenschaften, Bestand Babelsberg, AZ 150, Signatur J. Nr. **411**.

Die Stadt Sonneberg bemüht sich auch in der Zeit bis zur vollzogenen Angliederung ihrer städtischen Sternwarte an die Sternwarte Babelsberg im Rahmen ihrer Möglichkeiten um unterstützende Maßnahmen, dies auch in Form öffentlicher Spendensammlungen. Wesentlich ist, dass die Stadt bereits frühzeitig der Übernahme der Sternwarte durch den preussischen Staat zustimmt, dies übrigens einstimmig durch alle im Stadtrat vertretenen Parteien.

Am 2. Juli 1930 stimmt auch das thüringische Volksbildungsministerium der Verpachtung der Sternwarte Sonneberg an Preußen zu, für einen Pachtpreis von zunächst 4000 RM bis zum 31. März 1931, danach 5000 RM jährlich.

11.5 „Filiale Erbisbühl" – Die Sternwarte Sonneberg als Abteilung der Sternwarte Berlin-Babelsberg (1931 bis 1946)

Die bereits im Vorjahr gepachtete Sternwarte, von Paul Guthnick verschiedentlich als *„Erbisbühl-Filiale"* tituliert, wird mit Wirkung zum 1. Januar 1931 zur „Universitätssternwarte Berlin-Babelberg, Abteilung Sonneberg". Hoffmeister wird zu deren Leiter ernannt und erhält zugleich die freigewordene Assistentenstelle an der Babelsdorfer Sternwarte. Hierdurch ist Hoffmeister eines Teils der persönlichen Sorgen ledig, die weitere Entwicklung der Sternwarte Sonneberg hingegen bleibt unsicher und belastet die wissenschaftliche Arbeit. Der von Guthnick und Hoffmeister avisierte Verkauf an das Land Preussen verzögert sich aus unterschiedlich motivierten Gründen. Seitens Thüringens existieren Bemühungen, den Kaufpreis zu erhöhen, das für Babelsberg und dessen Abteilung Sonneberg zuständige Ministerium für Volksbildung in Berlin erhält vom Finanzministerium keine Mittelfreigabe. Die Situation bleibt auch 1935, nach dem erfolgten Aufkauf von Grundstücken der Sternwarte durch Hoffmeisters Frau Adelheit, unverändert. Wie bereits 1930, erklärt sich Hoffmeister fünf Jahre später nochmals bereit, die Existenz der Sternwarte Sonneberg aus eigenen Mitteln zu sichern, indem er sich bereit erklärt, den Kauf der Sternwarte aus seinem Gehalt und dem Verkauf des Privat-Inventars zu finanzieren.

In Briefen an Guthnick beklagt Hoffmeister den zunehmenden baulichen Verfall der Sternwarte, berichtet von „verfaulten" Fensterrahmen und Feuchtigkeit in den Gebäuden und fordert wiederholt die Bereitstellung moderner, größerer Instrumente für die Durchführung der beiden großen Projekte über veränderliche Sterne.

> *„. . . Ich habe nicht die Absicht, die Arbeit [Felderplan] stillschweigend zu Ende gehen zu lassen, sondern ich werde erklären, dass ich das Erreichbare durchgeführt habe und die Vollendung dem Ausland überlasse, das die dazu erforderlichen Institute besitzt . . . ."*[43]

43 Akademiearchiv Berlin-Brandenburgische Akademie der Wissenschaften, Bestand Babelsberg, AZ 150, Signatur J. Nr. **874**.

Abbildung 11.7:
Die Sternwarte Sonneberg, 1930

Privatarchiv Björn Kunzmann

Der Tenor dieses Briefes an Guthnick vom 20. Dezember 1935 findet seine Fortsetzung in einem Schreiben vom 13. Januar 1936, verbunden mit der hier nicht wiedergegebenen Andeutung, Sonneberg aufzugeben und die Arbeiten auf der Südhalbkugel fortzusetzen:

> *„... Wenn ich einmal jede gefühlsmäßige Einstellung und alle persönlichen Bindungen (Haus- und Grundbesitz) außer Acht lasse, so ist es fast ausschließlich die Veränderlichen-Arbeit, die mich an Sonneberg fesselt.“*[44]

Als Stellennachfolger Richard Pragers und mit Wirkung zum 1. November wird Hoffmeister am 23. Dezember 1936 zum Observator im preußischen Landesdienst ernannt und erhält den Beamtenstatus. Der Verkauf der Sternwarte Sonneberg an Preussen erfolgt am 9. September 1937, nach fast achtjährigen Verhandlungen.

Die Babelsberger Jahre sind durch zahlreiche instrumentelle und bauliche Erweiterungen der *„Erbisbühl-Filiale“* gekennzeichnet. 1933 gelangt der Babelsberger Doppel-Ernostar-Astrograph nach Sonneberg, um dort im Rahmen der Himmelsüberwachung eingesetzt zu werden, nachdem die Beobachtungsbedingungen in Berlin zu ungünstig werden. 1938 erhält die Sternwarte mit einem 40 cm-Astrographen endlich das bereits

44 Akademiearchiv Berlin-Brandenburgische Akademie der Wissenschaften, Bestand Babelsberg, AZ 150, Signatur J. Nr. **40/1**.

seit 1929 von Hoffmeister gewünschte Instrument für die effektivere Durchführung des Felderplans, 1939 die 6-Meter-Kuppel der Kieler Sternwarte. Auch personell erfährt die Sternwarte deutliche Erweiterungen. 1938 tritt mit Paul Ahnert ein bekannter Amateurastronom und aktiver Veränderlichenbeobachter seine Arbeit in Sonneberg an. Hoffmeister und Guthnick verhelfen dem 1934 zeitweilig internierten Lehrer und SPD-Mitglied unter Umgehung der damals geltenden Bestimmungen zu einer festen Anstellung an einer staatlichen Einrichtung. Die Beobachtungsschwerpunkte in den Jahren 1931 bis 1945 umfassen im Wesentlichen die bereits eingeführten Gebiete:

- Veränderliche Sterne: Überwachungsplan (Bestimmung des Lichtwechsels und Ableitung von Verteilungsstatistiken)
- Veränderliche Sterne: Felderplan (wie Überwachungsplan)
- Interstellare Materie (Meteore, Meteorzählungen, Zodiakalicht, Untersuchungen der Hochatmosphäre)

Im Forschungsgebiet „Interstellare Materie“ existiert bis zum Beginn des Zweiten Weltkriegs eine enge internationale Zusammenarbeit mit Einrichtungen in den USA (insbesondere „American Meteor Society“), Neuseeland, Großbritannien und Japan. Ab 1933 übernimmt Sonneberg den Babelsberger Anteil der Himmelsüberwachung, kriegsbedingt 1941 auch denjenigen der Sternwarte Bamberg. 1942 gelangt – nachdem die astronomische Forschung dort kriegsbedingt eingestellt werden muß – der Gesamtbestand der Bibliothek der Sternwarte Wolfersdorf als Schenkung des Herzogs Ernst von Sachsen-Altenburg nach Sonneberg. Die Veränderlichenforschung wird während der gesamten Zeit (1931 bis 1945) ununterbrochen fortgeführt, nach 1939 allerdings personell deutlich eingeschränkt. Mit Kriegsbeginn untersteht die Sternwarte mittelbar dem Reichsluftfahrtministerium, für das Wetterbeobachtungen durchgeführt werden. Der Hinweis auf die kriegswichtige Bedeutung der Sternwarte ermöglicht es Hoffmeister, Mitarbeiter teilweise in Sonneberg zu halten und so vor dem Fronteinsatz zu schützen. Während des Krieges unternimmt Hoffmeister unterschiedliche Versuche, dies durch Anfragen in Deutschland und bei ausländischen Instituten, die beiden Veränderlichen-Projekte durch Einstellung geeigneter ausländischer Astronomen oder Studenten fortsetzen zu können. Zeitweise arbeiten ab 1941 Wissenschaftler aus Italien, der Ukraine und Belgien mit regulärem Entgelt in Sonneberg. Der im wesentlichen von Hoffmeister Ende 1941 entworfenen Plan, die Veränderlichenforschung in Deutschland zentral in Sonneberg zusammenzufassen, findet im Krieg keine Umsetzung. Geplant war – unter anderem – die Überführung des gesamten Plattenmaterials und die Versetzung des jeweils noch vorhandenen, aktiv mit Veränderlichen befassten Personals der Sternwarten Bamberg, Hamburg-Bergedorf, Heidelberg und Würzburg an die Sternwarte Sonneberg. Der Plan dient einerseits der Sicherstellung der operativen Grundlagen der Veränderlichenforschung in Kriegszeiten, anderseits inkludiert er nachweislich den Versuch, Sonneberg als ein gewissermaßen zweites „Harvard der Veränderlichenforschung“ zu etablieren. Vergleiche mit dem führenden Harvard Collage Observatory in den USA und insbesondere den Leistungen ihres früheren Direktors Edward C. Pickering werden bereits seit den 20er Jahren von Guthnick und Hoffmeister argumentativ in ihren Bemühungen um Verbesserung der astronomischen Infrastruktur in Deutschland bemüht. Eine der Ursachen dieser Entwicklung sind auch in der in der Isolation der deutschen Astronomie als Folge des Ersten Weltkriegs begründet. Die *Astronomische Gesellschaft* verliert ihre Funkion als maßgebliche internationale Gesellschaft. Erst 1928 erfolgt eine Aufnahme deutscher Astronomen (Gaststatus) in die 1919 gegründete *International Astronomical Union* (IAU), erst 1952 wird Deutschland Mitglied der IAU. Die im wesentlichen von Hoffmeister entworfenen Pläne, die Veränderlichenforschung der Sternwarten Bamberg, Hamburg-Bergedorf, Heidelberg und Würzburg zentral in Sonneberg zusammenzufassen, finden im Krieg keine Umsetzung.

Die Sternwarte samt ihrer 1945 mehrere tausend Fotoplatten umfassenden Sammlung übersteht den Krieg äußerlich unbeschadet. Am 12. April 1945 wird Sonneberg von US-Truppen besetzt, ab dem 3. Juli untersteht mit Thüringen auch die Stadt gemäß dem Jaltaer Abkommen der Sowjetunion. Im Rahmen von Reparationsforderungen werden Instrumente der Sonneberger Sternwarte im August 1945 in die UdSSR verbracht, unter ihnen auch das Hauptinstrument der Sternwarte, der 40 cm-Astrograph. Eine geplante vollständige Demontage der Sternwarte kann Hoffmeister durch intensive Verhandlungen mit dem für die Durchführung verantwortlichen sowjetischen Offizier, dem Astronomen und Veränderlichenforscher B. V. Kukarkin verhindern. Trotz Verlustes des Hauptinstruments können die Arbeiten am Felderplan zwar fortgesetzt werden, verlängern die Arbeiten jedoch um mehrere Jahre. Hoffmeisters Plan zur Erstellung eines fotografischen Atlas der nördlichen Himmelssphäre hingegen finden infolgedessen keine Verwirklichung. Erst mehrere Jahrzehnte später – 1992 – erfährt die Idee mit dem *„Sonneberger Photographischen Himmelsatlas“* ihre Umsetzung.

Mit Kriegsende sind die Verbindungen nach Babelsberg unterbrochen – diese Sternwarte untersteht zeitweilig der Akademie der Wissenschaften der UdSSR. Hoffmeister unternimmt 1945/46 verschiedene Versuche, die Existenz der Sternwarte Sonneberg durch Anschluß an die Akademie zu sichern. Frühzeitig sucht er den Kontakt zu Viktor S. Kulebakin, Leiter der Vertretung der Akademie der Wissenschaften der UdSSR im besetzten Deutschland und bietet diesem im Austausch für den Zugang zu internationaler Fachliteratur seinerseits die Verfügbarmachung aller während des Krieges in Sonneberg erzielten Forschungsresultate.[45] Legitimiert durch Befehl 309 der *Sowjetischen Militäradministration in Deutschland* (SMAD) erfolgt 1946 eine Neuordnung der Struktur der Forschungseinrichtungen in der sowjetischen Besatzungszone. Hiermit verbunden ist die Neugründung der Preussischen Akademie der Wissenschaften als *Deutsche Akademie der Wissenschaften zu Berlin* am 1. Juli 1946. Zum 31. Dezember 1946 erfolgt die Auflösung der Abteilung Sonneberg.

45 Timofeeva, Natalia P. (2002), S. 29.

11.6 Sonneberg als Einrichtung der Deutschen Akademie der Wissenschaften zu Berlin (1947 bis 1968)

Seit dem 18. Oktober 1946 gehört die Sternwarte zur *Deutschen Akademie der Wissenschaften zu Berlin*, der Nachfolgerin der aufgelösten *Preussischen Akademie der Wissenschaften*. Mit Wirkung zum 1. Januar 1947 wird die Sternwarte ein selbständiges Akademieinstitut unter dem Direktorat Cuno Hoffmeister. Das Forschungsprogramm bleibt zunächst im wesentlichen unverändert:

> „*Felderplan zur Statistik der veränderlichen Sterne, photographische Himmelsüberwachung, visuelle Überwachung ausgewählter Veränderlicher, Physik der Kometenkerne, Leuchtstreifen und Nachthimmellicht, Säkularstörungen von Meteorströmen.*“[46]

Die Zeit als Institut der Akademie ist von erheblichen baulichen, instrumentellen und personellen Erweiterungen der Sternwarte gekennzeichnet. So gelangen 1947/48 und 1955 auch Kuppel, Instrumentarium und Bibliothek der nach Kriegsende aufgelösten Sternwarte Wolfersdorf an die Sternwarte Sonneberg. Auch aus der Universitätssternwarte in Jena gelangen anfänglich Instrumente nach Sonneberg. Der Ausbau der Sternwarte resultiert insbesondere aus ihrer exponierten Position als eigenständigem, somit besonders förderungswürdigem Akademieinstitut, der Unterstützung durch Carl Zeiss in Jena und der Förderung durch ihren Mäzen und Direktor Cuno Hoffmeister. Allerdings erfolgt der Ausbau anfänglich häufig nicht in dem ursprünglich geplanten Zeitrahmen – Ursache sind infrastrukturelle Probleme der in erheblichem Maße von sowjetischen Reparationsforderungen betroffenen DDR. Die Forschungstätigkeit erfährt einen deutlichen Aufschwung, der sich in der Zahl international beachteter Publikationen niederschlägt. Die Sternwarte bleibt auch als Akademieinstitut für die breitere Öffentlickeit zugänglich:

> „*... In dankbarer Erinnerung der Förderung, die die Sternwarte besonders in ihren Anfängen seitens der Stadt Sonneberg erfahren hat, sind auch die öffentlichen Führungen beibehalten worden. Wenngleich die zunehmende Reisetätigkeit eine starke Belastung in den Sommermonaten mit sich brachte, trotz der Beschränkung auf angemeldete Besuchergruppen, soll dieser Besuch auch weiterhin bestehen bleiben. ...*“[47]

Unter der Leitung Hoffmeisters – wie auch nach seinem Tod – tritt die Sternwarte als Förderer der Amateurastronomie auf. Seit 1948 erscheint der von Paul Ahnert herausgebene „*Kalender für Sternfreunde*“, der insbesondere auch in Westdeutschland zu einem unverzichtbaren Arbeitsmittel der Amateure wird. Ahnert ist es auch, der ganz wesentlich an der Einführung des schulischen Astronomieunterrichts in der DDR beteiligt ist. Darüberhinaus gehen auch Impulse für die Gründung der westdeutschen „*Berliner Arbeitsgemeinschaft für Veränderliche Sterne*“ (BAV) im Jahre 1950 von Hoffmeister aus, die von Beginn an bei der Auswahl der Beobachtungsobjekte, mit Ephemeriden und

46 Naas, Josef (1950), S. 63.
47 Hoffmeister, Cuno 1956, hier S. 126.

Umgebungskarten unterstützt wird. Eine ähnliche Unterstützung aus Sonneberg erhält später auch der 1972 gegründete *„Arbeitskreis Veränderliche Sterne"* (AKV) in der DDR. Auch nach dem Bau der Berliner Mauer im August 1961 bleibt die Sternwarte nicht nur deutschlandweit ein wichtiger Ansprechpartner, dies insbesondere zu allen Fragen der Veränderlichenbeobachtung durch Amateure, wie intensive Korrespondenzen belegen.

In engerem Sinne als Mäzen der Sternwarte tritt Hoffmeister auch in dieser Zeit mehrfach in Erscheinung. So werden 1958 bis 1964 mehrere Instrumente aus seinen Privatmitteln finanziert und der Sternwarte zur Verfügung gestellt. Hierzu zählen beispielsweise ein Koordinatenmessgerät, ein lichtelektrisches Registrierfotometer, ein 150 mm Coudé-Refraktor, insbesondere aber die Stiftung eines 400/1600 mm-Astrografen samt 130 mm-Leitrohr als Ersatz für das im August 1945 in die Sowjetunion verbrachte Gerät. Hoffmeister, seit 1943 Professor an der Universität Jena, erhält 1951 den Nationalpreis der DDR, ist Träger des Vaterländischen Verdienstordens der DDR und der Alexander-von-Humboldt-Medaille, ordentliches Mitglied mehrerer Akademien, zeitweise stellvertretender Vorsitzender der *Astronomischen Gesellschaft* und seit 1964 Ehrenbürger seiner Heimatstadt. Die Auszeichnungen staatlicherseits sind insofern bemerkenswert, als Hoffmeister mit Sicherheit kein Anhänger der gültigen Staatslehre ist. Häufiger erweist er sich durchaus als unbequemer Kritiker des Systems. In diesem Zusammenhang zu erwähnen sind – unter anderem – sein bemerkenswerter Artikel „Zur Frage der Popularisierung",[48] der gerade die Internationalität der Astronomie und die Zusammenarbeit mit dem Westen implizit betont, sein sich durch Nichtbeachtung oder spontane persönliche Abwesenheit auszeichnender Umgang mit offiziellen SED-Vertretern bei deren Sonneberger Besuchen, oder auch die öffentlich geäußerte Kritik an der unzulänglichen Qualität des für astronomische Publikationen zur Verfügung gestellten Papiers in der DDR.

Besonders hervorzuheben jedoch sind seine Bemühungen, über die Regierung der DDR die Sowjetunion zur atomaren Abrüstung zu bewegen. Hintergrund ist das „Göttinger Manifest der 18 Atomwissenschaftler vom 12. April 1957", das sich damals gegen eine drohende atomare Aufrüstung der neugegründeten Bundeswehr richtet und zugleich Abrüstungsschritte anmahnt. Hoffmeister nimmt dieses Manifest zum Anlaß, ähnliche Maßnahmen auch für den damaligen Ostblock einzufordern. Er wendet sich mit der Bitte um Weiterleitung an die Deutsche Akademie der Wissenschaften zu Berlin, da er als Privatperson wenig Möglichkeiten sieht, tatsächlich in dieser Angelegenheit wahrgenommen zu werden, gibt ein (dann sinnentstellt gesendetes) Rundfunk-Interview und publiziert über die Gefahren atomarer Waffen. In seinem Brief an die Akademie vom 29. April 1957 schreibt Hoffmeister:

> *„... Hierzu möchte ich einige Gedanken mitteilen:*
> *Wenn wir England als zweitrangig nicht berücksichtigen, gibt es nur 2 wirkliche Atommächte, die Sowjetunion und die USA. Der Anstoß zu einer veränderten Welthaltung muß von einer dieser Mächte ausgehen, alles andere wäre nutzlos. Mein Vorschlag ist folgender: Eine dieser Mächte sollte die feierliche Erklärung abgeben, dass sie bereit ist, für die Dauer eines Jahres auf Versuchsexplosionen zu verzichten, in der Erwartung, dass sich die anderen*

48 *Die Sterne* **24** (1948), S. 4.

Atommächte dieser Bewegung anschließen werden. ... Was ich mir von einer solchen Übereinkunft verspreche, ist eine Entgiftung der Erdatmosphäre und vor allem der politischen Atmosphäre. ... Da die DDR dem Ostblock angehört, müsste sich unser Vorschlagin erster Linie an die Sowjetunion richten. ... Wir müssen es unseren westdeutschen Kollegen überlassen, eine Einwirkung auf die Regierung der USA zu versuchen. Ich sende daher eine Abschrift dieses Briefes an Herrn Prof. Otto Hahn, zunächst nur, um seine Ansicht dazu zu hören. ...“[49]

Auch dieser Brief dürfte später zu den Ereignissen im Jahre 1967 beigetragen haben. Im August 1961, dem Monat der Errichtung der Berliner Mauer, besucht Hoffmeister die Tagung der IAU in Berkeley. Während andere mitgereiste Astronomen der DDR – unter ihnen auch der Sonneberger Astronom Joachim Schubart, der als Nachfolger vorgesehen ist, nicht zurückkehren, kehrt Hoffmeister in die nunmehr isoliert im 5 km-Grenzstreifen gelegene Sternwarte Sonneberg zurück. 1967 – im Zuge der Akademiereform der DDR und den hiermit verbundenen Umstrukurierungen und der Zusammenfassung von Forschungsinstituten – wird Hoffmeister zum 31. Mai nach gezielten Intrigen von seinen Aufgaben als Direktor der von ihm gegründeten und geförderten Sternwarte entbunden und zum Abteilungsleiter degradiert. Im Dezember 1967 gelingt noch die wesentliche Fertigstellung der Standardmonografie „Veränderliche Sterne“ – das Werk erscheint posthum 1970 unter Mitarbeit der Sonneberger Astronomen Gerold Richter und Wolfgang Wenzel.
Am 2. Januar 1968 stirbt Cuno Hoffmeister.

11.7 Die Sternwarte Sonneberg nach Cuno Hoffmeister

Von 1969 bis 1991 gehört die Sternwarte Sonneberg zu dem im Rahmen der Akademiereform neugegründeten Zentralinstitut für Astrophysik (ZAIP). Neben der Fortführung der langjährigen fotografischen Überwachungsprogramme werden mit den Arbeitsgebieten „Veränderliche Galaxien“ und „Untersuchungen von extrem jungen und anderen Sternen mit zirkumstellaren Hüllen“ neue Schwerpunkte gesetzt. Erwähnenswert sind des Weiteren die Arbeiten am *„Bibliographic Catalogue of Variable Stars“* (BCVS). Obgleich infolge ihrer Lage im Grenzgebiet isoliert – so ist der Besuch westlicher Astronomen in Sonneberg nicht mehr möglich – finden die Sonneberger Forschungsresultate in der internationalen Astronomie erhebliche Aufmerksamkeit.

Nach dem Tod Hoffmeisters ist die Sternwarte wiederholt von der Schließung bedroht. Ein zeitweilig ausgespochenes Beobachtungsverbot wird unterlaufen, die in der DDR geplanten Schließungen können durch engagierten Einsatz der Mitarbeiter erfolgreich abgewendet werden.

Mit der deutschen Wiedervereinigung 1990 ändert sich die Situation grundlegend. Alle Forschungseinrichtungen der DDR werden aufgrund des Einigungsvertrags einer

49 Götz 1992, S. 39. Archiv der Sternwarte Sonneberg, Signatur A89.

Abbildung 11.8:
Sternwarte Sonneberg in Thüringen,
gegründet von Cuno Hoffmeister (1892–1968)

`http://www.widato.de/Dokument8.htm`

ausführlichen Evaluation durch den Wissenschaftsrat unterzogen, dies betrifft auch die Sternwarte Sonneberg als Institut des ZAIP.

Die Ergebnisse der Evaluation begründen die am 5. Juli 1991 verabschiedeten Stellungnahmen des Wissenschaftsrats und werden 1992 publiziert. Die zukünftigen Aufgaben der Sternwarte Sonneberg werden in den Vorstellungen des ZIAP und des Wissenschaftsrats skizziert:

> „*II.11. Zentralinstitut für Astrophysik, Potsdam-Babelsberg, mit Außenstellen in Tremsdorf (Brandenburg), Tautenburg und Sonneberg (Thüringen) ...*
> *d) Perspektiven der weiteren Entwicklung*
> *(1) Vorstellungen des ZIAP*
> *Nach Ansicht des Wissenschaftlichen Rates des Instituts sollen sich die künftigen Forschungsarbeiten den folgenden vier Projektbereichen zuordnen lassen: ...*
>
> - *Langzeitverhalten aktiver Objekte, veränderliche Sterne und Himmelsüberwachung (Sternwarte Sonneberg)*
>   *Das ZIAP geht davon aus, dass es keine Finanzierungsmöglichkeit für das Institut als Ganzes geben wird, und macht daher die folgenden organisatorischen Vorschläge: ...*

- *Die Sternwarte Sonneberg soll mittelbar über die Universität in Jena oder unmittelbar durch das Land Thüringen finanziert werden. In jedem Fall soll sie eine selbständige Einrichtung sein und mit einem eigenen Haushalt ausgestattet sein. ...*

(2) Stellungnahme des Wissenschaftsrats
Der Wissenschaftsrat empfiehlt die Auflösung des Zentralinstituts für Astrophysik. ...
(d) Zwar ist das Arbeitsgebiet der Sternwarte Sonneberg nicht uninteressant, doch besteht weder seitens der vorhandenen Teleskope noch seitens der Qualität des Standorts eine ausreichende Begründung für die Fortsetzung der Forschung an diesem Observatorium. Die wertvolle Plattensammlung und das Archiv jedoch sollten erhalten und durch Überführung nach Tautenburg weiterhin der Forschung zugänglich bleiben. Es wird ebenfalls empfohlen, wenigstens eines der 60 cm-Spiegelteleskope nach Tautenburg zu verlegen und damit die gerade begonnenen lichtelekrischen Messungen von veränderlichen Sternen fortzusetzen. Denkbar wäre darüber hinaus, einen Teil des jetzigen Observatoriums als Volkssternwarte des Landes zu betreiben und für einzelne wissenschaftliche Arbeiten zu nutzen. ...“[50]

Ein Memorandum und unterstützende Stellungnahmen externer Astronomen bleiben ohne Erfolg. Der Einsatz der noch in Sonneberg verbliebenen Mitarbeiter verzögert die Schließung bis zum 31. Dezember 1994, die Sternwarte wird als Abteilung der von Cuno Hoffmeister 1960 mitbegründeten Thüringer Landessternwarte Tautenburg weitergeführt.

Gleichsam in Wiederholung der Geschichte sind es ab 1995 hauptsächlich Stadt Sonneberg und Landkreis Sonneberg, die – unter Mithilfe des 1992 gegründeten Vereins *„Förderverein Freunde der Sternwarte Sonneberg e. V.“* – den Weiterbetrieb als städtische Sternwarte ermöglichen. Seit 2004 wird die Verantwortung für die Sternwarte von der von Mitarbeitern der Sternwarte gegründeten privaten Firma *„4pi Systeme – Gesellschaft für Astronomie und Informationstechnologie mbH“* getragen. Die von Paul Guthnick initierte und von Cuno Hoffmeister 1928 an der Sternwarte Sonneberg begonnene Himmelsüberwachung wird kontinuierlich unter Verantwortung des ehemaligen Mitarbeiters Hoffmeisters – Klaus Löchel – fortgeführt, der Bestand der Plattensammlung umfasst heute mehr als 290.000 Aufnahmen. Die Fortführung dieses weltweit zweitgrößten, qualitativ einzigartigen „Archivs des Himmels“ scheint durch die geplante, infolge der Einstellung der Produktion geeigneter Fotoplatten notwendigen, Umstellung auf CCD-Techniken gesichert.

50 WISSENSCHAFTSRAT: Stellungnahmen zu den außeruniversitären Forschungseinrichtungen in der ehemaligen DDR auf dem Gebiet der Geo- und Kosmoswissenschaften. Köln 1992. S. 146 ff. Anzumerken ist an dieser Stelle, dass die genannten Teleskope die instrumentelle Basis der aus den beiden Veränderlichen-Projekten „Sonneberger Himmelsüberwachung“ und „Sonneberger Felderplan“ resultierenden Plattensammlung in der über lange Zeit höchstgelegenen Sternwarte Deutschlands bilden.

Abbildung 11.9:
Hauptgebäude der Sternwarte Sonneberg

Foto: Björn Kunzmann

11.8 Cuno Hoffmeister als Mäzen

Die Sternwarte Sonneberg stellt die letzte der – in Deutschland im Vergleich etwa zu den USA eher seltenen – größeren Sternwarten-Stiftungen dar. Sie unterscheidet sich in ihrer Gründungsgeschichte in vielerlei Hinsicht von der anderer Stiftungen. Ein wesentliches Merkmal dieser Stiftung, wenn man es strenggenommen überhaupt als eine solche im engeren Sinne bezeichnen kann, ist die Tatsache, dass die eigentliche Gründung der Sternwarte keineswegs auf einem anfänglich bereits vorhandenen signifikantem Vermögen des Stifters aufbaut. Vielmehr entsteht und entwickelt sich die Sternwarte durch zeitlebens eingebrachte finanzielle Zuwendungen, die Investition eigener Erwerbseinkünfte, erhebliche Eigenleistungen, das erfolgreiche Einwerben von Finanzmitteln aus öffentlichen und privatwirtschaftlichen Quellen und durch den unermüdlichen Arbeitseinsatz und wissenschaftlichen Idealismus ihres Gründers Cuno Hoffmeister und seiner Mitarbeiter. Hierbei entstammen die Geldmittel Hoffmeisters aus Ehrungen, Preisgeldern und Gehältern aus seinen verschiedenen Funktionen. Die Zuwendungen Hoffmeisters umfassen Instrumente, Bücher, die Finanzierung von Mitarbeitern, Geldleistungen und tatsächliche investive Maßnahmen der Sternwarten-Infrastruktur. Von besonderer Bedeutung ist in diesem Zusammenhang auch Adelheit Hoffmeister, die aus ihrem Privatvermögen u. a. die Erweiterungsgrundstücke der Sternwarte finanziert. Auch von anderer Seite erfährt die Sternwarte Sonneberg vielfältige Förderung; exemplarisch angeführt seien die Zuwendungen etwa der Sonneberger Bevölkerung, der Carl Zeiss-Stiftung, durch Herzog Ernst II. von Sachsen-Altenburg und andere. In einem weiteren Sinne als Mäzene der Sternwarte Sonneberg bezeichnet werden müssen auch viele ihrer Mitarbeiter, die durch

Sonderarbeiten, unbezahlte Überstunden und finanzielle Unterstützung den Ausbau und die Existenz des Instituts über Jahrzehnte zu sichern helfen.

Danksagung

Für die Unterstützung der Arbeit danke ich der Sternwarte Sonneberg, dem Archiv der Berlin-Brandenburgischen Akademie zu Berlin, dem Institut für Geschichte der Naturwissenschaften, Mathematik und Technik der Universität Hamburg und der Sternwarte Hamburg-Bergedorf. This research has made use of NASA's Astrophysics Data System Bibliographic Services.

11.9 Archivmaterial und Literatur

Blaauw, Adriaan: *History of the IAU. The Birth and First Half-Century of the International Astronomical Union.* Published on behalf of the International Astronomical Union. Dordrecht, Boston, London: Kluwer Academic Publishers 1994.

Akademiearchiv Berlin-Brandenburgische Akademie der Wissenschaften, Splitternachlass Wilhelm Hoffmeister, Signatur 12/73.

Niessl, Gustav: *Bestimmungsgrößen für 611 Bahnen großer Meteore* (n. d. Tode v. Niessl hrsg. & ergänzt). Wien (Denkschrift Akademie der Wissenschaften Wien; 100) 1926.

Geyer, Eward H.; Eichorn, Marianne: Cuno Hoffmeisters Weg zum Astronomen – erschlossen aus seinem Briefwechsel mit Prof. Ernst Hartwig. In: *Cuno Hoffmeister – Festschrift zum 100. Geburtstag.* Hrsg. von Siegfried Marx. Leipzig 1992, S. 112–130.

Götz, Woldemar: Der Lebensweg Cuno Hoffmeisters. In: *Cuno Hoffmeister – Festschrift zum 100. Geburtstag.* Hrsg. Siegfried Marx. Leipzig 1992, S. 11–50.

Hoffmeister, Cuno: Die Sternwarte Sonneberg der Deutschen Akademie der Wissenschaften. In: *Deutsche Akademie der Wissenschaften zu Berlin, 1946–1956.* Berlin 1956, S. 121–132.

Hoffmeister, Cuno: *Sterne über der Steppe.* Leipzig 1954.

Hoffmeister, Cuno: *Veränderliche Sterne.* Unter Mitarbeit von Gerold Richter und Wolfgang Wenzel. Leipzig 1970.

Hoffmeister, Wilhelm: *Die Anfänge der Sternwarte Sonneberg.* Sonneberg 1969.

Naas, Josef: Bericht über die Arbeit der Akademie seit 1. August 1946. In: *Jahrbuch der Deutschen Akademie der Wissenschaften zu Berlin* 1946–1949. Berlin: Akademie Verlag 1950, S. 45–120.

Timofeeva, Natalia P.: Die Vertretung der Akademie der Wissenschaften der UdSSR in Deutschland 1945–1949. In: *Die Berliner Akademien der Wissenschaften im geteilten Deutschland 1945–1990.* Berlin: Akademie Verlag 2002, S. 25–38.

Wissenschaftsrat: *Stellungnahmen zu den außeruniversitären Forschungseinrichtungen in der ehemaligen DDR auf dem Gebiet der Geo- und Kosmoswissenschaften.* Köln 1992.

Abbildung 12.1:
40-inch Yerkes Refraktor,
größter Refraktor der Welt, Alvan Clark & Sons, 1897
http://www.gutenberg.org

Stiftungen in den USA im Vergleich zu Europa

Gudrun Wolfschmidt (Hamburg)

Einleitung

In den USA expandierten Wissenschaft und Industrie ab der Jahrhundertwende dramatisch.[1] Aber in Amerika fehlte es an staatlicher und öffentlicher Unterstützung von Observatorien wie Samuel Pierpont Langley (1834–1906) das klagend hervorhob:

> *„It is not generally understood that among us not only the support of the Governement, but with scarcely an exception every new benefication, is devoted to 'the Old' Astronomy, which is relatively munificently endowed already; while that which I have here called 'the New', so fruitful in results of interest and importance, struggles almost unaided.“*[2]

Es gab nur ein öffentlich finanziertes, nationales Observatorium, das Naval Observatory in Washington, D.C. Trotzdem entstanden in den USA Anfang der 1890er Jahre wichtige astrophysikalische Observatorien, die mit Stiftungen von privater Seite gegründete worden waren. Sie wurden bald erfolgreich, beispielsweise Yerkes (1897), Lick (schon 1874 gegründet), und Mt. Wilson (1904), später noch – nach dem Zweiten Weltkrieg – Mt. Palomar.[3] Die schon 1839 gegründete Harvard-Sternwarte profitierte von der Henry Draper-Stiftung seit den 1880er Jahren.

Es wurden in Amerika besonders Wissenschaftszweige mit Prestige gefördert oder Zweige, in denen Europa nicht führend war.[4] Welche Gründe waren für den Aufstieg der amerikanischen Astronomie maßgebend?

1. Astrophysikalische Forschungen wurden in den Vordergrund gestellt, das gilt auch für die Sonnenphysik.
2. Bedeutende finanzielle Mittel standen aufgrund großer Stiftungen von Privatleuten der Forschung zur Verfügung.[5] Von den sieben Spiegelteleskopen, die Amerika

1 Hughes 1989, deutsch 1991.
2 Langley 1900, hier S. 62.
3 Krisciunas 1988, S. 121–163.
4 Miller 1970. Fehling 1931, S. 7–69.
5 Kohler 1991.

vor dem Ersten Weltkrieg besaß, waren vier (mit einem Durchmesser größer als 1,50 m) jeweils zur Zeit ihrer Errichtung die größten auf der Welt. Zudem besitzt die USA den – auch heute noch – größten Refraktor der Welt (Yerkes 1897, Refraktor Öffnung 1 m).
Die Stiftungsmittel führten auch zu einer günstigeren Personalsituation gegenüber Europa. Das gilt insbesondere für das Harvard-Observatorium, wie Hermann Carl Vogel (1841–1907), Direktor des Astrophysikalischen Observatoriums Potsdam, in einem Brief an den Direktor der Berliner Sternwarte Wilhelm Foerster (1832–1921) schon 1888 betonte:

> *„Diese unbestreitbaren Verdienste* [der Ausländer] *sind wohl im wesentlichen auch auf die großen Geldmittel zurückzuführen, die den Gelehrten namentlich in Amerika zur Verfügung stehen. Was sind die reichen Mittel des Potsdamer Instituts gegenüber den enormen Summen, über die z.B. Pickering verfügt!“*[6]

3. Weitere Vorteile Amerikas liegen in den besseren klimatischen Bedingungen, die weiterhin durch Neugründung von Observatorien in Höhenlagen über 1500 m, wie bei Lick, Mt. Hamilton, und Mt. Wilson, Kalifornien, gesteigert wurden. Zusätzlich wurden Außenstationen in Peru und Chile zur Südhimmelbeobachtung errichtet.

So entstanden Brennpunkte astronomischer Forschung, die sich mit den europäischen Zentren messen konnten. Schließlich übernahm die amerikanische Astronomie dank ihrer Monopolstellung, die ihnen ihre überlegenen instrumentellen Hilfsmittel verschafften, auf vielen Gebieten die Führung im beginnenden 20. Jahrhundert.

12.1 Weitere Beispiele für Stiftungs-Sternwarten in Europa

Blicken wir zunächst nochmals auf die Situation in Europa (vgl. Tabelle). In Europa bilden Stiftungen die Ausnahme; die meisten Sternwarten sind staatlich oder öffentlich finanziert. Drei zusätzliche Beispiele sollen noch genannt und kurz diskutiert werden. Besonders die Zustiftung für die Anschaffung einzelner Instrumente spielt noch eine wichtige Rolle.

12.1.1 Georgios Baron Sinas – Stifter der griechischen National-Sternwarte

Nachdem Griechenland 1830 von der türkischen Herrschaft befreit worden war, entstand ein Königreich unter König Otto I. (von Bayern). Nach der Gründung der Universität wollte man auch ein nationales Observatorium in Athen bauen. Auf dem Nymphenhügel westlich der Akropolis errichtete der dänische Architekt Theophil Hansen (1813–1891) 1842/46 die Sternwarte im klassizistischen Stil: Er wählte einen kreuzförmigen Grundriß,

6 Vogel, Hermann Carl: Brief an Wilhelm Foerster vom 16.11.1888. Zentrales Archiv der Akademie der Wissenschaften, Berlin, Nachlaß Foerster 129.

Tab. 1: Stiftungs-Sternwarten in Europa

Gründung	Sternwarte	Stifter/Sponsor
1802/25/33	Sternwarte Hamburg	Johann Georg Repsold (1771–1830)
1842	National Observatory of Athen	Baron Georgios Sinas (1783–1856)
1845	Sternwarte Düsseldorf-Bilk	Johann Friedrich Benzenberg (1777–1846)
1869/70	Bothkamp bei Kiel	Friedrich Gustav Kammerherr von Bülow
1871	O'Gyalla, Ungarn	Nikolaus Konkoly-Thege (1842–1916)
1881	Szombathely-Herény, Ungarn	Eugen von Gothard (1857–1909)
1887	Observatoire de Nice	Raphaël Bischoffsheim (1823–1906)
1887	Kuffner-Sternwarte Wien	Moritz Edler von Kuffner (1854–1939)
1889	Remeis-Sternwarte Bamberg	Dr. Karl Remeis ((1837–1882))
1896/1909	Sternwarte Berlin-Treptow	Friedrich Simon Archenhold (1861–1939)
1924	Einsteinturm in Potsdam	Einstein-Stiftung, Carl Bosch (1874–1940)
1925	Sternwarte Sonneberg	Cuno Hoffmeister (1892–1968)
1926	Konkoly-Observatorium Budapest	Nikolaus Konkoly-Thege (1842–1916)

orientiert nach den Himmelsrichtungen, mit einer dominierenden Kuppel.[7] Die Stiftung der Athener Sternwarte und ihrer instrumentellen Ausstattung geht auf Georgios Baron Sinas (1810–1876) zurück (500.000 Drachmen). Unter der Kuppel befand sich das Hauptinstrument, der 6,2″-Refraktor (158 mm, f/15) von Plössl, Wien, der für die Vermessung des Meridians von Athen verwendet wurde. Ferner gab es einen 3,7″-Meridiankreis von Starke, Wien / Fraunhofer, München, und fünf kleinere Telekope zur Kometenbeobachtung, dazu Chronometer und meteorologische Instrumente.

Als erster Direktor wurde Georgios Vouris (1790–1860) 1846 bis 1855 ernannt. 1858 bis 1884 folgte der deutsche Astronom Johann Friedrich Julius Schmidt (1825–1884) als Direktor. Mit Hilfe der Stiftung der Familie Sinas ließ er die Instrumente reparieren und verbessern sowie die Bibliothek deutlich erweitern.

Unter dem nächsten Direktor Dimitrios Eginitis (1862–1934), 1890 bis 1934, wurden größere Summen von Athener Bürgern für das Observatorium gespendet: D. Doridis, A. Syggrou, M. Korgialenios, P. Stefanovik, E. Zarifis, K. Mavromichalis, A. Skouzes und N. Hrysovelonis. Damit wurden drei neue Gebäude errichtet und weitere Instrumente angeschafft, benannt nach ihren Sponsoren, u. a. der 40 cm-Doridis-Refraktor und der 16 cm-Syggrou-Meridiankreis, hergestellt von Gautier, Paris.

12.1.2 Baron Rothschild und die Wiener Universitäts-Sternwarte

Die Wiener Universitätssternwarte wurde 1883 eröffnet. Edmund Weiß (1837–1917), der seit 1869 Professor für Astronomie an der an der Universität Wien war und von Beginn an entscheidenden Anteil an der Planung der neuen Sternwarte hatte, wurde ihr erster

7 Da sich die Beobachtungsbedingungen in der Großstadt gravierend verschlechtert haben, wurde ein neues Observatorium in Krionerion, auf einem Hügel in der Nähe der Ortschaft Krioneri westlich von Korinth, errichtet.

Abbildung 12.2:
Die griechische Sternwarte in Athen, 1842/46,
gestiftet von Georgios Baron Sinas (1810–1876),
ab 1890 griechisches Nationalobservatorium

NAO Athen: http://www.astro.noa.gr/ (Dez. 2008).

Direktor.[8] Zu den neuen Hauptinstrumenten – ein großer Refraktor (68 cm/10,5 m) aus Dublin (Dublin), zum Zeitpunkt der Aufstellung der größte der Welt, und ein 12-Zöller (30 cm/5,2 m), Clark (Boston, Mass.) – kam 1885 noch eine großzügige Stiftung von Baron Rothschild (vgl. den Beitrag von Anneliese Schnell in diesem Buch, S. 103):[9]

- ein Äquatorial-Coudé-Fernrohr[10] mit 38 cm Öffnung und 25 m Brennweite und
- ein Normal-Astrograph, ein Doppelrefraktor, Steinheil, München, (34 cm Öffnung und 3,4 m Brennweite) für fotografische Beobachtung bzw. ein Leitrohr mit 26 m Öffnung.

12.1.3 Der Einsteinturm in Potsdam

Als weiteres Beispiel muß man noch den Einsteinturm in Potsdam nennen. Erwin Finlay Freundlich (1885–1964) hatte enge Kontakte zu deutschen Industriellenkreisen.[11] Als

8 Weiss (1873), S. 296–321.
9 Weimer (1982), hier S. 114 und 117.
10 Hnatek (1911), S. 213–224.
11 Kopal (1964), S. 727–728.

besonderen Förderer konnte er Carl Bosch (1874–1940) von der BASF (ab 1924 IG-Farben) gewinnen. Im Dezember 1919 wurde ein Aufruf zur Albert-Einstein-Spende (später Einstein-Stiftung) veröffentlicht; Verfasser war vermutlich Freundlich:

> *„Die Forschungen Albert Einsteins zur Allgemeinen Relativitätstheorie bedeuten einen Wendepunkt in der Entwicklung der Naturwissenschaften. ... Die Akademien Englands, Amerikas und Frankreichs haben unter Ausschluß Deutschlands vor kurzem eine Kommission eingesetzt zur energischen Durchführung der experimentellen Grundlegung der Allgemeinen Relativitätstheorie. Es ist Ehrenpflicht derer, denen an der Kulturstellung Deutschlands gelegen ist, nach Maßgabe ihres Könnens die Mittel aufzubringen, um wenigstens einer deutschen Sternwarte die Prüfung der Theorie in unmittelbarer Zusammenarbeit mit ihrem Schöpfer möglich zu machen. ... Erforderlich sind etwa 500.000 M. Das preußische Kultusministerium hat dem Unternehmen seine Unterstützung in Aussicht gestellt, ...“*[12]

Der Aufruf war sehr erfolgreich: Schon im Mai 1920 waren 200.000 Mark eingegangen; weitere Spenden kamen von der deutschen Industrie, vor allem 100.000 Mark von der chemischen Industrie.[13] Im September 1920 belief sich die Summe auf insgesamt 350.000 Mark Spenden, dazu kamen 200.000 Mark von der Regierung zuzüglich eines jährlichen Unterhaltsbetrags von 20.000 Mark.[14] 1922 nannte Freundlich als Ergebnis der Einstein-Spende die stattliche Summe von 1.190.000 Mark.[15]

Allerdings wurden durch die Inflation die Mittel der Stiftung weitgehend entwertet. Das Kultusministerium mußte mehr und mehr für den Etat aufkommen mit entscheidender Unterstützung durch die Notgemeinschaft und durch die chemische Industrie (auf Initiative von Carl Bosch). Trotz der allgemein schlechten wirtschaftlichen Situation konnte 1920 der Bau beginnen; der Kultusminister betonte im März 1920 die Wichtigkeit des Projekts:

> *„Es liegt im dringenden staatlichen Interesse, daß der in Aussicht genommene Bau eines Turm-Spektrographen, der für den experimentellen Ausbau der Allgemeinen Relativitätstheorie errichtet werden soll, ... möglichst bald in Angriff genommen wird und daß demnach auch die Beschaffung des Baumaterials keinen Aufschub erleidet.“*[16]

So wurde der Einsteinturm im wesentlichen doch staatlich finanziert. 1922 war das Gebäude fertiggestellt: ein Turm von 20 m Höhe mit einem Kuppeldurchmesser von 4,5 m.

12 Aufruf zur Albert-Einstein-Spende vom Dezember 1919. Zitiert nach: Kirsten/Treder 1979, hier S. 177.

13 Freundlich, Erwin Finlay: Brief an Kultusminister Haenisch vom 5.5.1920. Zitiert nach: Kirsten/Treder 1979, hier S. 179.

14 Schreiben vom Kultusministerium an das Finanzministerium vom 14.9.1920 um Bereitstellung von Mitteln aus dem Staatshaushalt 1921. Zitiert nach: Kirsten/Treder 1979, hier S. 181.

15 Bericht von Freundlich an das Ministerium vom Frühjahr 1922. Zitiert nach: Kirsten/Treder 1979, hier S. 189.

16 Schreiben des Kultusministers an Einstein vom 4.3.1920. Zitiert nach: Kirsten/Treder 1979, hier S. 178.

Abbildung 12.3:
Der neue Einsteinturm auf dem Telegraphenberg in Potsdam,
Photo 1921

Berliner Illustrierte Zeitung, Ullstein-Verlag Berlin,
30. Jahrgang, Nr. 36, 4.9.1921.

1924 war das langbrennweitige, sehr lichtstarke Teleskop mit einem Objektivdurchmesser von 60 cm und einer Brennweite von 14.50 m im Turm justiert und montiert. Die Sonne wurde über zwei Coelostatenspiegel (Planspiegel) von 85 cm Durchmesser in den Turm gelenkt.

12.2 Stiftungen von Observatorien in Amerika

Bei Stiftungen in den USA denkt man sofort an Carnegie und Rockefeller,[17] aber auch viele unbekanntere Stifter waren aktiv bei der Finanzierung von Sternwarten und Instrumenten und leben in den Namen ihrer Observatorien oder Teleskope weiter (z. B. Yale College Observatory, Stiftung von Sheldon Clark (1785–1840), 1828).[18]

Einige prominente deutsche Astronomen, unter anderem Karl Schwarzschild (1873–1916),[19] besuchten die USA um 1900 und berichteten begeistert über die amerikanischen Sternwarten und ihre eindrucksvolle Ausstattung aufgrund von Spenden.[20]

12.2.1 Harvard College Observatory (1846) – Smithsonian Center for Astrophysics

Das Harvard College Observatory wurde 1846 gegründet.[21] Die Smithsonian Institution wurde 1846 vom Kongreß geschaffen, um den Willen des Engländers James Smithson (1765–1829) zu erfüllen, der mit seiner Stiftung folgendes beabsichtigte: *"to found at Washington ... an establishment for the increase and diffusion of knowledge ...*". Vielleicht weil James Smithson ein Wissenschaftler war, kreierte er eine Institution für die Steigerung und die Verbreitung des Wissens. Die Smithsonian Institution enthielt Museen und wissenschaftliche Laboratorien.

Obwohl der letzte Wille von Smithson keinen bestimmten Fokus auf eine spezielle Forschungsrichtung hatte, nutzte es der Präsident John Quincy Adams (1767–1848) 1838 zur Gründung eines nationalen Observatoriums, was er folgendermaßen nannte: „*a lighthouse of the skies*“. Die ersten Direktoren des Harvard College Observatory (HCO) waren im 19. Jahrhundert:

- William Cranch Bond (1789–1859), Dir. 1839 bis 1859,
- George Phillips Bond (1825–1865) Dir. 1859 bis 1865,
- Joseph Winlock (1826–1875), Dir. 1866 bis 1875,
- Edward Charles Pickering (1846–1919), Dir. 1876 bis 1919,
- Harlow Shapley (1885–1972), Dir. 1920 bis 1952.

17 Andrew Carnegie (1835–1919) und John D. Rockefeller (1839–1937).

18 Da die Geschichte der amerikanischen Observatorien gut erforscht ist, sollen hier nur einige relevante Literaturhinweise gegeben werden: Struve, Otto (1969), S. 64–69. Loomis(1856), S. 25–52.

19 Anlaß war die 4. Tagung der »International Union for Cooperation in Solar Research« in Pasadena.

20 Schwarzschild, Karl (1910), S. 1531–1544. Larink (1924), S. 61–67, S. 94–97. Krug (1973), S. 165–176.

21 Jones 1971. Bailey 1931. Plotkin 1984, S. 122–124. Gaposchkin (1936), S. 101–106. `http://www.cfa.harvard.edu/about/sao.html` (Dez. 2008).

Abbildung 12.4:
Andrew Carnegie (1835–1919)

Die instrumentelle Ausstattung bestand aus folgendem:

- 10 cm-Refraktor (4-inch), Merz, München, Montierung Simms, London, 1839
- 38 cm-Refraktor (15-inch), Merz & Mahler, München, 1847
  Das 15-inch-Teleskop (38 cm), bekannt als Großer Refraktor, wurde 1847 in Cambridge installiert. 20 Jahre lang war es das größte Teleskop der Vereinigten Staaten und vergleichbar mit den bedeutenden Fernrohren der Welt.
- 23 cm-Refraktor (9-inch), Alvan Clark & Sons, 1912
  Der 9-inch-Refraktor (23 cm) wurde von Alvan Clark & Sons 1912 errichtet (Brennweite 9 Fuß = 2,75 m, f/12). Clarks Teleskope waren weltweit für die Qualität ihrer Optik bekannt und waren in den großen Observatorien zu finden.

Abbildung 12.5:
Unten: Harvard College Observatory (HCO), Cambridge, Mass., 1846
(Smithsonian Institution, initiiert durch den Engländer James Smithson (1765–1829).)
Oben: Großer Refraktor (38 cm), Merz & Mahler, München, 1847,
mit dem Beobachtungsstuhl von Repsold, Hamburg

Loomis 1856, S. 39 und 40.

Ein wichtiges Arbeitsgebiet wurde in Harvard durch eine großzügige Stiftung geschaffen: Henry Draper (1837–1882), der eine Privatsternwarte in Hastings am Hudson, New York, besaß, war ein Pionier der Spektralphotographie; ihm gelang 1872 das erste Photo des Fixsternspektrums von Wega in der Leier. Nach seinem Tod erlaubte die „Henry Draper Stiftung“ durch seine Witwe Mary Anna Palmer Draper (1839–1914) der Harvard-Sternwarte eine umfassende Untersuchung von Spektren. Die bisherigen Klassifikationen beruhten im wesentlichen auf visuellen Spektren. Die neue Technik der Photographie versprach verfeinerte Ergebnisse. So begann 1885 in Harvard, Cambridge/Mass. ein Großunternehmen:[22] Unter der Leitung von Edward Charles Pickering photographierten die Astronomen Sternspektren in Arequipa/Peru mit einem Objektivprisma von 20 cm Öffnung. Diese Fülle von Spektren sollte die Grundlage für eine neue Spektralklassifikation bilden. Zur Auswertung beschäftigte er als Pionier der Einstellung von weiblichen Arbeitskräften zwischen 1875 und 1927 immerhin 71 Frauen als Mitarbeiterinnen.[23] Die Tätigkeit der Frauen erstreckte sich auf die Ausmessung von Sternkoordinaten oder Spektren auf Photoplatten, die die männlichen Mitarbeiter in Peru aufgenommen hatten. Wenn die Frauen Berechnungen zu machen hatten, bezeichnete man sie sogar als »Lady Computer«.

Das Smithsonian Astrophysical Observatory (SAO) wurde 1890 in Washington von Samuel Pierpont Langley (1834–1906) gegründet, der dritter Sekretär der Smithsonian Institution war. Das Ziel war insbesondere das Studium der Sonne.[24] 1955 wurde das SAO von Washington, D. C. nach Cambridge, Massachusetts, verlegt, um mit dem Harvard College Observatory zu fusionieren.[25] Dann wurde die Zahl der Astronomen, die instrumentelle Ausstattung und am wichtigsten, die wissenschaftliche Zielsetzung ausgeweitet. Fred Whipple (1906–2004), der erste Direktor des SAO in dieser neuen Ära, begann ein weltweites Satelliten-Netzwerk aufzubauen, ein Entschluß, der das SAO führend in Weltraumwissenschaft machte. 1973 wurde die Verbindung zwischen Smithsonian und Harvard verstärkt; dies führte zur Schaffung einer vereinigten Institution, genannt Harvard-Smithsonian Center for Astrophysics (CfA).

12.2.2 Lick Observatory, Mt. Hamilton, Kalifornien (1888)

In den 1870er Jahren richtete James Lick (1796–1876), ein Pennsylvania Dutchman, der sein Millionen-Vermögen in „California real estate“ gemacht hat, einen Trust ein, und gab eine Summe von 700.000.-$ zum Zweck der Konstruktion und Errichtung eines Teleskops: *„a powerful telescope, superior to and more powerful than any telescope ever*

22 Plotkin (1978), S. 356–377.

23 Mack (1990), S. 65–75. Rossiter (1980), S. 381–398.

24 Langley ist heute als Pionier der Aeronautik bekannt, aber er hatte Astronomie studiert und war der erste amerikanische Wissenschaftler, der Astrophysik als neues Forschungsgebiet erkannte. Langley erfand das Bolometer und wies die infrarote Strahlung der Sonne nach. Er sah modernen Befürchtungen bzgl. Klimaveränderungen vorher, als er nach Beziehungen zwischen solaren und terrestrischen Phänomenen suchte.

25 Jones 1965.

yet made, ... and also a suitable observatory connected therewith ...".[26] James Lick wurde folgendermaßen charakterisiert:

> „*He was an honest, industrious man, of much common sense, though noted for many eccentricities and whims and in his later years, of irritable and thoroughly disagreeable temperament. ... his great and well merited fame rests on the final disposition of his millions, which after provision for his relatives, were devoted to various scientific, chartable, and educational enterprises for the benefit of the donor's adopted state.*"[27]

Durch drei Personen wurde James Lick zur Astronomie und zur Finanzierung eines Observatoriums geführt. Ursprünglich wollte er sich nur ein großes Monument setzen; nach einer großen Statue dachte er besonders an eine Pyramide größer als alle in Ägypten. Dann traf er 1860 einen Astronomiestudenten namens George Medeira, der ihm begeistert von astronomischen Entdeckungen erzählte und ihn durch sein kleines Fernrohr schauen ließ. Er schlug ihm vor, das größte Teleskop der Welt bauen zu lassen. Joseph Henry (1797–1878), Sekretär der Smithsonian Institution, traf James Lick 1871 und lenkte ihn in Richtung der Stiftung einer großen wissenschaftlichen Institution vergleichbar wie John Smithson im Falle vom Harvard College Observatory. Schließlich wurde der Millionär häufig von seinem Freund George Davidson (1825–1911), Astronom, Geograph und Präsident der Californian Academy of Sciences, in San Francisco besucht und lenkte ihn in Richtung der Idee eines größten Teleskops als Monument:

> „*They discussed science, astronomy, the planets, the rings of Saturn, and the mountains in the moon. Their talks soon veered to telescopes, and before long Lick decided to forego his pyramid and instead give his fortune for a telescope superior to and more powerful than any yet made.*"[28]

Das Lick Observatory auf Mt. Hamilton (1284 m) wurde 1888 eröffnet – 90 km südwestlich von San Francisco.[29] Lick legte fest, daß der ganze Komplex zur University of California gehören sollte. Das Lick Observatory war das erste dauerhafte Bergobservatorium. Die instrumentelle Ausstattung des Lick Observatory bestand aus folgenden vier Hauptinstrumenten:

- 36-inch-Refraktor, der zur Zeit seiner Errichtung der größte der Welt war (Alvan Clark & Alvan G. Clark, Mass., 1880 bis 1888); heute ist er der zweitgrößte.
- der historische 36-inch Crossley Reflektor, gebaut vom Amateurastronomen Andrew A. Common in England 1879, und 1885 gekauft von Edward Crossley für sein Privatobservatorium in Halifax, Yorkshire (UK); wegen des schlechten Wetters in England beschloß er, das Spiegelteleskop der Lick-Sternwarte zu schenken (1896),

26 James Lick original deed of trust, 1874. In: Publications of the Lick Observatory 1 (1887), S. 5–11.
27 Hubert H. Bancroft in: Lick, Rosemary 1967.
28 Osterbrock et al. 1988.
29 Holden, Edward S.: , S. 59–77. Moore (1938), S. 189–203). Vgl. `http://mthamilton.ucolick.org/public/history/James_Lick.html`.

Abbildung 12.6:
James Lick (1796–1876)
Lick Observatory, Mt. Hamilton, Kalifornien (1888)

Lick Observatory

- der 20-inch Doppel-Astrograph (1934), finanziert von der Carnegie Cooperation, – die blau-korrigierte Linse war 1941 fertig, die gelb-korrigierte Linse erst 1969, finanziert von der National Science Foundation,
- der 120-inch Shane Reflektor (1959) mit Primärfokus, Cassegrain- und Coudé-Fokus.

12.2.3 Kenwood Observatory in Chicago, Illinois (1890)

Der 24jährige George Ellery Hale (1868–1938) bekam das Kenwood Observatory als Privatobservatorium, finanziert durch seinen Vater. Der Präsident der Universität Chicago William Rainey Harper (1856–1906) bot Hale 1891 eine Professur an, unter der Bedingung, das Observatorium mit dem 12-inch Refraktor für die Universität zu bekommen.

Abbildung 12.7:
George Ellery Hales Kenwood Observatory, Chicago, Illinois, 1890
Mt. Wilson Observatory

Hale akzeptierte schließlich 1892 – aber unter der Bedingung, daß die Universität ein neues großes Observatorium für 250.000 $ errichten müßte.

12.2.4 Yerkes Observatory in Wisconsin (1897)

William Rainey Harper (1856–1906) war der erste Präsident der Universität Chicago (seit 1891); er wurde folgendermaßen charakterisiert:

„The president is a man of great persuasiveness, and it is easy for him to present to his Trustees, in a very convincing way, the importance and necessity of the things which he desires to see accomplished. Being subjected as they are to this pressure, and realizing the value and the need of the various things recommended, it is not surprising that the Trustees should be disposed to acquiesce in his plans, so far as the resources of the institution will permit; and to be optimistic with regard to the possibility of increasing those resources.“[30]

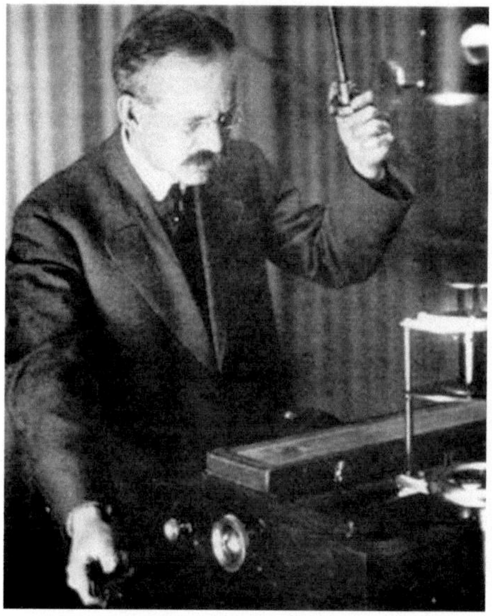

Abbildung 12.8:
Links: George Ellery Hale (1868–1938) – Rechts: John D. Rockefeller (1839–1937)

Er stand in engem Kontakt mit Rockefeller und einigen anderen potenten Stiftern. Beispielsweise stiftete John D. Rockefeller (1839–1937) für die Universität Chicago 35 Millionen $ von 1892 bis 1910 und galt damit praktisch als ihr Gründer. Harper besuchte mit George Ellery Hale den Transportation Tycoon von Chicago, Charles Tyson Yerkes (1837–1905), und sie überzeugten ihn schließlich, den größten Refraktor der Welt einschließlich des Observatoriums zu finanzieren. Hales hatte umfassende astrophysikalische Arbeiten geplant:

30 Starr J. Murphy, Mitarbeiter von John D. Rockefeller: Bericht (1903). Building for a long future: The University of Chicago and Its Donors, 1889–1930, vgl. `http://www.lib.uchicago.edu/e/spcl/excat/donors1.html`

> „... *solar observations, comprising visual and photographic studies of the structure of the photosphere, spots and faculae, photography of the faculae, chromosphere and prominences with the spectroheliograph, spectroscopic observations, both visual and photographic, of all classes of solar phenomena, and bolometric and photometric investigations of various kinds; micrometric observations of double stars, nebulae, planets, satellites, comets, etc.; photography of the Milky Way, stars, nebulae, etc.; researches in stellar spectroscopy; meridian observations; laboratory work of various kinds, principally with the spectroscope, bolometer and refractometer.*“[31]

Der *Daily Inter Ocean* pries einerseits Sidney Kent († 1900), Chicago Gas Trust, wegen der Finanzierung des chemischen Laboratoriums der Universität Chicago (1894) und andererseits Charles Tyson Yerkes für seinen großartigen Einsatz für die astronomische Wissenschaft (Observatory 1897) und verglich beide mit den Medicis als Patrone der Wissenschaften:

> „*What Lorenzo the Magnificent did for art in Florence,*
> *Kent and Yerkes, each in his own way, are doing for science in Chicago*“.

Das Yerkes-Observatorium, errichtet vom Architekten Henry Ives Cobb (1859–1931), wurde 1897 eingeweiht; es lag an Lake Geneva in der Nähe von Williams Bay in Wisconsin.[32] Hale war in Yerkes 1895 bis 1905 Direktor, ab 1897 auch ordentlicher Professor für Astrophysik in Chicago.

George Ellery Hale hatte gehört, daß zwei 40-inch Glasrohlinge verfügbar wären, die die University of California aufgrund finanzieller Schwierigkeiten nicht mehr brauchen konnte – Grundlage für die instrumentelle Ausstattung des Yerkes Observatory:
- 40-inch-Refraktor (Öffnung 1 m, größter Refraktor der Welt), Montierung: Warner & Swasey, Optik: Alvan Clark & Sons (Glasrohling Mantois, Paris), 1897 (vorher 1893 auf der Weltausstellung, der Columbian Exhibition, in Chicago ausgestellt)
- Der Rumford-Spektroheliograph am 40“-Refraktor:

> „... *it was expected that a new spectroheliograph, large enough to photograph the seven-inch (17.8 cm) image at the focus of this telescope, would soon be ready for use. ... it finally became possible to undertake work on this instrument (through a grant from the Rumford Fund and the gifts of friends of the Observatory).*“[33]

- Dreiprismen-Spektrograph, 1901
- 40-inch-Reflektor, genannt 41-inch zur Unterscheidung
- 24-inch-Reflektor
- 10-inch-Reflektor
- Schmidt Kamera

31 Hale (1897), hier S. 171.

32 Klüber In: Die Himmelswelt, S. 102–107.
`http://astro.uchicago.edu/yerkes/virtualmuseum/Yerkes.html`

33 Hale / Ellerman (1903), hier S. 5–6.

Abbildung 12.9:
Stifter des Yerkes Observatory in Wisconsin:
Charles Tyson Yerkes (1837–1905), ein Chicago transportation tycoon
Yerkes Observatory

- Instrumente zur Sonnenphysik (Snow Telescope, 1903, seit 1904 auf Mt. Wilson). Die Kosten der Instrumentierung betrugen immerhin 409.000 $.

12.2.5 Mt. Wilson Observatory in Kalifornien (1904)

1902 wurde George Ellery Hale in das Advisory Committee der Carnegie Institution of Washington für den Bereich Astronomie gewählt. In dieser Eigenschaft suchte er 1903 einen geeigneten Beobachtungsplatz für ein neues Observatorium – nach dem Yerkes Observatory.

> „... *it appears that Mount Wilson meets in a very remarkable degree the requirements of a site for a solar observatory. Indeed, I know of no other site that compares at all favorable with it. If a larger solar observatory were established there, it might be expected to yield many important results, not to be obtained under less favorable conditions.*“[34]

So entstand 1904 mit Hilfe der Carnegie-Stiftung das Observatorium Mt. Wilson mit zwei Turmteleskopen (60 Fuß und 150 Fuß) in den Jahren 1904 und 1908.[35] Mt. Wilson

34 Hale (1903), hier S. 27.

35 Hale (1905). Adams (1947), S. 213–231, S. 285–304; ibid. (1954), S. 267. Krisciunas: Mt. Wilson and Palomar. In: Krisciunas 1988, S. 165–191.

Abbildung 12.10:
Oben: Yerkes Observatory, 1m-Refraktor, Alvan Clark & Sons, Warner & Swasey, 1897
Unten: Yerkes Observatory in Wisconsin (1897), Architekt: Henry Ives Cobb (1859–1931)

Foto organisiert von Gudrun Wolfschmidt; Yerkes Observatory

Abbildung 12.11:
Mt. Wilson Observatory:
Kuppeln für das 1,5 m- und 2,5 m-Spiegelteleskop, 1907 und 1917
sowie Sonnentürme 18 m und 50 m, 1908 und 1912

Mt. Wilson Observatory

als erstes modernes Sonnenobservatorium der Welt wurde Vorbild für viele weitere im 20. Jahrhundert. Die Sonnentürme erwiesen sich erfolgreich in Verbindung mit dem von Hale erfundenen Spektroheliographen und außerdem zur Messung von Magnetfeldern.[36] Hale war von 1904 bis 1923 Direktor dieses Forschungsinstituts Mt. Wilson.

Mit weiteren Spenden von der Carnegie Institution gelang ihm zunächst 1908 die Errichtung eines 1,5 m-Spiegelteleskops, dann 1917 der Bau des 2,5 m-Hooker-Reflektors, des bis 1948 größten Teleskops der Welt, großzügig gestiftet (45.000$) von John Hooker (1838–1911), einem Geschäftsmann aus Los Angeles, der seinen Namen mit dem größten Teleskop der Welt in Verbindung sehen wollte:[37]

> *„Es war das Hooker-Teleskop, der 100inch (2,50 m)-Reflektor des Mount Wilson Observatoriums, der Carnegie Institution of Washington, das die Erkenntnis vom Wesen der Nebel endgültig sicherstellte, und das den von unserm positiven Wissen umfaßten Bereich auf das Tausendmillionenfache erweiterte. Es ist das größte unter den heute in Benutzung befindlichen Fern-*

36 Wolfschmidt 2005, S. 169–198.

37 John Hooker hatte allerdings die restlichen 10.000$ nicht gezahlt, als er 1911 starb; diese wurden vom Carnegie Institute übernommen, trotzdem wurde das Teleskop nach Hooker benannt.

Abbildung 12.12:
2,5 m-Hooker-Teleskop, Mt. Wilson Observatory, 1917

Wikimedia Commons: Foto ©Andrew Dunn, 1989.
Webseite: http://www.andrewdunnphoto.com/

> *rohren, es hat die größte Lichtstärke und die größte Reichweite. Aus diesem Grunde bestimmt es die heutige Ausdehnung des beobachtbaren Raumbereiches und hat die wichtigsten Daten für die Untersuchung dieses Bereiches als Muster des Weltalls beigesteuert.“* [38]

Das Hooker-Teleskop wurde von der „American Society of Mechanical Engineers“ 1981 ausgezeichnet als „International Historical Mechanical Engineering Landmark“ – damals das 4. technisches Baudenkmal dieser Art in den USA.

Abbildung 12.13:
5 m-Hale-Teleskop, Mt. Palomar Observatory, 1948

Mt. Palomar Observatory

Als nächsten Schritt plante Hale schon ab 1906 den Bau eines doppelt so großen Reflektors; Francis G. Pease (1881–1938) war der Chef-Designer. Mit Geldmitteln der Rockefeller-Stiftung wurde 1948 der 5 m-Spiegel für das California Institute of Technology (Caltech) als Hale-Teleskop auf Mt. Palomar fertiggestellt (bis 1976 größtes Teleskop der Welt).

Aber auch heute noch wird in den USA der Bau von Observatorien gesponsert, man denke beispielsweise an das 10 m-Keck-Teleskop (aus 36 hexagonalne Segmenten), betrieben von Caltech und University of California (UC) und finanziert durch William Myron Keck (1880–1964), dem Gründer der Superior Oil Company, der 1854 die W. M.

38 Hubble 1938, S. VIII.

Keck Foundation gegründet hatte: Für die Teleskope Keck I (1993) und Keck II (1996) auf Mauna Kea, Hawaii wurden 140 Millionen $ zur Verfügung gestellt.

12.3 Miss Bruce und die Heidelberger Sternwarte

Die amerikanische Stiftungsfreudigkeit hatte sogar Auswirkungen auf Deutschland: Der Heidelberger Astrophysiker Max Wolf (1863–1932) hatte auf einer Amerika-Reise 1893 die großen Sternwarten der USA besucht.[39]

Dort lernte er Catherine Wolfe Bruce (1816–1900), eine bekannte amerikanische Stifterin für astronomische Instrumente, kennen:[40]

> *„Dr. Wolf's splendid work had already received recognition in America, and, as his instrumental equipment was not what it should be, Miss Catherine Bruce, of New York, the great friend of American astronomers, presented Dr. Wolf with the means to secure the largest and best photographic telescope that could be made for his especial research in the domain of planet and nebula photography.“*.[41]

Ihr zu Ehren wurde dieser 40 cm-Astrograph der Heidelberger Sternwarte „Bruce-Teleskop“ genannt. 1897 begann Max Wolf mit diesem photographischen Doppelrefraktor (zwei Teleskope: 40 cm Öffnung, 2 m Brennweite) mit Himmelsaufnahmen. Sie führten zur Entdeckung vieler neuer Nebel. Diese Photographien brachten Max Wolf 1909 auf die Idee einer neuen Klassifikation der Nebel mit 23 Typen. Am 22. Dezember 1891 entdeckte Max Wolf den Kleinplaneten (323) und nannte ihn Brucia,[42] der Stifterin des Teleskops zu Ehren. Es handelte sich um den ersten Kleinplaneten, der photographisch entdeckt worden war. Mit dem Bruce-Teleskop wurden in den folgenden Jahrzehnten mehr numerierte Kleinplaneten als mit jedem anderen Teleskop in der Welt entdeckt.

Schon auf den Bestand der Karlsruher Sternwarte (1894) geht der 8 Zoll-Kann-Refraktor (20 cm Öffnung, 3 m Brennweite) zurück, benannt nach seinem Stifter, L. Kann.

In den USA hatte Max Wolf auch frühe Spiegelteleskope kennengelernt. Wolf entschied sich als erste deutsche Sternwarte für ein Spiegelteleskop, den 72 cm-„Waltz-Reflektor“ mit 2,8 m Brennweite – wieder benannt nach seiner Stifterin Frau Käthe Waltz, einer Verwandten von Max Wolf. Im Beobachtungsbuch der Sternwarte vermerkte Max Wolf: *„Der Waltz-Reflektor verdankt seine Entstehung der Schenkung der Firma Carl Zeiss durch Herrn Dr. M. Pauly (ein Freund des Unterzeichnenden) und dem Zuschuss aus dem Bohm-Waltz-Vermächtnis sowie einem Zuschuss aus der Bruce-Stiftung. Da der Wert des fertigen Instruments Mark 45.000,- beträgt, so sind rund Mark 24.000,- durch die Firma Zeiss geschenkt worden.“*[43] Mit dem Waltz-Reflektor (Newton-Teleskop,

39 Wolf, Max: Tagebuch einer Amerika-Reise, 1893. Handschriftenabteilung Universität Heidelberg.

40 Miss Bruce hatte u. a. dem Yerkes Observatory 1901 den sog. Bruce Spektrographen gestiftet. Frost / Adams (1903), S. 145–250, Plate I–III.

41 Brashear (1903), hier S. 548.

42 `http://www.astro-mainz.de/mzimall/323.htm`

43 `http://www.uni-heidelberg.de/presse/news06/2609last.html`

Abbildung 12.14:
Bruce-Teleskop (40 cm-Astrograph), 1897
72 cm-Waltz-Reflektor, 1906, der Heidelberger Sternwarte

heute betrieben im Nasmyth-Fokus, 14 m Brennweite) leistete Max Wolf ab 1906 neben Planetoidenentdeckungen wichtige Beiträge zur Nebelforschung. Zusätzlich widmete er sich auch spektroskopischen Untersuchungen, wozu er einen Zwei-Prismen-UV-Spektrographen von Zeiss nutzte. Damit gelangen ihm Beiträge zur Erforschung der „Nebel“; er erhielt Spektren vom Orion- und vom Andromedanebel.[44] Schließlich wurde der Bau des Happel-Laboratoriums vom Kunstmaler Karl Happel (1819–1914) gesponsert; er enthält eine Strahlungsquelle für Plancksche Strahlung (einen sog. „Schwarzer Körper“) zur Kalibrierung von Photometern für die Spektroskopie, ferner optische Meßeinrichtungen.

12.4 Zusammenfassung

Sternwarten, die auf großzügige Stiftungen zurückgehen, gibt es viele in den USA; hier wurden nur einige besonders bekannte Beispiele vorgestellt.

In Europa, speziell im deutschsprachigen Raum, gibt es aber nur wenige Stiftungs-Sternwarten und diese sind bei weitem nicht vergleichbar mit den amerikanischen durch ihre Stifter ausgestattet worden. In den anderen Beiträgen des Buches werden die in der Tabelle genannten europäischen Beispiele näher vorgestellt.

12.5 Quellen- und Literaturverzeichnis

Adams, Walter Sydney: Early Days at Mount Wilson. In: *Publications of the Astronomical Society of Pacific* **59** (1947), S. 213–231, S. 285–304; ibid. 66 (1954), S. 267.

Bailey, Solon Irving: *The History and Work of Harvard Observatory, 1839–1927.* New York/London 1931.

Brashear, John A.: Minor Planets and their Names. In: *Popular Astronomy* **11** (1903), Heft 36, S. 546–549.

Fehling, A. W.: Neue Wege der Wissenschaftsförderung in den Vereinigten Staaten. In: *Deutsche Forschung; Heft* **17**, Berlin 1931, S. 7–69.

Frost, Edwin Brant und Walter Sydney Adams: Radial Velocities of Twenty Stars Having Spectra of the Orion Type. In: *Publications of the Yerkes Observatory* **II** (1903), S. 145–250, Plate I–III.

Gaposchkin, Sergei: Die Harvard-Sternwarte. In: *Die Himmelswelt* **46** (1936), S. 101–106.

Gingerich, Owen (Hrsg.): *Astrophysics and Twentieth-Century Astronomy to 1950.* Cambridge, UK: Cambridge University Press (The General History of Astronomy, Vol. IV, Part A) 1984.

Hale, George Ellery: The Yerkes Observatory of the University of Chicago. I. Selection of the Site. In: *Astrophysical Journal* **5** (1897), S. 164–180.

44 Die Astroabteilung der Firma Zeiss in Jena wurde 1897 gegründet. Sie führte die ersten größeren Spiegelteleskope in Deutschland ein und gewann Bedeutung für die Entwicklung der Astronomie. Die ersten vier Reflektoren wurden nach Innsbruck (1904), Heidelberg (1906), Hamburg-Bergedorf (1911) und Berlin-Babelsberg (1925) geliefert.

Hale, George Ellery: A study of the conditions for solar research at Mount Wilson, California. In: *Contributions from the Mount Wilson Solar Observatory* **No. 1** (1903).

Hale, George Ellery and Ferdinand Ellerman [1869–1940]: The Rumford Spectroheliograph of the Yerkes Observatory. In: *Publications of the Yerkes Observatory* **Vol. III** (1903), Part I, S. 3.

Hale, George Ellery: The Solar Observatory of the Carnegie Institution of Washington. In: *Contributions from the Mount Wilson Solar Observatory* **No. 2** (1905).

Hnatek, Adolf: Untersuchungen über das 38-cm-Objektiv des Rothschild Coudé der Universitätssternwarte Wien. In: *Astronomische Nachrichten* **189** (1911), S. 213–224.

Holden, Edward S.: VIII. Description of the Astronomical Instruments. In: *Publications of the Lick Observatory of the University of California* **Vol. I** (1887), S. 59–77.

Hubble, Edwin Powell: *The Realm of the Nebulae.* New Haven: Yale University Press 1936. Übersetzung von Karl-Otto Kiepenheuer: *Das Reich der Nebel.* Braunschweig: Vieweg (Die Wissenschaft, Bd. 91) 1938.

Hughes, Thomas P.: *American Genesis. A Century of Invention and Technological Enthusiasm, 1870–1970.* Viking Penguin Books 1989. Aus dem Englischen von Hans Jürgen Baron von Koskull: *Die Erfindung Amerikas. Der technologische Aufstieg der USA seit 1870.* München: C. H. Beck 1991.

Jones, Bessie Zaban und Lyle Gifford Boyd: *The Harvard College Observatory, 1839–1919.* Cambridge, Mass.: Harvard University Press 1971.

Jones, Bessie Zaban: *Lighthouse in the skies: The Smithsonian Astrophysical Observatory – background and history, 1846–1955.* Washington D. C.: Smithsonian Institution 1965.

Kirsten, Christa und Hans-Jürgen Treder (Hrsg.): *Albert Einstein in Berlin 1913–1933, Teil I, Darstellung und Dokumente.* Berlin 1979.

Klüber, Harald von: Das Yerkes Observatory – Amerikanische Sternwarten II. In: *Die Himmelswelt*, S. 102–107.

Kohler, Robert E.: *Partners in science: Foundations and natural scientists, 1900–1945.* Chicago: University of Chicago Press 1991.

Kopal, Zdenek: Prof. E. F. Freundlich. In: *Nature* **204** (1964), S. 727–728.

Krisciunas, Kevin: *Astronomical centers of the world.* Cambridge/UK: Cambridge University Press 1988.

Krisciunas, Kevin: Harvard, Lick and Yerkes and the Rise of Astrophysics. In: Krisciunas 1988, S. 121–163.

Krisciunas, Kevin: Mt. Wilson and Palomar. In: Krisciunas 1988, S. 165–191.

Krug, E.: Eindrücke von einer Studienreise durch die USA. In: *Die Sterne* **49** (1973), S. 165–176.

Langley, Samuel Pierpont: *The New Astronomy.* Boston/New York: Houghton, Mifflin & Co. 1900.

Larink, J.: Aus der Geschichte der amerikanischen Sternwarten. In: *Das Weltall* **24** (1924), S. 61–67, S. 94–97.

Lick James original deed of trust, 1874. In: *Publications of the Lick Observatory* **1** (1887), S. 5–11.

LICK, ROSEMARY: *The Generous Miser: the Story of James Lick of California.* Menlo Park, California: Ward Ritchie Press 1967.

LOOMIS, ELIAS: Astronomical Observatories in the United States. In: *Harper's New Monthley Magazine* **XIII** (June to November 1856), New York, S. 25–52.

MACK, PAMELA E.: Strategies and Compromises: Women in Astronomy at Harvard College Observatory, 1870–1920. In: *Journal for the History of Astronomy* **21** (1990), S. 65–75.

MILLER, H.: *Dollars for Research: Science and its Patrons in Nineteenth-Century America.* Seattle: University of Washington Press 1970.

MOORE, J. H.: Fifty Years of Research at the Lick Observatory. In: *Publications of the Astronomical Society of Pacific* **50** (1938), S. 189–203.

OSTERBROCK, DONALD E.; GUSTAFSON, JOHN R. UND W. J. SHILOH UNRUH: *Eye on the Sky. Lick Observatory's First Century.* Berkeley/Los Angeles/London: University of California Press 1988.

PLOTKIN, HOWARD: Harvard College Observatory. In: Gingerich 1984, S. 122–124.

PLOTKIN, HOWARD: Edward C. Pickering, the Henry Draper Memorial, and the beginning of astrophysics in America. In: *Annals of Science* **35** (1978), S. 356–377.

ROSSITER, MARGARET W.: „Women's Work" in Science, 1880–1910. In: *Isis* **71** (1980), S. 381–398.

SCHWARZSCHILD, KARL: Die großen Sternwarten der Vereinigten Staaten. In: *Internationale Wochenschrift für Wissenschaft, Kunst und Technik* (3. Dez. 1910), S. 1531–1544.

STRUVE, OTTO: Astronomy in 1900. In: *Sky and Telescope* **22** (1969), S. 64–69.

VOGEL, HERMANN CARL: Brief an Wilhelm Foerster vom 16.11.1888. Archiv der Akademie der Wissenschaften, Berlin, Nachlaß Foerster 129.

WEIMER, TH.: Une Instrument en Voie de Disparition L'Équatorial Coudé. In: *Journal for the History of Astronomy* **6** (1982), S. 110–118.

WEISS, EDMUND: Ueber den Zustand der practischen Astronomie in America. In: *Vierteljahrsschrift der Astronomischen Gesellschaft* **8** (1873), S. 296–321.

WOLF, MAX: Tagebuch einer Amerika-Reise, 1893. Handschriftenabteilung Universität Heidelberg.

WOLFSCHMIDT, GUDRUN: Development of Solar Tower Observatories. In: *Development of Solar Research. Entwicklung der Sonnenforschung.* Proceedings of the Colloquium. Freiburg (Breisgau), September 15, 2003. Edited by Axel Wittmann, Gudrun Wolfschmidt und Hilmar Duerbeck. Frankfurt am Main: Harri Deutsch (Acta Historica Astronomiae Vol. 25) 2005, S. 169–198.

Abbildung 13.1:
Kuffner-Sternwarte Wien, gestiftet 1887
von Moriz Edler von Kuffner (1854–1939)

Programm des Symposiums: Astronomisches Mäzenatentum in Europa, Kuffner-Sternwarte Wien, 7.–9. Oktober 2004

Donnerstag, 7. Oktober 2004, Abend

17.30 Uhr: 18.30 Uhr:	Begrüßungscocktail im Schlosshotel Wilhelminenberg, Wintergarten Führung durch die Kuffner-Sternwarte mit Besichtigung der restaurierten astronomischen Instrumente
ab 20 Uhr:	Abendessen für Vortragende in „Plachuttas Grünspan – Ottakrings schönstem Wirtshaus“

Freitag, 8. Oktober 2004, Vormittag

Session 1, Chair: Dieter B. Herrmann

09.00 Uhr: 09.10 Uhr: 09.20 Uhr:	Begrüßung, Peter Habison, Kuffner Sternwarte und Planetarium Wien Johann Staud-Straße 10, A-1160 Wien, Austria Einleitende Worte, Michael Ludwig, Vorsitzender des Verbandes Wiener Volksbildung Eröffnung des Symposiums, Grete Laska, Vizebürgermeisterin der Bundeshauptstadt Wien
09.30 Uhr:	„Galilei und die Medici: post Renaissance-Mäzenatentum oder post moderne Geschichtsschreibung?“, Michael Segre, Dipartimento di Filosofia, Scienze Umane e Scienze dell'Educatione, Chieti, Italien
10.30 Uhr:	Kaffee Pause

Freitag, 8. Oktober 2004, Vormittag

Session 2, Chair: Irmela Bues

11.00 Uhr:	„Sternwarte nach Gutsherren-Art – das Bothkamper Observatorium“ Felix Lühning, Bremen und Universität Hamburg, Deutschland
12.00 Uhr:	„Nikolaus von Thege Konkoly als Begründer des Konkoly Observatoriums Budapest“, Gudrun Wolfschmidt, Institut für Geschichte der Naturwissenschaften, Universität Hamburg, Deutschland
13.00–15.00 Uhr:	Mittagsessen im Schlosshotel Wilhelminenberg für Vortragende und geladene Gäste

Freitag, 8. Oktober 2004, Nachmittag

Session 3, Chair: Michael Segre

15.00 Uhr:	„Astronomical Sponsorship in France: Raphaël Bischoffsheim and the foundation of an astronomical Observatory at the French Riviera“, Françoise Le Guet Tully, Observatoire de la Côte d'Azur, Frankreich
16.00 Uhr:	Kaffee Pause
16.30 Uhr:	„Die Remeis-Sternwarte Bamberg: Der Weg von der Idee eines Sonderlings zum Universitätsinstitut mit aktueller astronomischer Forschung“, Irmela Bues, Astronomisches Institut der Universität Erlangen-Nürnberg, Deutschland
17.30 Uhr:	„Cuno Hoffmeister und die Sternwarte Sonneberg“, Bjoern Kunzmann, Institut für Geschichte der Naturwissenschaften, Universität Hamburg, Deutschland
18.30 Uhr: Pause	
19.00 Uhr:	„Perspektiven der öffentlichen und privaten Forschungsförderung“ Diskussion mit Vertretern aus Kultur, Wissenschaft und Bildung
Abend:	zur freien Verfügung

Samstag, 9. Oktober 2004, Vormittag

Session 4, Chair: Gudrun Wolfschmidt

9.00 Uhr:	„Shopping for Stars – The Vienna Academy Prize of 1854“, Klaus Staubermann, Universiteitsmuseum Utrecht, Niederlande
10.00 Uhr:	„Das Riesenfernrohr von Treptow – wie der längste Refraktor der Welt finanziert wurde“, Dieter B. Herrmann, Archenhold Sternwarte und Zeiss Großplanetarium Berlin, Deutschland
11.00 Uhr: Kaffee Pause	
11.30 Uhr:	„Der Brauherr als Bauherr, Moriz von Kuffner und seine Sternwarte im Wien des Fin de Siecle“, Peter Habison, Kuffner Sternwarte und Planetarium der Stadt Wien, Österreich
12.30 Uhr:	Schlussworte, Ende des offiziellen Programms

Samstag, 9. Oktober 2004, Nachmittag

15.30 Uhr: Treffpunkt:	Besichtigung der Universitätssternwarte auf der Türkenschanze im 18. Bezirk Türkenschanzstraße 17, 1180 Wien
Abends:	Planetariumsvorführung im Wiener Prater, Oswald Thomas Platz 1, 1020 Wien

Abbildung 13.2:
Konkolys Kometensucher in O'Gyalla

Autoren

Prof. Dr. Irmela Bues (Bamberg)

Dr. Remeis-Sternwarte Bamberg
Astronomisches Institut der Universität Erlangen-Nürnberg
Sternwartstraße 7
D-96049 Bamberg
e-mail: `Irmela.Bues@sternwarte.uni-erlangen.de`

Dr. Dipl.-Ing. Mag. Peter Habison (Wien)

geb. 1967 in Wien, Studium 1987–1994 Diplomingenieur der technischen Wissenschaften im Studienfach Technische Physik an der TU-Wien, 1988–1997 Magister der Naturwissenschaften im Studienfach Astronomie an der Universität Wien, 1998–2002 Promotion zum Doktor der Philosophie *Die Geschichte der Kuffner Sternwarte im kultur- und astronomiehistorischen Umfeld des 19. und 20. Jahrhunderts*, geisteswissenschaftliche Fakultät der Universität Wien; diverse Tagungen, Ausstellungen, Beobachtungs- und Forschungsaufenthalte.
seit August 1995 Leiter der Kuffner-Sternwarte in Wien, seit September 2001 Direktor Kuffner-Sternwarte, Zeiss Planetarium Wien, Urania-Sternwarte.
Mitglied in verschiedenen wissenschaftlichen Gesellschaften, Veröffentlichungen zur Astronomie und Astronomiegeschichte.

Kuffner-Sternwarte Wien
Johann Staud-Straße 10
A-1160 Wien, Austria
Zeiss Planetarum der Stadt Wien
Oswald Thomas Platz 1
A-1020 Wien, Austria
`http://www.planetarium-wien.at/`, `http://www.kuffner.ac.at/`
e-mail: `peter.habison@astronomie-wien.at`

Prof. Dr. Dieter B. Herrmann (Berlin)

geb. 1939 in Berlin, 1957–1963 Studium Diplom-Physik (Humboldt-Universität Berlin), 1969 Promotion zum Dr.rer.nat. (Humboldt-Universität), 1976 bis 2004 Direktor der Archenhold-Sternwarte, 1986 Habilitation zum Dr.sc.phil., Honorarprofessor an der Humboldt-Universität, 1987 bis 2004 Gründungsdirektor des Zeiss-Großplanetariums Berlin.

Mitglied der Internationalen Astronomischen Union, der Leibniz-Sozietät e. V. Berlin, der Berliner Wissenschaftlichen Gesellschaft, der Astronomischen Gesellschaft u. a. wissenschaftlicher Vereinigungen.
Autor von 31 Büchern, rd. 150 wissenschaftlichen und rd. 2000 populärwissenschaftlichen Veröffentlichungen.
Monografien: *Geschichte der Astronomie von Herschel bis Hertzsprung* (1975), *The history of astronomy from Herschel to Hertzsprung* (1984), *Hertzsprung, Ejnar: Pionier der Sternforschung* (1994), *Kosmische Weiten: Geschichte der Entfernungsmessung im Weltall* (1977), *Entdecker des Himmels* (1978), *Karl Friedrich Zöllner* (1982).

Alt-Treptow 1
D-12435 Berlin
http://www.dbherrmann.de/ e-mail: dbherrmann@astw.de

Dipl.-Phys. Björn Kunzmann (Hamburg)

geboren 1960 in Lübeck. Studium der Physik an der Ludwig-Maximilians-Universität (LMU) München und der Universität Hamburg. Diplomarbeit an der Sternwarte Hamburg-Bergedorf über das Thema *Untersuchung des heissen Windes von HR 6902.*
Aktive Amateurastronomie, Spezialgebiet Veränderliche Sterne. Seit 1974 Mitglied der *Bundesdeutschen Arbeitsgemeinschaft für Veränderliche Sterne e. V.* (BAV), Mitglied der *American Association of Variable Star Observers* (AAVSO); 1978 „Jugend forscht"-Preisträger (Thema: β Persei); Mitglied der *Vereinigung der Sternfreunde e. V.* (VdS) und des Fördervereins *Freunde der Sternwarte Sonneberg e. V.*. Seit 1999 Vorstandsmitglied im *Förderverein Hamburger Sternwarte e. V.*.
Vorträge und Publikationen im Bereich der Amateurastronomie und der Geschichte der Astronomie. Mitarbeiter des Instituts für Geschichte der Naturwissenschaften, Mathematik und Technik (SPGN) der Universität Hamburg; laufende Dissertation über die Geschichte der Beobachtung Veränderlicher Sterne.
Seit 1997 Wissenschaftlicher Angestellter am Regionalen Rechenzentrum der Universität Hamburg; Aufgabengebiet: Systemtechnische Betreuung des Lokalen Bibliothekssystems Hamburg.

Bereich Geschichte der Naturwissenschaften, Mathematik und Technik
Department Mathematik, Universität Hamburg
Bundesstraße 55 – Geomatikum, D-20146 Hamburg
e-mail: bjoern.kunzmann@rrz.uni-hamburg.de

OStR. a. D. Wolfgang Lange (Hamburg)

Schulbesuch in Hamburg, danach Lehre zum Werkzeugmacher und Abitur in Cuxhaven. Studium der Mathematik und Physik in Hamburg. 1. und 2. Staatsexamen für das Höhere Lehramt in Hamburg. Bis 2005 im Schuldienst an Gymnasien in Hamburg und Schleswig-Holstein.
Veröffentlichungen zur Lokalgeschichte des Kreises Stormarn u. a. eine Bibliographie. Doktorarbeit über Johann Friedrich Benzenberg (1777–1846).

Bereich Geschichte der Naturwissenschaften, Mathematik und Technik
Department Mathematik, Universität Hamburg
Bundesstraße 55 – Geomatikum, D-20146 Hamburg
e-mail: jfbenz1777@gmx.net

Dr. habil. Felix Lühning (Berlin)

geb. 1964 in Schleswig, 1985–1988 Zimmererlehre, 1988–1998 Studium der Architektur an der FH Kiel, 1998 Diplom-Ingenieur, 1994 und 2003 ehrenamtliche Tätigkeit am Planetarium der FH Kiel, 1998–1999 Studium der Wissenschaftsgeschichte an der Universität Hamburg, 1999 Promotion Dr.rer.nat.; 2000–2002 DFG-Forschungsstipendium (Geschichte der Kieler Universitätssternwarte), 2003–2007 wiss. Mitarbeiter an der Helmut-Schmidt-Universität Hamburg, 2003–2007 nebengewerbl. Betrieb einer Werkstatt zur Restaurierung von Uhren und wiss. Instrumenten in Bremen; Ausbildung zum Uhrmacher. 2004 Habilitation (Universität Hamburg), 2004–2006 Forschungsstipendium der Fritz-Thyssen-Stiftung (Geschichte des nautischen Unterrichts in Norddeutschland), ab 2006 Privatdozent an der Technischen Universität Berlin.
Forschungsschwerpunkte: Astronomie- und Technikgeschichte, Uhrenbau und -technik, Bauforschung.
Buch-Publikationen: *Der Gottorfer Globus und das Globushaus im 'Newen Werck' – Dokumentation und Rekonstruktion eines barocken Welttheaters* (1997), *'Eine ausnehmende Zierde und Vortheil' – Geschichte der Kieler Universitätssternwarte und ihrer Vorgängerinnen 1750–1950* (2007).

TU Berlin
http://www.arsmechanica.de,
http://www.gottorferglobus.de, http://www.amalienburg-gottorf.de.
e-mail: felix.luehning@web.de

Dr. Anneliese Schnell (Wien)

Astronomistudium an der Universität Wien, Promotion 1967; Auslandsaufenthalte am Karl-Schwarzschild-Observatorium Tautenburg, dem Observatorium Hoher List der Universität Bonn und am Konkoly Observatorium Budapest.
Hauptarbeitsgebiet Photometrie veränderlicher und chemisch pekuliarer Sterne.
1974 bis 1980 Vorstandsmitglied der Astronomischen Gesellschaft; ab 1995 Mitarbeit im Arbeitskreis für Gleichbehandlungsfragen der Universität Wien, 2001 bis 2006 Vorsitzende; Gründungsmitglied des Arbeitskreises Astrononomiegeschichte in der der Astronomischen Gesellschaft, ab 2007 Vorsitzende.

Institut für Astronomie der Universität Wien
Türkenschanzstraße 17
A-1180 Wien
http://astro.univie.ac.at/ e-mail: schnell@astro.univie.ac.at

Prof. Dr. Michael Segre (Chieti-Pescara, Italien)

Habilitation in Wissenschaftsgeschichte (1993), Institut für Geschichte der Naturwissenschaften, Universität München; verschiedene Stipendien, u.a. 1974 DAAD in Jülich, 1982–84 Post-Doc Universität Tel-Aviv 1995–96: Fellow, The Harvard University Center for Italian Renaissance Studies, Florenz.
1989–2002 Assistent, Privatdozent und apl. Professor, Universität München, 1994–95 Gast-Professor, Dipartimento di filosofia, Universiät Mailand, 1995–96 Gast-Professor, Centro di Metodologia delle Scienze Sociali, LUISS Rom, seit 2002 Ordinarius für Wissenschafts- und Technikgeschichte, Universität Chieti-Pescara.
Monographien: *Experimente, die Geschichte machten* (mit J. Teichmann und W. Schreier) (1995, *In the Wake of Galileo* (1991), *Nel segno di Galileo: la scuola galileiana tra mito e storia* (1993), *Accademia e società: conversazioni con Joseph Agassi* (2004).

Dipartimento di Filosofia, Scienze Umane e Scienze dell'Educazione
Facoltà di Lettere e Filosofia
Università degli Studi „G. d'Annunzio" di Chieti-Pescara
e-mail: `m.segre@unich.it`

Dr. Françoise Le Guet Tully (Nizza, Frankreich)

Trained as an astronomer, Françoise Le Guet Tully is interested in the institutional history of astronomy and in the history of scientific instruments since the late 1980s. With her colleague Jean Davoigneau at the French ministry of culture and with the support of French ministry of research she launched in the mid 1990s a documented and illustrated inventory of astronomical heritage in French provincial observatories. She participates in several outreach programmes related to astronomical heritage. At Nice she is responsible for the scientific archives and the collection of small instruments and she studies the history of the Bischoffsheim observatory.

Observatoire de la Côte d'Azur
Université de Nice Sophia-Antipolis
Observatoire de la Côte d'Azur
Boulevard de l'Observatoire B. P. 4229
F-06304 Nice cédex 4, France
Histoire et Patrimoine:
http://www.oca.eu/accueil/heberges/histoire_patrimoine.html
e-mail: leguet@obs-nice.fr

Prof. Dr. Gudrun Wolfschmidt (Hamburg)

geb. in Nürnberg, Dissertation *Analyse enger Doppelsternsysteme*, Dr. Remeis-Sternwarte Bamberg, Astronomisches Institut der Universität Erlangen-Nürnberg, 1. und 2. Staatsexamen (Physik und Mathematik), Gymnasiallehrerin im Freistaat Bayern.
Seit 1987 Forschung in Wissenschaftsgeschichte am „Deutschen Museum" in München; Konzept und Realisation der Dauerausstellung „Astronomie/Astrophysik" im „Deutschen Museum"

(Eröffnung 1992, Begleitbuch 1993). 1992 bis 1995 wissenschaftliche Assistentin am Forschungsinstitut für Geschichte der Naturwissenschaft und Technik des Deutschen Museums; Lehre und Habilitation *Genese der Astrophysik* (1997) an der „Ludwig-Maximilians-Universität" in München; seit 1997 Professorin am Institut für Geschichte der Naturwissenschaften der Universität Hamburg.
Forschungsschwerpunkte: Astronomie- und Physikgeschichte (Frühe Neuzeit und 19./20. Jahrhundert) sowie wissenschaftliche Instrumente, Herausgeberin von *Nuncius Hamburgensis – Beiträge zur Geschichte der Naturwissenschaften*, verschiedene Ausstellungen, z. B. Copernicus 1994, Popularisierung 2000, Weltbild 2002, Gauß/Weber 2005, Hertz 2007/08, Navigation 2008/09.
Buchveröffentlichungen: *Copernicus – Revolutionär wider Willen* (1994), *Milchstraße – Nebel – Galaxien. Strukturen im Kosmos von Herschel bis Hubble* (1995), *Popularisierung der Naturwissenschaften* (2002), *Vom Magnetismus zur Elektrodynamik* (2005), *Development of Solar Research. Entwicklung der Sonnenforschung* (mit Axel Wittmann und Hilmar Duerbeck) (2005), *Astronomy in and around Prague* (mit Martin Šolc) (2005), *Hamburgs Geschichte einmal anders – Entwicklung der Naturwissenschaften, Medizin und Technik* (2007); *Von Hertz zum Handy – Entwicklung der Kommunikation* (2007); *Prähistorische Astronomie und Ethnoastronomie* (2008); *Heinrich Hertz and the Development of Communication* (2008) und *„Navigare necesse est" – Geschichte der Navigation* (2008).

Bereich Geschichte der Naturwissenschaften, Mathematik und Technik
Department Mathematik, Universität Hamburg
Bundesstraße 55 – Geomatikum, D-20146 Hamburg
http://www.math.uni-hamburg.de/spag/gn/
e-mail: wolfschmidt@math.uni-hamburg.de
http://www.math.uni-hamburg.de/home/wolfschmidt

Abbildung 14.1:
Heliometer der Bamberger Sternwarte

Dr. Remeis-Sternwarte Bamberg

Abbildungsverzeichnis

Nuncius Hamburgensis
Beiträge zur Geschichte der Naturwissenschaften

Norderstedt: Books on Demand.

Hrsg. von Gudrun Wolfschmidt,
Bereich Geschichte der Naturwissenschaften, Department Mathematik,
Fakultät für Mathematik, Informatik und Naturwissenschaften (MIN), Universität Hamburg
ISSN 1610-6164

*Diese Reihe „Nuncius Hamburgensis“
wird gefördert von der Hans Schimank-Gedächtnisstiftung.*
Dieser Titel wurde inspiriert von „Sidereus Nuncius“ und von „Wandsbeker Bote“.

- Band 1 (2009):
  Hans Schimank (1888–1979) Ausgewählte Schriften.
  Mit einem Beitrag ‚Hans Schimanks Otto von Guericke' von Fritz Krafft.
  Bearbeitet von Igor Abdrakhmanov.

- Band 2 (2007):
  Wolfschmidt, Gudrun (Hrsg.): **Hamburgs Geschichte einmal anders – Entwicklung der Naturwissenschaften, Medizin und Technik – Teil 1.**

- Band 3 (2009):
  Wolfschmidt, Gudrun (Hrsg.): **Astronomie in Nürnberg.**
  Proceedings der Tagung vom 2.–3. April 2005 in Nürnberg anläßlich des 500. Todestages von Bernhard Walther (1430–1504) und des 300. Todestages von Georg Christoph Eimmart (1638–1705).

- Band 4 (2009):
  Wolfschmidt, Gudrun (Hrsg.): **Entwicklung der Astrophysik.**
  Proceedings des Kolloquiums des Arbeitskreises Astronomiegeschichte in der Astronomischen Gesellschaft am 26. September 2005 in Köln.

- Band 5 (2009):
  Wolfschmidt, Gudrun (Hrsg.):
  Anfänge der Theoretischen Physik in Hamburg.
  Vorwort von Kurt Scharnberg und Klaus Fredenhagen.

- Band 6 (2007):
  Wolfschmidt, Gudrun (Hrsg.): **Von Hertz zum Handy – Entwicklung der Kommunikation.** Begleitbuch zur Ausstellung zum 150. Geburtstag von Heinrich Hertz (1857–1894).

- Band 7 (2009):
  Wolfschmidt, Gudrun (Hrsg.): **Hamburgs Geschichte einmal anders – Entwicklung der Naturwissenschaften, Medizin und Technik, Teil 2.**

- Band 8 (2008):
  Wolfschmidt, Gudrun (Hrsg.):
  Prähistorische Astronomie und Ethnoastronomie.
  Proceedings des Kolloquiums des Arbeitskreises Astronomiegeschichte in der Astronomischen Gesellschaft am 24. September 2007 in Würzburg.

- Band 9 (2009):
  Wolfschmidt, Gudrun (Hrsg.):
  Naturwissenschaft, Technik und Kultur in London.

- Band 10 (2008):
  Wolfschmidt, Gudrun (ed.): **Heinrich Hertz (1857–1894) and the Development of Communication.** Proceedings of the International Scientific Symposium in Hamburg, Oct., 8–12, 2007.

- Band 11 (2008):
  Wolfschmidt, Gudrun (Hrsg.):
  Astronomisches Mäzenatentum.
  Proceedings des Symposiums in der Kuffner-Sternwarte in Wien, „Astronomisches Mäzenatentum in Europa", 7.–9. Oktober 2004.

- Band 12 (2009):
  Wolfschmidt, Gudrun (Hrsg.):
  Astronomie in neuen Wellenlängen – historische Studien.
  Proceedings der Tagung am 24. September 2007 in Würzburg.

- Band 13 (2009):
  Cura, Katrin: **Entwicklung der Klebstoffe.**
  Bearbeitet von Gudrun Wolfschmidt.

- Band 14 (2008):
  Wolfschmidt, Gudrun (Hrsg.):
  „Navigare necesse est" – Geschichte der Navigation.
  Begleitbuch zur Ausstellung 2008/09 in Hamburg und Nürnberg.

- Band 15 (2009):
  Wolfschmidt, Gudrun (Hrsg.):
  „Sterne weisen den Weg" – Geschichte der Navigation.
  Katalog zur Ausstellung 2008/09 in Hamburg und Nürnberg.

Web-Seite zur aktuellen Information

`http://www.math.uni-hamburg.de/spag/ign/research/nuncius.htm`

Index

C

G

H

I

J

K

L

M

N

O

P

R

S

T